"수능1등급 을 결정짓는
고난도 유형 대비서 "

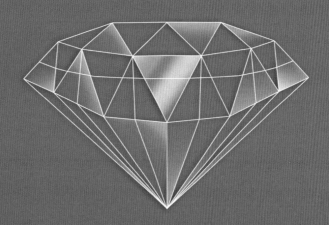

HIGH-END
수능 하이엔드

지은이

NE능률 수학교육연구소

NE능률 수학교육연구소는 혁신적이며 효율적인 수학 교재를 개발하고
수학 학습의 질을 한 단계 높이고자 노력하는 NE능률의 연구 조직입니다.

권백일 양정고등학교 교사

김용환 오금고등학교 교사

최종민 중동고등학교 교사

이경진 중동고등학교 교사

박현수 현대고등학교 교사

HIGH-END
수능 하이엔드

기하

문제
PART

🏴 기출에서 뽑은 실전 개념

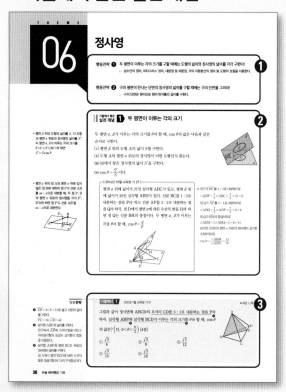

🏴 1등급 완성 3단계 문제 연습

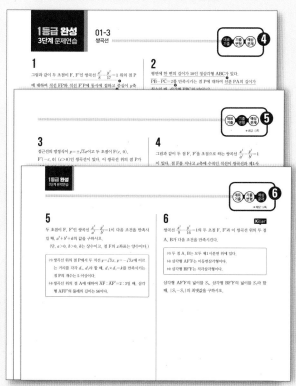

❶ 주제별 해결 전략

오답률에 근거하여 빈출 고난도 주제를 선별하였고, 해당 주제의 문제를 풀 때 반드시 기억하고 있어야 할 문제 해결 전략을 제시하였습니다.

❷ 기출에서 뽑은 실전 개념 & 킬러해결TRAINING

개념이나 공식의 단순 나열이 아니라 문제 풀이에서 실제적으로 자주 이용되는 실전 개념을 뽑아 정리하였습니다. 또한, 킬러 주제의 문제를 풀기에 앞서 킬러포인트를 뽑아 연습할 수 있도록 킬러해결 TRAINING을 제시하였습니다.

❸ 기출 예시

실전 개념을 적용할 수 있는 기출 문제를 제시하였습니다.

❹ 대표 기출

해당 주제의 수능, 모평, 학평 기출 문제 중에서 반드시 풀어야 할 고난도 문제를 엄선하여 실었습니다.

❺ 기출 변형

오답률이 높은 기출 문항 중 우수 문항을 변형하여 수록하였습니다. 개념의 확장, 조건의 변형 등을 통해 기출 문제를 좀 더 철저히 이해하고 비슷한 유형이 출제되는 경우에 대비할 수 있습니다.

❻ 예상 문제

신경향 문제나 출제가 기대되는 문제는 예상 문제로 수록하였습니다. 각 주제에서 1등급을 결정짓는 최고난도 문제는 KILLER로 제시하였습니다.

해설 PART

▶ 고난도 미니 모의고사

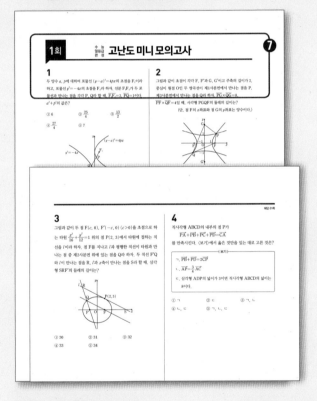

▶ 전략이 있는 명쾌한 해설

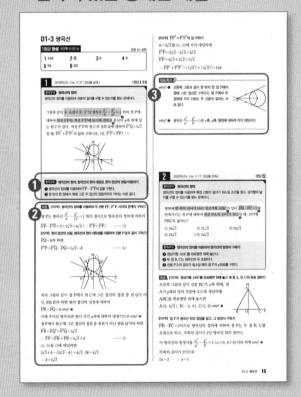

❼ 고난도 미니 모의고사

수능, 모평, 학평 기출 및 그 변형 문제와 예상 문제로 구성된 미니 모의고사 4회를 제공하였습니다. 미니 실전 테스트로 수능 실전 감각을 유지할 수 있습니다.

❶ 출제 코드

문제에서 해결의 핵심 조건을 찾아 풀이에 어떻게 적용되는지 제시하였습니다.

❷ 단계별 풀이

풀이 과정을 의미있는 개념의 적용을 기준으로 단계별로 제시함으로써 문제 해결의 흐름을 파악할 수 있도록 하였습니다.

❸ 풍부한 부가 요소와 첨삭

해설 특강, 다른 풀이, 핵심 개념 등의 부가 요소와 첨삭을 최대한 자세하고 친절하게 제공하였습니다. 특히 원리를 이해하는 why, 해결 과정을 보여주는 how를 제시하여 이해를 도왔습니다.

차례
Contents

Study Plan

※ 1차 학습 때 틀렸거나 확실하게 알고 풀지 못한 문제는 2차 학습을 하도록 합니다.

주제	행동 전략	성취도 1차						성취도 2차					
		월		일				월		일			
01 이차곡선의 정의와 활용 (18문항)	· 포물선, 타원, 쌍곡선의 정의를 이용하라. · 포물선, 타원, 쌍곡선의 대칭성에 주목하라.	월			일			월			일		
		성취도	○	△	×			성취도	○	△	×		
02 이차곡선의 접선의 활용 (6문항)	· 접점의 좌표를 (x_1, y_1)로 놓고 접선의 방정식 공식을 이용하라. · 이차곡선의 대칭성에 주목하라.	월			일			월			일		
		성취도	○	△	×			성취도	○	△	×		
03 평면벡터의 연산과 크기 (6문항)	· 두 벡터의 합은 삼각형 또는 평행사변형을 이용하라. · 두 벡터의 합의 종점은 한 벡터의 종점과 다른 벡터의 시점을 일치시켜서 찾아라.	월			일			월			일		
		성취도	○	△	×			성취도	○	△	×		
Killer 04 평면벡터의 내적의 최대, 최소 (7문항)	· 벡터의 연산을 이용하라. · 벡터의 내적의 기하적 성질을 파악하라.	월			일			월			일		
		성취도	○	△	×			성취도	○	△	×		
05 삼수선의 정리 (8문항)	· 삼수선의 정리의 활용 문제에서는 직각삼각형을 찾아라. · 두 평면이 이루는 각을 찾을 때는 수선의 발을 내려라.	월			일			월			일		
		성취도	○	△	×			성취도	○	△	×		
Killer 06 정사영 (7문항)	· 두 평면이 이루는 각의 크기를 구할 때에는 도형의 넓이와 정사영의 넓이를 각각 구하라. · 구와 평면이 만나는 단면의 정사영의 넓이를 구할 때에는 구의 단면을 그려라.	월			일			월			일		
		성취도	○	△	×			성취도	○	△	×		
07 구의 방정식, 공간도형과 구의 위치 관계 (6문항)	· 구와 평면이 만나서 생기는 도형은 원임을 이용하라. · 구, 직선, 평면의 수직 조건을 이용하라.	월			일			월			일		
		성취도	○	△	×			성취도	○	△	×		
고난도 미니 모의고사 **1회** (8문항)		월			일			월			일		
		성취도	○	△	×			성취도	○	△	×		
고난도 미니 모의고사 **2회** (8문항)		월			일			월			일		
		성취도	○	△	×			성취도	○	△	×		
고난도 미니 모의고사 **3회** (8문항)		월			일			월			일		
		성취도	○	△	×			성취도	○	△	×		
고난도 미니 모의고사 **4회** (8문항)		월			일			월			일		
		성취도	○	△	×			성취도	○	△	×		

01

이차곡선의 정의와 활용

행동전략 ❶ 포물선, 타원, 쌍곡선의 정의를 이용하라!

✓ 포물선 위의 점에서 준선에 수선의 발을 내리고 포물선의 정의를 이용한다.
✓ 타원(쌍곡선) 위의 점과 두 초점을 연결하는 선분을 그리고 타원(쌍곡선)의 정의를 이용한다.

행동전략 ❷ 포물선, 타원, 쌍곡선의 대칭성에 주목하라!

✓ 포물선 $y^2=4px$는 x축에 대하여 대칭이고, 원 $x^2+y^2=r^2$, 타원 $\dfrac{x^2}{a^2}+\dfrac{y^2}{b^2}=1$, 쌍곡선 $\dfrac{x^2}{a^2}-\dfrac{y^2}{b^2}=\pm1$은 모두 x축, y축, 원점에 대하여 대칭이므로 이를 이용하여 이차곡선 위의 점의 좌표를 구할 수 있다.
✓ 이차곡선과 다른 함수의 그래프의 교점이 주어졌을 때 대칭성을 이용하면 유용한 경우가 있다.

∥ 기출에서 뽑은 실전 개념 ① **포물선**

(1) 포물선의 정의

평면 위의 한 점 F와 점 F를 지나지 않는 직선 l에 이르는 거리가 서로 같은 점 P의 집합을 포물선이라 한다. 점 P에서 직선 l에 내린 수선의 발을 H라 하면

$$\overline{PF}=\overline{PH}$$

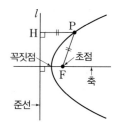

◆ 포물선 $x^2=4py$ $(p\neq0)$의 초점은 $F(0, p)$이고 준선의 방정식은 $y=-p$이다.

(2) 포물선 $y^2=4px$ $(p>0)$의 성질

① 초점: $F(p, 0)$
② 준선의 방정식: $x=-p$
③ 포물선 위의 점 $P(x_1, y_1)$에서 준선과 x축에 내린 수선의 발을 각각 H, Q라 하고 준선과 x축의 교점을 R라 하면
$$\overline{PF}=\overline{PH}=\overline{RQ}=x_1+p$$

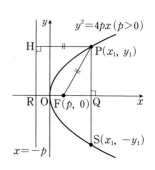

◆ 포물선 $y^2=4px$를 x축의 방향으로 m만큼, y축의 방향으로 n만큼 평행이동한 포물선의 방정식은
$(y-n)^2=4p(x-m)$
또, 초점의 좌표는 $(p+m, n)$
준선의 방정식은 $x=-p+m$

④ 포물선 $y^2=4px$는 x축에 대하여 대칭이다.
→ 선분 PQ의 연장선과 포물선의 교점을 S라 하면 두 점 P, S는 x축에 대하여 대칭이다.
→ 점 S의 좌표: $(x_1, -y_1)$
⑤ 포물선 $y^2=4px$는 항상 두 점 $(p, 2p)$, $(p, -2p)$를 지난다.

행동전략

❶ 포물선 $y^2=4px$의 초점 F의 좌표와 준선의 방정식을 구한다.
초점은 $F(p, 0)$이고 준선의 방정식은 $x=-p$이다.

❷ 포물선 위의 점 A에서 준선에 내린 수선의 발이 B이므로 포물선의 정의를 이용한다.
$\overline{AF}=\overline{AB}$, $\overline{AB}=\overline{BF}$이므로 삼각형 ABF는 정삼각형이다.

기출예시 1 2022학년도 9월 평가원 기하 26

● 해답 2쪽

초점이 F인 포물선 $y^2=4px$ 위의 한 점 A에서 포물선의 준선에 내린 수선의 발을 B라 하고, 선분 BF와 포물선이 만나는 점을 C라 하자. $\overline{AB}=\overline{BF}$이고 $\overline{BC}+3\overline{CF}=6$일 때, 양수 p의 값은?

[3점]

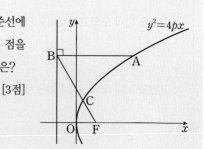

① $\dfrac{7}{8}$ ② $\dfrac{8}{9}$ ③ $\dfrac{9}{10}$

④ $\dfrac{10}{11}$ ⑤ $\dfrac{11}{12}$

(1) 타원의 정의

평면 위의 두 점 F, F′으로부터 거리의 합이 일정한 점 P의 집합을 타원이라 한다. 즉,

$$\overline{\mathrm{PF}}+\overline{\mathrm{PF}'}=(\text{일정})$$

• 타원 $\dfrac{x^2}{a^2}+\dfrac{y^2}{b^2}=1$의 대칭성

① 타원 $\dfrac{x^2}{a^2}+\dfrac{y^2}{b^2}=1$은 x축, y축, 원점에 대하여 각각 대칭이다.
② 두 초점은 원점에 대하여 대칭이다.

(2) 타원 $\dfrac{x^2}{a^2}+\dfrac{y^2}{b^2}=1$ $(a>c>0, b^2=a^2-c^2)$의 성질

①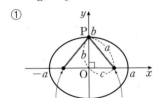

→ $c=\sqrt{a^2-b^2}$이므로 $\overline{\mathrm{PF}}=a$

②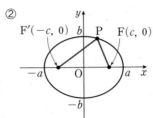

→ $\overline{\mathrm{PF}}+\overline{\mathrm{PF}'}=(\text{장축의 길이})=2a$
(단축의 길이)$=2b$

• 타원 $\dfrac{x^2}{a^2}+\dfrac{y^2}{b^2}=1$
$\qquad (b>c>0, a^2=b^2-c^2)$
위의 점 P와 두 초점 F, F′에 대하여
$\overline{\mathrm{PF}}+\overline{\mathrm{PF}'}=(\text{장축의 길이})=2b$
(단축의 길이)$=2a$

(3) 쌍곡선의 정의

평면 위의 두 점 F, F′으로부터 거리의 차가 일정한 점 P의 집합을 쌍곡선이라 한다. 즉,

$$|\overline{\mathrm{PF}}-\overline{\mathrm{PF}'}|=(\text{일정})$$

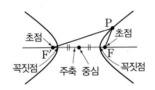

• 쌍곡선 $\dfrac{x^2}{a^2}-\dfrac{y^2}{b^2}=\pm 1$의 대칭성

① 쌍곡선 $\dfrac{x^2}{a^2}-\dfrac{y^2}{b^2}=\pm 1$은 x축, y축, 원점에 대하여 각각 대칭이다.
② 두 초점은 원점에 대하여 대칭이다.

(4) 쌍곡선 $\dfrac{x^2}{a^2}-\dfrac{y^2}{b^2}=1$ $(c>a>0, b^2=c^2-a^2)$의 성질

①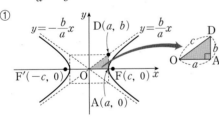

→ $c=\sqrt{a^2+b^2}$이므로 $\overline{\mathrm{DO}}=c$

②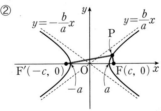

→ $|\overline{\mathrm{PF}}-\overline{\mathrm{PF}'}|=(\text{주축의 길이})=2a$

• 쌍곡선 $\dfrac{x^2}{a^2}-\dfrac{y^2}{b^2}=-1$
$\qquad (c>b>0, a^2=c^2-b^2)$
위의 점 P와 두 초점 F, F′에 대하여
$|\overline{\mathrm{PF}}-\overline{\mathrm{PF}'}|=(\text{주축의 길이})=2b$

기출예시 2 2022년 3월 교육청 기하 26　　　　○해답 2쪽

그림과 같이 두 초점이 F, F′인 타원 $\dfrac{x^2}{25}+\dfrac{y^2}{9}=1$ 위의 점 중 제1사분면에 있는 점 P에 대하여 세 선분 PF, PF′, FF′의 길이가 이 순서대로 등차수열을 이룰 때, 점 P의 x좌표는?
(단, 점 F의 x좌표는 양수이다.) [3점]

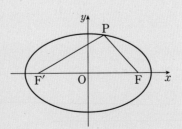

① 1　　② $\dfrac{9}{8}$　　③ $\dfrac{5}{4}$

④ $\dfrac{11}{8}$　　⑤ $\dfrac{3}{2}$

행동전략

❶ 타원의 정의를 이용한다.
타원의 초점 F, F′의 좌표는 $(4, 0), (-4, 0)$
타원의 장축의 길이는 10이므로 $\overline{\mathrm{PF}}+\overline{\mathrm{PF}'}=10$

❷ 등차중항을 이용한다.
세 선분 PF, PF′, FF′의 길이가 이 순서대로 등차수열을 이루므로 $2\overline{\mathrm{PF}'}=\overline{\mathrm{PF}}+\overline{\mathrm{FF}'}$

1

그림과 같이 꼭짓점이 원점 O이고 초점이 F(p, 0) ($p>0$)인 포물선이 있다. 포물선 위의 점 P, x축 위의 점 Q, 직선 $x=p$ 위의 점 R에 대하여 삼각형 PQR는 정삼각형이고 직선 PR는 x축과 평행하다. 직선 PQ가 점 S($-p$, $\sqrt{21}$)을 지날 때, $\overline{\text{QF}}=\dfrac{a+b\sqrt{7}}{6}$이다. $a+b$의 값을 구하시오.

(단, a와 b는 정수이고, 점 P는 제1사분면 위의 점이다.)

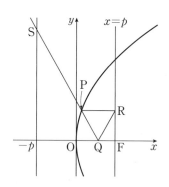

2

초점이 F인 포물선 $y^2=4x$ 위에 서로 다른 두 점 A, B가 있다. 두 점 A, B의 x좌표는 1보다 큰 자연수이고 삼각형 AFB의 무게중심의 x좌표가 6일 때, $\overline{\text{AF}}\times\overline{\text{BF}}$의 최댓값을 구하시오.

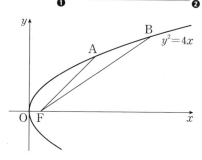

행동전략

❶ 점 P에서 포물선의 준선까지의 거리는 선분 PF의 길이와 같다.
❷ $\overline{\text{QF}}=t$라 하고 포물선의 정의와 삼각비를 이용하여 두 선분 RF, PF의 길이를 t에 대한 식으로 나타낸다.
❸ 점 S의 y좌표가 $\sqrt{21}$임을 이용하여 t의 값을 구한다.

행동전략

❶ 두 점 A, B의 x좌표를 각각 미지수 a, b로 놓고 a, b 사이의 관계식을 구한다.
❷ 포물선의 정의를 이용하여 $\overline{\text{AF}}$, $\overline{\text{BF}}$의 길이를 각각 a, b에 대한 식으로 나타낸다.

3

양수 p에 대하여 포물선 $P_1: (y-p)^2=px$의 초점을 F_1이라 하고 포물선 $P_2: y^2=-p\left(x+\dfrac{p}{4}\right)$의 초점을 F_2라 하자. 직선 F_1F_2가 포물선 P_1과 만나는 점 중 x좌표가 작은 것부터 차례로 P, Q라 하고 직선 F_1F_2가 포물선 P_2와 만나는 점 중 x좌표가 작은 것부터 차례로 R, S라 하자. $\overline{PQ}+\overline{RS}=25$일 때, 선분 SP의 길이를 구하시오.

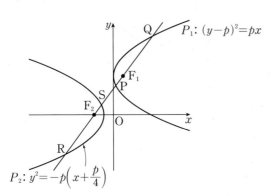

4

그림과 같이 포물선 $y^2=4x$의 초점을 F, 준선이 x축과 만나는 점을 P라 하자. 점 P를 지나고 기울기가 양수인 직선이 포물선과 만나는 두 점을 각각 A, B라 하고, 점 B에서 x축에 내린 수선의 발을 H라 하자. 두 삼각형 BPH, AFB의 넓이의 비가 3 : 1일 때, $\overline{FA}:\overline{FB}=1:k$이다. 모든 양수 k의 값의 합을 구하시오. (단, 점 B의 x좌표는 점 A의 x좌표보다 크다.)

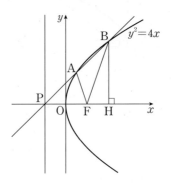

5

그림과 같이 포물선 $y^2=8x$의 초점을 F라 하고, 점 F를 지나는 직선이 포물선과 만나는 두 점을 P, Q라 하자. $\overline{PQ}=20$일 때, 직선 PQ가 x축의 양의 방향과 이루는 각의 크기를 θ라 하자. $\tan^2\theta$의 값은?

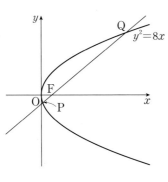

① $\dfrac{5}{12}$

② $\dfrac{1}{2}$

③ $\dfrac{7}{12}$

④ $\dfrac{2}{3}$

⑤ $\dfrac{3}{4}$

6

그림과 같이 포물선 $y^2=8x$의 초점을 F라 하고, 점 F를 지나고 기울기가 양수인 직선이 포물선과 만나는 두 점을 각각 A, B라 할 때, $\overline{BF}=3$이다. 포물선의 준선과 x축이 만나는 점을 P, 점 F에서 선분 AP에 내린 수선의 발을 H라 할 때, 선분 FH의 길이는? (단, 점 A의 x좌표는 점 B의 x좌표보다 크다.)

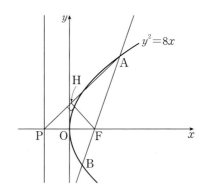

① $\dfrac{13\sqrt{34}}{34}$

② $\dfrac{7\sqrt{34}}{17}$

③ $\dfrac{15\sqrt{34}}{34}$

④ $\dfrac{8\sqrt{34}}{17}$

⑤ $\dfrac{\sqrt{34}}{2}$

NOTE   1st ○△✕   2nd ○△✕

NOTE   1st ○△✕   2nd ○△✕

1

두 초점이 F, F′인 타원 $\dfrac{x^2}{64}+\dfrac{y^2}{16}=1$ 위의 점 중 제1사분면에 있는 점 A가 있다.❶ 두 직선 AF, AF′에 동시에 접하고 중심이 y축 위에 있는 원 중 중심의 y좌표가 음수인 것을 C라 하자. 원 C의 중심을 B라 할 때 사각형 AFBF′의 넓이가 72이다.❷ 원 C의 반지름의 길이는?

① $\dfrac{17}{2}$ ② 9 ③ $\dfrac{19}{2}$

④ 10 ⑤ $\dfrac{21}{2}$

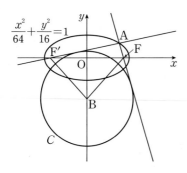

2

두 초점이 F, F′인 타원 $\dfrac{x^2}{49}+\dfrac{y^2}{33}=1$이 있다. 원 $x^2+(y-3)^2=4$ 위의 점 P에 대하여 직선 F′P가 이 타원과 만나는 점 중 y좌표가 양수인 점을 Q라 하자.❷ $\overline{PQ}+\overline{FQ}$의 최댓값을 구하시오.❸

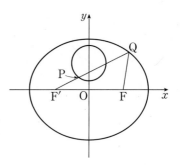

행동전략

❶ 타원의 정의를 이용하여 $\overline{AF}+\overline{AF'}$의 값을 구한다.

❷ □AFBF′=△ABF+△ABF′임을 이용한다.

행동전략

❶ 타원의 정의를 이용하여 $\overline{F'Q}+\overline{FQ}$의 값을 구한다.

❷ ❶과 $\overline{F'Q}=\overline{F'P}+\overline{PQ}$임을 이용하여 $\overline{PQ}+\overline{FQ}$를 포함한 등식을 세운다.

❸ $\overline{PQ}+\overline{FQ}$의 값이 최대가 될 조건을 찾는다.

3

그림과 같이 점 F를 초점으로 하는 포물선 $y^2=12x$와 x축 위의 두 점 F, F'을 초점으로 하는 타원 $\dfrac{x^2}{a^2}+\dfrac{y^2}{b^2}=1$이 제1사분면에서 만나는 점을 P라 하자. $\overline{PF'}=6$일 때, a^2+b^2의 값을 구하시오. (단, a, b는 상수이다.)

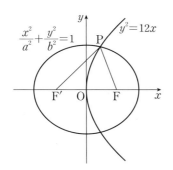

4

그림과 같이 타원 E_1: $\dfrac{x^2}{a^2}+\dfrac{y^2}{b^2}=1$의 두 초점 F_1, $F_1{}'$과 타원 E_2: $\dfrac{x^2}{b^2}+\dfrac{y^2}{a^2}=1$의 두 초점 F_2, $F_2{}'$에 대하여 세 점 F_1, $F_1{}'$, F_2를 지나는 원을 C라 하자. 원 C와 타원 E_1이 제1사분면과 제3사분면에서 만나는 점을 각각 P, Q라 하고, 원 C와 타원 E_2가 제2사분면에서 만나는 점을 R라 하자. $\cos(\angle F_2PR)=\dfrac{4}{5}$이고 삼각형 PQF_1의 넓이가 48일 때, a^2+b^2의 값을 구하시오. (단, a, b는 $a>b>0$인 상수이고, 점 F_1의 x좌표와 점 F_2의 y좌표는 모두 양수이다.)

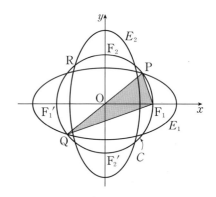

5

그림과 같이 포물선 $y^2=4px$ $(p>0)$와 두 초점이 $F(p, 0)$, $F'(-p, 0)$인 타원 $\dfrac{x^2}{16}+\dfrac{y^2}{a^2}=1$의 교점 중 제1사분면 위의 점을 P라 하자. 점 P를 지나고 x축에 평행한 직선과 점 F'을 지나고 y축에 평행한 직선의 교점을 Q라 하자. $\overline{PQ}=\dfrac{10}{3}$일 때, $p\times a^2$의 값을 구하시오.

(단, $0<a<4$이고, 점 P의 x좌표는 p보다 작다.)

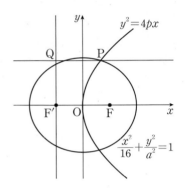

6

그림과 같이 두 점 F, F'을 초점으로 하는 타원 $\dfrac{x^2}{169}+\dfrac{y^2}{144}=1$이 있다. 점 F'을 지나고 원 $x^2+y^2=9$에 접하는 직선이 타원과 만나는 점 중 제1사분면 위의 점을 P라 하자. 삼각형 PF'F에 내접하는 원의 반지름의 길이는?

(단, 점 F의 x좌표는 양수이다.)

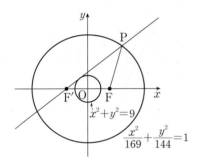

① 2
② $\dfrac{20}{9}$
③ $\dfrac{22}{9}$
④ $\dfrac{8}{3}$
⑤ $\dfrac{26}{9}$

NOTE   1st ○△✕   2nd ○△✕
□
□
□

NOTE   1st ○△✕   2nd ○△✕
□
□
□

1등급 완성
3단계 문제연습

01-3
쌍곡선

1

그림과 같이 두 초점이 F, F′인 쌍곡선 $\dfrac{x^2}{8}-\dfrac{y^2}{17}=1$ 위의 점 P❶에 대하여 직선 FP와 직선 F′P에 동시에 접하고 중심이 y축 위에 있는 원 C가 있다.❷ 직선 F′P와 원 C의 접점 Q에 대하여 $\overline{\text{F′Q}}=5\sqrt{2}$일 때, $\overline{\text{FP}}^2+\overline{\text{F′P}}^2$의 값을 구하시오.

(단, $\overline{\text{F′P}}<\overline{\text{FP}}$)

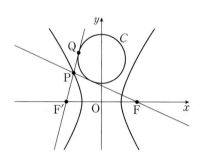

2

평면에 한 변의 길이가 10인 정삼각형 ABC가 있다.❶ $\overline{\text{PB}}-\overline{\text{PC}}=2$를 만족시키는 점 P에 대하여❷ 선분 PA의 길이가 최소일 때,❸ 삼각형 PBC의 넓이는?

① $20\sqrt{3}$ 　 ② $21\sqrt{3}$ 　 ③ $22\sqrt{3}$

④ $23\sqrt{3}$ 　 ⑤ $24\sqrt{3}$

행동전략

❶ 쌍곡선의 정의를 이용하여 $\overline{\text{FP}}-\overline{\text{F′P}}$의 값을 구한다.

❷ 원의 접선의 성질 및 쌍곡선과 원의 대칭성을 이용하여 두 선분 FP, F′P의 길이를 구한다.

행동전략

❶ 정삼각형 ABC를 좌표평면 위에 놓는다.

❷ 쌍곡선의 정의를 이용하여 점 P가 그리는 쌍곡선의 방정식을 구한다.

❸ 선분 PA의 길이가 최소일 조건을 찾는다.

3

점근선의 방정식이 $y=\pm\sqrt{3}x$이고 두 초점이 F$(c, 0)$, F$'(-c, 0)$ $(c>0)$인 쌍곡선이 있다. 이 쌍곡선 위의 점 P가 다음 조건을 만족시킨다.

> (가) x좌표가 음수인 꼭짓점 A에 대하여 $\overline{PF}=\overline{AF}$이다.
>
> (나) 삼각형 PF$'$F의 넓이를 S라 하면 $54\le S\le 60$이다.
>
> (다) 선분 PF의 길이는 자연수이다.

이 쌍곡선의 주축의 길이를 구하시오.

(단, 점 P의 x좌표는 양수이다.)

4

그림과 같이 두 점 F, F$'$을 초점으로 하는 쌍곡선 $\dfrac{x^2}{a^2}-\dfrac{y^2}{b^2}=1$이 있다. 점 F를 지나고 x축에 수직인 직선이 쌍곡선과 제1사분면에서 만나는 점을 P라 하고, 직선 PF 위의 한 점 Q에 대하여 선분 QF$'$이 y축과 만나는 점을 R라 할 때, 점 F$'$, F, P, Q, R가 다음 조건을 만족시킨다.

> (가) 두 점 P, R의 y좌표가 서로 같다.
>
> (나) $\overline{QF'} : \overline{PF}=2\sqrt{3} : 1$
>
> (다) 직각삼각형 QF$'$F의 넓이는 $4\sqrt{2}$이다.

a^2b^2의 값을 구하시오. (단, a, b는 상수이다.)

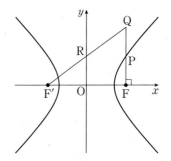

5

두 초점이 F, F'인 쌍곡선 $\dfrac{x^2}{a^2}-\dfrac{y^2}{b^2}=1$이 다음 조건을 만족시킬 때, a^2+b^2+k의 값을 구하시오.

(단, $a>0$, $b>0$, k는 상수이고, 점 F의 x좌표는 양수이다.)

㈎ 쌍곡선 위의 점 P에서 두 직선 $y=\sqrt{3}x$, $y=-\sqrt{3}x$에 이르는 거리를 각각 d_1, d_2라 할 때, $d_1 \times d_2 = k$를 만족시키는 점 P의 개수는 5 이상이다.

㈏ 쌍곡선 위의 점 A에 대하여 $\overline{AF} : \overline{AF'} = 2 : 3$일 때, 삼각형 AFF'의 둘레의 길이는 56이다.

6

Killer

쌍곡선 $\dfrac{x^2}{9}-\dfrac{y^2}{16}=1$의 두 초점 F, F'과 이 쌍곡선 위의 두 점 A, B가 다음 조건을 만족시킨다.

㈎ 두 점 A, B는 모두 제1사분면 위에 있다.

㈏ 삼각형 AF'F는 이등변삼각형이다.

㈐ 삼각형 BF'F는 직각삼각형이다.

삼각형 AF'F의 넓이를 S_1, 삼각형 BF'F의 넓이를 S_2라 할 때, $|S_1-S_2|$의 최댓값을 구하시오.

NOTE　　　　　　　　　　　1st ○△✕　2nd ○△✕

NOTE　　　　　　　　　　　1st ○△✕　2nd ○△✕

이차곡선의 접선의 활용

행동전략 ① 접점의 좌표를 (x_1, y_1)로 놓고 접선의 방정식 공식을 이용하라!

✔ 접점의 좌표가 주어지면 접점에서의 접선의 방정식을 구한다.

✔ 접점의 좌표가 주어지지 않으면 접점의 좌표를 (x_1, y_1)로 놓고 접선의 방정식을 구한다.

행동전략 ② 이차곡선의 대칭성에 주목하라!

✔ 이차곡선의 정의, 성질, 대칭성, 문제에 주어진 조건 등을 좌표평면에 나타내면 문제 해결의 실마리를 찾을 수 있다.

기출에서 뽑은 실전 개념 **1** 이차곡선 위의 점 (x_1, y_1)에서의 접선의 방정식

이차곡선 위의 한 점 (x_1, y_1)에서의 접선의 방정식은 이차곡선의 방정식에서

$x^2 \longrightarrow x_1 x,\ y^2 \longrightarrow y_1 y,\ x \longrightarrow \dfrac{x+x_1}{2},\ y \longrightarrow \dfrac{y+y_1}{2}$ 로 각각 바꿔서 대입한 후 정리한다.

포물선	$y^2 = 4px \rightarrow y_1 y = 4p \times \dfrac{x+x_1}{2} \qquad \therefore\ y_1 y = 2p(x+x_1)$ $x^2 = 4py \rightarrow x_1 x = 4p \times \dfrac{y+y_1}{2} \qquad \therefore\ x_1 x = 2p(y+y_1)$
타원	$\dfrac{x^2}{a^2} + \dfrac{y^2}{b^2} = 1 \rightarrow \dfrac{x_1 x}{a^2} + \dfrac{y_1 y}{b^2} = 1$
쌍곡선	$\dfrac{x^2}{a^2} - \dfrac{y^2}{b^2} = \pm 1 \rightarrow \dfrac{x_1 x}{a^2} - \dfrac{y_1 y}{b^2} = \pm 1$ (복부호 동순)

• 이차곡선 밖의 점에서 그은 접선의 방정식

이차곡선 밖의 한 점 (p, q)에서 그은 접선의 방정식은 다음 두 가지 방법으로 구한다.

[방법 1]
(ⅰ) 접점의 좌표를 (x_1, y_1)로 놓는다.
(ⅱ) 점 (x_1, y_1)에서의 접선의 방정식을 세운다.
(ⅲ) 접선이 점 (p, q)를 지나고, 점 (x_1, y_1)이 이차곡선 위의 점임을 이용하여 x_1, y_1의 값을 구한다.

[방법 2]
(ⅰ) 접선의 기울기를 m으로 놓는다.
(ⅱ) 기울기가 m인 접선의 방정식을 세운다.
(ⅲ) 접선이 점 (p, q)를 지남을 이용하여 m의 값을 구한다.

기출에서 뽑은 실전 개념 **2** 기울기가 주어졌을 때 이차곡선의 접선의 방정식

이차곡선에 접하고 기울기가 m인 직선의 방정식은 다음과 같다.

포물선	$y^2 = 4px \rightarrow y = mx + \dfrac{p}{m}$ (단, $m \neq 0$)
타원	$\dfrac{x^2}{a^2} + \dfrac{y^2}{b^2} = 1 \rightarrow y = mx \pm \sqrt{a^2 m^2 + b^2}$
쌍곡선	$\dfrac{x^2}{a^2} - \dfrac{y^2}{b^2} = 1 \rightarrow y = mx \pm \sqrt{a^2 m^2 - b^2}$ (단, $a^2 m^2 > b^2$) $\dfrac{x^2}{a^2} - \dfrac{y^2}{b^2} = -1 \rightarrow y = mx \pm \sqrt{b^2 - a^2 m^2}$ (단, $b^2 > a^2 m^2$)

기출예시 1   2021년 10월 교육청 기하 25   ◉해답 19쪽

양수 a에 대하여 기울기가 $\dfrac{1}{2}$인 직선이 타원 $\dfrac{x^2}{36} + \dfrac{y^2}{16} = 1$과 포물선 $y^2 = ax$에 동시에 접할 때, 포물선 $y^2 = ax$의 초점의 x좌표는? [3점]
   ①   ②

① 2   ② $\dfrac{5}{2}$ ③ 3

④ $\dfrac{7}{2}$ ⑤ 4

행동전략

❶ 타원에 접하고 기울기가 $\dfrac{1}{2}$인 접선의 방정식을 구한다.

$$y = \dfrac{1}{2}x \pm \sqrt{36 \times \dfrac{1}{4} + 16}$$

❷ 포물선에 접하고 기울기가 $\dfrac{1}{2}$인 접선의 방정식을 구한다.

$$y = \dfrac{1}{2}x + \dfrac{\frac{a}{4}}{\frac{1}{2}}$$

1

좌표평면에서 두 점 $A(-2, 0)$, $B(2, 0)$에 대하여 다음 조건을 만족시키는 직사각형의 넓이의 최댓값은?

> 직사각형 위를 움직이는 점 P에 대하여 $\overline{PA} + \overline{PB}$의 값은 점 P의 좌표가 $(0, 6)$일 때 최대이고 $\left(\dfrac{5}{2}, \dfrac{3}{2}\right)$일 때 최소이다. ❷

① $\dfrac{200}{19}$ ② $\dfrac{210}{19}$ ③ $\dfrac{220}{19}$

④ $\dfrac{230}{19}$ ⑤ $\dfrac{240}{19}$

2

그림과 같이 쌍곡선 $\dfrac{x^2}{a^2} - \dfrac{y^2}{b^2} = 1$ 위의 점 $P(4, k)\,(k>0)$에서의 접선이 x축과 만나는 점을 Q, y축과 만나는 점을 R라 하자. 점 $S(4, 0)$에 대하여 삼각형 QOR의 넓이를 A_1, 삼각형 PRS의 넓이를 A_2라 하자. $A_1 : A_2 = 9 : 4$일 때, 이 쌍곡선의 주축의 길이는? (단, O는 원점이고, a와 b는 상수이다.)

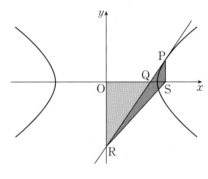

① $2\sqrt{10}$ ② $2\sqrt{11}$ ③ $4\sqrt{3}$

④ $2\sqrt{13}$ ⑤ $2\sqrt{14}$

3

포물선 $y^2=4px$ $(p>0)$와 직선 $x=k$ $(k>0)$가 만나는 두 점을 각각 P, Q라 할 때, 포물선 위의 두 점 P, Q에서의 접선과 y축이 만나는 점을 각각 F, F′이라 하고, 두 접선의 교점을 A라 하자. $\angle \mathrm{PAQ}=60°$이고 $\overline{\mathrm{FF'}}=6$일 때, 두 점 F, F′을 초점으로 하고 두 점 P, Q를 모두 지나는 타원의 장축의 길이는 $a+b\sqrt{3}$ 이다. 자연수 a, b에 대하여 $a+b$의 값을 구하시오.

(단, p, k는 상수이고, 점 P의 y좌표는 양수이다.)

4

그림과 같이 두 점 F, F′을 초점으로 하는 타원 $\dfrac{x^2}{25}+\dfrac{y^2}{9}=1$ 위의 점 $\mathrm{P}\left(3,\ \dfrac{12}{5}\right)$에서 이 타원에 접하는 직선을 l이라 하자. 점 P를 원점에 대하여 대칭이동한 점을 Q라 하고, 직선 l과 직선 QF′이 만나는 점을 R, 점 R를 지나고 x축과 평행한 직선이 직선 QF와 만나는 점을 S라 할 때, 삼각형 QSR의 둘레의 길이는 $\dfrac{q}{p}$이다. $p+q$의 값을 구하시오.

(단, p와 q는 서로소인 자연수이다.)

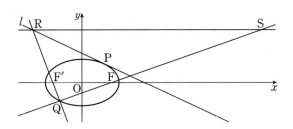

5

타원 $\dfrac{x^2}{4}+\dfrac{y^2}{2}=1$과 쌍곡선 $\dfrac{x^2}{a^2}-\dfrac{y^2}{a^2}=1$의 교점 중 제1사분면에 있는 점을 A라 하고, 타원 $\dfrac{x^2}{4}+\dfrac{y^2}{2}=1$ 위의 점 A에서의 접선을 l_1, 쌍곡선 $\dfrac{x^2}{a^2}-\dfrac{y^2}{a^2}=1$ 위의 점 A에서의 접선을 l_2라 하자. 두 직선 l_1, l_2가 서로 수직일 때, 양수 a의 값을 구하시오.

6

포물선 $y^2=4x$ 위의 점 $A(4,\,4)$에서의 접선 l과 두 초점이 F, F′인 쌍곡선 $\dfrac{x^2}{a^2}-\dfrac{y^2}{b^2}=1$의 점근선 중 기울기가 양수인 직선이 서로 평행하다. 직선 l과 쌍곡선 $\dfrac{x^2}{a^2}-\dfrac{y^2}{b^2}=1$의 교점을 P라 할 때, $\overline{PF}-\overline{PF'}=4$이다. 삼각형 PF′F의 넓이를 S라 할 때, $16S^2$의 값을 구하시오. (단, $a>0$, $b>0$)

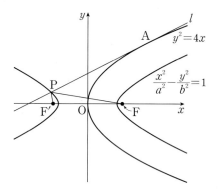

NOTE　　　　　　　　　　　　1st ○△✕ 2nd ○△✕
☐
☐
☐

NOTE　　　　　　　　　　　　1st ○△✕ 2nd ○△✕
☐
☐
☐

03 평면벡터의 연산과 크기

행동전략 ❶ 두 벡터의 합은 삼각형 또는 평행사변형을 이용하라!

✔ 한 벡터의 종점이 다른 한 벡터의 시점과 같을 때, 두 벡터의 합은 두 벡터를 이웃한 두 변으로 하는 삼각형을 그려서 찾는다.

✔ 시점이 같은 두 벡터의 합은 두 벡터를 이웃한 두 변으로 하는 평행사변형을 그려서 찾는다.

행동전략 ❷ 두 벡터의 합의 종점은 한 벡터의 종점과 다른 벡터의 시점을 일치시켜서 찾아라!

✔ 시점이 같은 두 벡터의 합의 종점이 존재하는 영역은 한 벡터의 시점을 다른 벡터의 종점이 존재하는 영역의 모든 점으로 평행이동하여 찾는다.

기출에서 뽑은 실전 개념 **①** 두 벡터의 합의 종점이 존재하는 영역

벡터의 연산 단원의 고난도 문제에서는 시점이 같은 두 벡터의 합의 종점이 존재하는 영역을 찾는 내용이 많이 출제된다.

┤ 2019학년도 수능 가 29 ├

$$\overrightarrow{AX}=\frac{1}{4}(\overrightarrow{AP}+\overrightarrow{AR})+\frac{1}{2}\overrightarrow{AQ}$$

를 만족시키는 점 X가 나타내는 영역의 넓이

┤ 2020학년도 9월 평가원 가 19 ├

$$\overrightarrow{OP}=\overrightarrow{OY}-\overrightarrow{OX}$$

를 만족시키는 점 P가 나타내는 영역

두 벡터 $\overrightarrow{OA}$, $\overrightarrow{OB}$에 대하여 $\overrightarrow{OX}=\overrightarrow{OA}+\overrightarrow{OB}$일 때, 점 X가 존재하는 영역은 다음과 같이 구한다.

(i) 벡터 $\overrightarrow{OA}$의 시점 O를 벡터 $\overrightarrow{OB}$의 종점 B가 존재하는 영역의 한 점 T로 평행이동하고, $\overrightarrow{TA'}=\overrightarrow{OA}$인 점을 A'이라 하자.

(ii) $\overrightarrow{OA}+\overrightarrow{OT}=\overrightarrow{TA'}+\overrightarrow{OT}=\overrightarrow{OA'}$이므로 점 T가 점 B가 존재하는 영역 위를 움직일 때, 점 A'이 존재하는 영역이 점 X가 존재하는 영역이다.

예 영역 C에 속하는 점 A와 영역 D에 속하는 점 B에 대하여 $\overrightarrow{OX}=\overrightarrow{OA}+\overrightarrow{OB}$라 할 때, 점 X가 존재하는 영역을 구하면 다음과 같다.

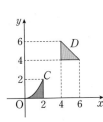 → 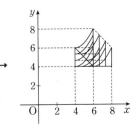 →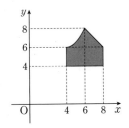

◆ 시점 또는 종점이 원 위의 점인 벡터는 원의 중심을 시점으로 하는 벡터와 종점으로 하는 벡터의 합으로 나타내면 문제를 풀 때 유용한 경우가 있다.

예 중심이 O인 원 위의 점 P에 대하여 $\overrightarrow{AP}=\overrightarrow{AO}+\overrightarrow{OP}$

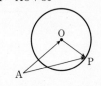

◆ 기출에서 뽑은 실전 개념 **①**의 예에서

기출예시 1 2020학년도 9월 평가원 가 19 ❂ 해답 24쪽

좌표평면 위에 두 점 A(1, 0), B(0, 1)이 있다. 중심각의 크기가 $\frac{\pi}{2}$인 부채꼴 OAB의 호 AB 위를 움직이는 점 X와 함수 $y=(x-2)^2+1$ $(2\leq x\leq 3)$의 그래프 위를 움직이는 점 Y에 대하여 $\overrightarrow{OP}=\overrightarrow{OY}-\overrightarrow{OX}$를 만족시키는 점 P가 나타내는 영역을 R라 하자. 점 O로부터 영역 R에 있는 점까지의 거리의 최댓값을 M, 최솟값을 m이라 할 때, M^2+m^2의 값은? (단, O는 원점이다.) [4점]

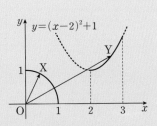

① $16-2\sqrt{5}$ ② $16-\sqrt{5}$ ③ 16

④ $16+\sqrt{5}$ ⑤ $16+2\sqrt{5}$

행동전략

❶ 벡터 $\overrightarrow{OP}$를 두 벡터의 합으로 나타낸다.
$-\overrightarrow{OX}=\overrightarrow{OZ}$라 하면
$\overrightarrow{OP}=\overrightarrow{OY}+\overrightarrow{OZ}$

❷ 벡터 $\overrightarrow{OZ}$의 시점을 점 Y가 존재하는 영역의 모든 점으로 평행이동하여 영역 R를 찾는다.

1

좌표평면에서 넓이가 9인 삼각형 ABC의 세 변 AB, BC, CA 위를 움직이는 점을 각각 P, Q, R라 할 때,

$$\overrightarrow{AX}=\underset{\text{❶}}{\frac{1}{4}(\overrightarrow{AP}+\overrightarrow{AR})}+\underset{\text{❷}}{\frac{1}{2}\overrightarrow{AQ}}$$

를 만족시키는 점 X가 나타내는 영역의 넓이가 $\dfrac{q}{p}$이다. $p+q$ 의 값을 구하시오. (단, p와 q는 서로소인 자연수이다.)

2

좌표평면 위에 두 점 A(3, 0), B(0, 3)과 직선 $x=1$ 위의 점 $\underset{\text{❷}}{\underline{\text{P}(1,\ a)}}$가 있다. 점 Q가 중심각의 크기가 $\dfrac{\pi}{2}$인 부채꼴 OAB 의 호 AB 위를 움직일 때 $\underset{\text{❶}}{\underline{|\overrightarrow{OP}+\overrightarrow{OQ}|}}$의 최댓값을 $f(a)$라 하자. $\underset{\text{❷}}{\underline{f(a)=5}}$가 되도록 하는 모든 실수 a의 값의 곱은?

(단, O는 원점이다.)

① $-5\sqrt{3}$ ② $-4\sqrt{3}$ ③ $-3\sqrt{3}$

④ $-2\sqrt{3}$ ⑤ $-\sqrt{3}$

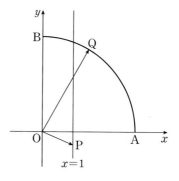

행동전략

❶ 선분 AB를 사등분하는 세 점, 선분 AC를 사등분하는 세 점을 잡고 벡터 $\dfrac{1}{4}(\overrightarrow{AP}+\overrightarrow{AR})$의 종점이 존재하는 영역을 찾는다.

❷ 벡터 $\dfrac{1}{2}\overrightarrow{AQ}$의 종점이 존재하는 영역을 찾는다.

행동전략

❶ $a\geq0$, $a<0$일 때로 나누어 $|\overrightarrow{OP}+\overrightarrow{OQ}|$의 값이 최대일 조건을 각각 찾는다.

❷ 점 P의 좌표가 주어져 있으므로 ❶의 조건을 a에 대한 식으로 나타낸다.

3

0이 아닌 실수 a에 대하여 넓이가 3인 삼각형 ABC의 내부의 점 P가

$$2\overrightarrow{PA}+4\overrightarrow{PC}=a\overrightarrow{BC}$$

를 만족시킬 때, 〈보기〉에서 옳은 것만을 있는 대로 고른 것은?

┤ 보기 ├

ㄱ. 점 P를 지나고 직선 BC에 평행한 직선과 선분 AC가 만나는 점은 선분 AC를 2 : 1로 내분한다.

ㄴ. 삼각형 PBC의 넓이는 실수 a의 값에 관계없이 항상 1이다.

ㄷ. $0<\triangle APC<\dfrac{4}{3}$를 만족시키는 실수 a의 값의 범위는 $0<a<\dfrac{8}{3}$이다.

① ㄱ   ② ㄴ   ③ ㄱ, ㄴ

④ ㄱ, ㄷ   ⑤ ㄱ, ㄴ, ㄷ

4

좌표평면 위의 두 점 $P(x_1, y_1)$, $Q(x_2, y_2)$가 다음 조건을 만족시킨다.

(가) $x_1{}^2+y_1{}^2=4^2$, $x_1\geq0$, $0\leq y_1\leq2\sqrt{3}$

(나) $x_2=2$, $-2\leq y_2\leq2$

선분 OP 위를 움직이는 점 X에 대하여 점 Y는

$$\overrightarrow{OY}=3\overrightarrow{OX}+\overrightarrow{OQ}$$

를 만족시킨다. 점 Y가 존재하는 영역의 넓이를 $a+b\pi$라 할 때, $a+b$의 값을 구하시오. (단, a, b는 정수이고, O는 원점이다.)

NOTE   1st ○ △ ×   2nd ○ △ ×

☐
☐
☐

NOTE   1st ○ △ ×   2nd ○ △ ×

☐
☐
☐

5

좌표평면 위의 두 점 A$(-4, 0)$, B$(0, 4)$와 직선 $y=-1$ 위의 점 P$(a, -1)$에 대하여 삼각형 APB의 변 AP 위를 움직이는 점을 Q, 변 BP 위를 움직이는 점을 R라 하자. $\overrightarrow{OX}=\overrightarrow{AR}+\overrightarrow{BQ}$를 만족시키는 점 X가 나타내는 도형의 넓이가 24가 되도록 하는 모든 실수 a의 값의 합은?

(단, $a \neq -5$이고, O는 원점이다.)

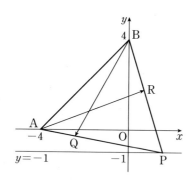

① -10 ② -8 ③ -6

④ -4 ⑤ -2

6

좌표평면 위의 세 점 A$(0, -1)$, B$(3, 0)$, C$(1, 3)$과 두 점 P, Q가 다음 조건을 만족시킨다.

㈎ $x+y=1$을 만족시키는 두 실수 x, y에 대하여 $\overrightarrow{OP}=x\overrightarrow{OA}+2y\overrightarrow{OB}$이다.

㈏ $3z+w=2$를 만족시키는 두 실수 z, w에 대하여 $\overrightarrow{OQ}=z\overrightarrow{OB}+w\overrightarrow{OC}$이다.

두 점 P, Q가 각각 나타내는 도형과 x축으로 둘러싸인 부분의 넓이는? (단, O는 원점이다.)

① 1 ② $\dfrac{4}{3}$ ③ $\dfrac{5}{3}$

④ 2 ⑤ $\dfrac{7}{3}$

NOTE   1st ○△× 2nd ○△×

☐
☐
☐

NOTE   1st ○△× 2nd ○△×

☐
☐
☐

04 평면벡터의 내적의 최대, 최소

행동전략 ❶ 벡터의 연산을 이용하라!

✔ 벡터의 연산을 이용하여 주어진 벡터를 내적을 구하기 쉬운 벡터로 나타낸다. 특히 원이 주어졌을 때, 주어진 벡터를 원의 중심이 시점인 벡터와 종점인 벡터의 합으로 나타내면 편리한 경우가 있다.

행동전략 ❷ 벡터의 내적의 기하적 성질을 파악하라!

✔ 두 벡터 $\overrightarrow{OA}$, $\overrightarrow{OB}$에 대하여 점 B에서 직선 OA에 내린 수선의 발을 H라 할 때, $\overrightarrow{OA} \cdot \overrightarrow{OB}$는 $\overline{OH}$의 길이에 대한 식으로 나타낼 수 있다.

기출에서 뽑은 실전 개념 **1** 벡터의 내적의 기하적 의미

(1) $\overrightarrow{AB} \cdot \overrightarrow{AP}$의 값이 주어졌을 때, 점 P가 나타내는 도형

두 벡터 $\overrightarrow{AB}$, $\overrightarrow{AP}$가 이루는 각의 크기를 θ라 하고, $\overrightarrow{AB} \cdot \overrightarrow{AP} = k$ $(k>0)$일 때,

$\overrightarrow{AB} \cdot \overrightarrow{AP} = |\overrightarrow{AB}||\overrightarrow{AP}| \cos \theta = k$에서

$$|\overrightarrow{AP}| \cos \theta = \frac{k}{|\overrightarrow{AB}|}$$

벡터 $\overrightarrow{AB}$와 같은 방향의 반직선 AB 위의 점 H가

$$|\overrightarrow{AH}| = \frac{k}{|\overrightarrow{AB}|}$$

를 만족시킬 때, 점 P는 점 H를 지나고 직선 AB에 수직인 직선 위의 점이다.

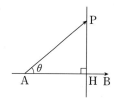

◆ 영벡터가 아닌 두 벡터 $\vec{a}$, $\vec{b}$가 이루는 각의 크기를 θ라 하면
(1) $0° \le \theta \le 90°$일 때
   $\vec{a} \cdot \vec{b} = |\vec{a}||\vec{b}| \cos \theta$
(2) $90° < \theta \le 180°$일 때
   $\vec{a} \cdot \vec{b} = -|\vec{a}||\vec{b}| \cos (180° - \theta)$

◆ 영벡터가 아닌 두 벡터 $\vec{a}$, $\vec{b}$에 대하여
$\vec{a} \perp \vec{b} \iff \vec{a} \cdot \vec{b} = 0$

(2) 벡터의 내적의 기하적 의미의 활용

두 벡터 $\overrightarrow{PA}$, $\overrightarrow{PB}$가 이루는 각의 크기를 θ, 점 B에서 직선 PA에 내린 수선의 발을 H라 하면 다음이 성립한다.

① $0 \le \theta \le 90°$일 때

$$\overline{PH} = |\overrightarrow{PB}| \cos \theta$$
$$\to \overrightarrow{PA} \cdot \overrightarrow{PB} = |\overrightarrow{PA}||\overrightarrow{PB}| \cos \theta = \overline{PA} \times \overline{PH}$$

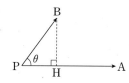

② $90° < \theta \le 180°$일 때

$$\overline{PH} = |\overrightarrow{PB}| \cos (180° - \theta)$$
$$\to \overrightarrow{PA} \cdot \overrightarrow{PB} = -|\overrightarrow{PA}||\overrightarrow{PB}| \cos (180° - \theta)$$
$$= -\overline{PA} \times \overline{PH}$$

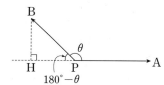

기출예시 1 2019학년도 9월 평가원 가 16 　　●해답 31쪽

좌표평면 위의 두 점 A(6, 0), B(8, 6)에 대하여 점 P가 $|\overrightarrow{PA} + \overrightarrow{PB}| = \sqrt{10}$을 만족시킨다. $\overrightarrow{OB} \cdot \overrightarrow{OP}$의 값이 최대가 되도록 하는 점 P를 Q라 하고, 선분 AB의 중점을 M이라 할 때, $\overrightarrow{OA} \cdot \overrightarrow{MQ}$❶의 값은? (단, O는 원점이다.) [4점]

① $\dfrac{6\sqrt{10}}{5}$　　　② $\dfrac{9\sqrt{10}}{5}$　　　③ $\dfrac{12\sqrt{10}}{5}$

④ $3\sqrt{10}$　　　⑤ $\dfrac{18\sqrt{10}}{5}$

행동전략

❶ 두 벡터 $\overrightarrow{OA}$, $\overrightarrow{MQ}$가 이루는 각의 크기와 같은 각을 찾는다.
두 벡터 $\overrightarrow{OB}$, $\overrightarrow{MQ}$의 방향이 같으므로 두 벡터 $\overrightarrow{OA}$, $\overrightarrow{MQ}$가 이루는 각의 크기는 두 벡터 $\overrightarrow{OA}$, $\overrightarrow{OB}$가 이루는 각의 크기와 같다.

TRAINING

○ 해답 31쪽

TRAINING FOCUS ❶ 내적이 주어졌을 때 점이 나타내는 도형

벡터의 내적이 주어졌을 때, 점이 나타내는 도형의 방정식은 다음과 같은 순서로 구한다.

(ⅰ) 구하는 도형 위의 점의 좌표를 (x, y)로 놓는다.

(ⅱ) 내적이 주어진 두 벡터를 성분으로 나타낸다.

(ⅲ) 주어진 등식에 대입하여 도형의 방정식을 구한다.

이 도형을 좌표평면 위에 나타내고, 도형의 성질을 이용하여 선분의 길이의 최댓값 또는 최솟값을 구할 수 있다. 이때 원의 성질, 점과 직선 사이의 거리, 원의 접선의 길이 등을 이용한다.

TRAINING 문제 ❶ 세 점 $O(0, 0)$, $A(1, 2)$, $B(-2, 6)$에 대하여 점 P가 다음을 만족시킬 때, $\overline{OP}$의 길이의 최솟값을 구하시오.

(1) $\overrightarrow{AB} \cdot \overrightarrow{OP} = 25$

(2) $\overrightarrow{AP} \cdot \overrightarrow{BP} = \dfrac{11}{4}$

TRAINING 실전개념

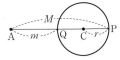

중심이 C이고 반지름의 길이가 r인 원 밖의 점 A와 원 위의 점 사이의 거리의 최댓값을 M, 최솟값을 m이라 하면 $M = \overline{AC} + r$, $m = \overline{AC} - r$

TRAINING FOCUS ❷ 내적의 기하적 의미를 이용한 내적의 최대, 최소

두 벡터 $\overrightarrow{OA}$, $\overrightarrow{OB}$가 이루는 각의 크기를 θ라 할 때

(1) $0° < \theta < 90°$인 경우

$|\overrightarrow{OA}|$의 값이 일정하면 내적 $\overrightarrow{OA} \cdot \overrightarrow{OB}$는 $|\overrightarrow{OB}| \cos \theta$의 값에 따라 정해진다. 이때 점 B에서 직선 OA에 내린 수선의 발을 H라 하면 $|\overrightarrow{OB}| \cos \theta$의 값은 $\overline{OH}$의 길이와 같으므로 $\overrightarrow{OA} \cdot \overrightarrow{OB}$의 값은 $\overline{OH}$의 길이에 따라 정해진다.

(2) $90° < \theta < 180°$인 경우

$|\overrightarrow{OA}|$의 값이 일정하면 내적 $\overrightarrow{OA} \cdot \overrightarrow{OB}$는 $-|\overrightarrow{OB}| \cos (180° - \theta)$의 값에 따라 정해진다. 이때 점 B에서 직선 OA에 내린 수선의 발을 H라 하면 $|\overrightarrow{OB}| \cos (180° - \theta)$의 값은 $\overline{OH}$의 길이와 같으므로 내적 $\overrightarrow{OA} \cdot \overrightarrow{OB}$의 값은 $\overline{OH}$의 길이에 따라 정해진다.

TRAINING 문제 ❷ 점 P가 오른쪽 그림과 같은 정사각형의 변 위의 점일 때, 다음 점 Q에 대하여 $\overrightarrow{OP} \cdot \overrightarrow{OQ}$의 최댓값과 최솟값을 구하시오.

(단, O는 원점이다.)

(1) $Q(1, 2)$

(2) $Q(-3, 2)$

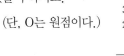

TRAINING 실전개념

좌표가 정해진 점 A와 동점 B에 대하여 두 벡터 $\overrightarrow{OA}$, $\overrightarrow{OB}$가 이루는 각의 크기를 θ라 할 때, 점 B에서 직선 OA에 내린 수선의 발을 H라 하자.

(1) $0° < \theta < 90°$일 때

$\overrightarrow{OA} \cdot \overrightarrow{OB} = \overline{OA} \times \overline{OH}$이므로 $\overrightarrow{OA} \cdot \overrightarrow{OB}$의 값은 $\overline{OH}$의 길이가 최대일 때 최대, 최소일 때 최소이다.

(2) $90° < \theta < 180°$일 때

$\overrightarrow{OA} \cdot \overrightarrow{OB} = -\overline{OA} \times \overline{OH}$이므로 $\overrightarrow{OA} \cdot \overrightarrow{OB}$의 값은 $\overline{OH}$의 길이가 최소일 때 최대, 최대일 때 최소이다.

Killer

1

좌표평면에서 $\overrightarrow{OA}=\sqrt{2}$, $\overrightarrow{OB}=2\sqrt{2}$이고 $\cos(\angle AOB)=\dfrac{1}{4}$인 평행사변형 OACB에 대하여 점 P가 다음 조건을 만족시킨다.

> (가) $\overrightarrow{OP}=s\overrightarrow{OA}+t\overrightarrow{OB}$ $(0\le s\le 1,\ 0\le t\le 1)$ ❶
> (나) $\overrightarrow{OP}\cdot\overrightarrow{OB}+\overrightarrow{BP}\cdot\overrightarrow{BC}=2$ ❷

점 O를 중심으로 하고 점 A를 지나는 원 위를 움직이는 점 X에 대하여 $|3\overrightarrow{OP}-\overrightarrow{OX}|$의 최댓값과 최솟값을 각각 M, m이라 하자. $M\times m=a\sqrt{6}+b$일 때, a^2+b^2의 값을 구하시오. ❸

(단, a와 b는 유리수이다.)

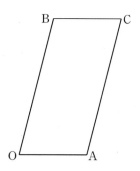

❶ 점 P가 존재하는 영역 찾기

❷ 평면벡터의 연산을 이용하여 $\overrightarrow{OP}\cdot\overrightarrow{OC}$의 값 구하기

❸ $|3\overrightarrow{OP}-\overrightarrow{OX}|$의 최댓값과 최솟값 구하기

행동전략

❶ 점 P가 존재하는 영역을 찾는다.
❷ 평면벡터의 연산을 이용하여 식을 정리한다.
❸ 벡터 $\overrightarrow{OP}$의 크기 및 두 벡터 $\overrightarrow{OX}$와 $\overrightarrow{OP}$ 사이의 방향 관계를 파악한다.

NOTE　　　　1st ○△✕　2nd ○△✕

□
□
□

2

좌표평면 위의 두 원 O_1, O_2가 다음 조건을 만족시킨다.

> (가) 두 원 O_1, O_2의 중심은 각각 A$(0, 3)$, B$(4, 0)$이다.
>
> (나) 두 원 O_1, O_2의 반지름의 길이의 합은 4보다 작다.

원 O_1 위의 점 P와 원 O_2 위의 점 Q에 대하여 $\overrightarrow{PQ} \cdot \overrightarrow{OB}$의 최댓값을 M, 최솟값을 m이라 할 때, $M+m$의 값을 구하시오.

(단, O는 원점이다.)

3

네 점 A$(4, 0)$, B$(0, 4)$, C$(-4, 0)$, D$(0, -4)$를 꼭짓점으로 하는 사각형 ABCD가 있다. 네 점 P, Q, R, S가 각각 네 선분 AB, BC, CD, DA 위의 점일 때,
$$8\overrightarrow{OT} = 3\overrightarrow{OP} + \overrightarrow{OQ} + \overrightarrow{OR} + 3\overrightarrow{OS}$$
를 만족시키는 점 T에 대하여 $\overrightarrow{OA} \cdot \overrightarrow{OT}$의 최댓값을 M, 최솟값을 m이라 하자. $M+m$의 값을 구하시오.

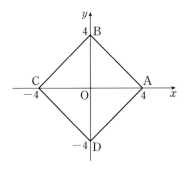

4

그림과 같이 한 변의 길이가 4인 정삼각형 ABC의 내부에 선분 AB와 선분 AC에 모두 접하고 반지름의 길이가 1인 원이 있다. 이 원 위의 점 P와 선분 BC 위의 점 Q에 대하여 $\overrightarrow{\text{AP}} \cdot \overrightarrow{\text{AQ}}$의 최댓값을 M, 최솟값을 m이라 할 때, Mm의 값을 구하시오.

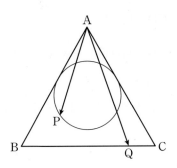

5

두 초점이 각각 F, F′인 타원 $\dfrac{x^2}{a^2+1}+\dfrac{y^2}{a^2}=1\ (a>0)$ 위의 점 P에 대하여 $\overrightarrow{\text{PF}} \cdot \overrightarrow{\text{PF}'}$의 최댓값이 6일 때, 이 타원의 장축의 길이는? (단, 점 F의 x좌표는 양수이고, a는 상수이다.)

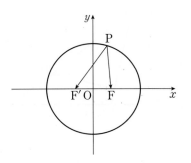

① $\sqrt{26}$ ② $3\sqrt{3}$ ③ $2\sqrt{7}$

④ $\sqrt{29}$ ⑤ $\sqrt{30}$

NOTE 1st ○ △ × 2nd ○ △ ×

NOTE 1st ○ △ × 2nd ○ △ ×

6

그림과 같이 $\overline{AB}=4$, $\overline{AC}=6$인 삼각형 ABC에서 선분 AC를 2:1로 내분하는 점을 D라 하고, 선분 BC 위의 한 점을 E라 하자. 〈보기〉에서 옳은 것만을 있는 대로 고른 것은?

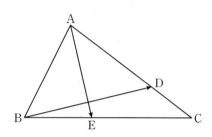

├── 보기 ├──

ㄱ. 삼각형 ABD의 넓이가 6이면 $\sin(\angle CAB)=\dfrac{3}{4}$이다.

ㄴ. $\overrightarrow{AE}\cdot\overrightarrow{BD}=0$일 때, $\overline{AB}:\overline{AC}=\overline{DE}:\overline{CE}$이다.

ㄷ. 점 E가 선분 BC를 1:2로 내분하는 점이면

$$-\frac{16}{3}<\overrightarrow{AE}\cdot\overrightarrow{BD}<0$$이다.

① ㄱ   ② ㄴ   ③ ㄱ, ㄴ

④ ㄴ, ㄷ   ⑤ ㄱ, ㄴ, ㄷ

7

좌표평면에서 반원의 호 $C:(x+2)^2+y^2=1\ (y\geq0)$ 위의 점 P에 대하여

$$\overrightarrow{OQ}\cdot\overrightarrow{PQ}=4,\ \overrightarrow{OQ}\cdot\overrightarrow{OP}=0$$

을 만족시키고 y좌표가 양수인 점을 Q라 하자. 점 A(1, 0)에 대하여 부등식

$$\frac{1}{2}\leq\overrightarrow{OA}\cdot\overrightarrow{OQ}\leq1$$

을 만족시키는 점 P가 나타내는 도형의 길이가 $\dfrac{q}{p}\pi$일 때, $p+q$의 값을 구하시오.

(단, O는 원점이고, p와 q는 서로소인 자연수이다.)

05 삼수선의 정리

행동전략 ❶ 삼수선의 정리의 활용 문제에서는 직각삼각형을 찾아라!

✓ 알맞은 보조선을 그어 수직인 두 직선 또는 직선과 평면을 찾는다.
✓ 직각삼각형을 찾아 피타고라스 정리를 이용한다.

행동전략 ❷ 두 평면이 이루는 각을 찾을 때는 수선의 발을 내려라!

✓ 평면 β 위의 점에서 두 평면 α, β의 교선과 평면 α에 각각 수선의 발을 내리고 삼수선의 정리를 이용한다.

기출에서 뽑은 실전 개념 ❶ 삼수선의 정리

평면 α 위에 있지 않은 한 점 P, 평면 α 위의 직선 l, 직선 l 위의 한 점 H, 평면 α 위에 있으면서 직선 l 위에 있지 않은 한 점 O에 대하여 다음이 성립한다.

(1) $\overline{PO}\perp\alpha$, $\overline{OH}\perp l$이면 $\overline{PH}\perp l$

(2) $\overline{PO}\perp\alpha$, $\overline{PH}\perp l$이면 $\overline{OH}\perp l$

(3) $\overline{PH}\perp l$, $\overline{OH}\perp l$, $\overline{PO}\perp\overline{OH}$이면 $\overline{PO}\perp\alpha$

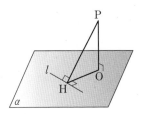

◆ 서로 다른 두 평면이 만나서 생기는 이면각 중에서 크기가 크지 않은 쪽의 각을 두 평면이 이루는 각이라고 한다.
→ 다음 그림에서 $\angle AOB$의 크기가 두 평면 α, β가 이루는 각의 크기이다.

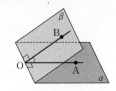

기출에서 뽑은 실전 개념 ❷ 삼수선의 정리를 이용하여 두 평면이 이루는 각의 크기 찾기

(i) 한 평면 위의 점에서 두 평면의 교선과 다른 한 평면에 각각 수선의 발을 내린다.

(ii) 삼수선의 정리와 직각삼각형의 성질을 이용하여 각 선분의 길이를 구하면 두 평면이 이루는 각의 크기의 코사인 값을 구할 수 있다.

┤ 2013학년도 수능 가 28 ├

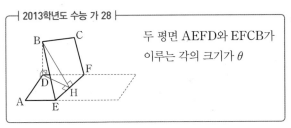

두 평면 AEFD와 EFCB가 이루는 각의 크기가 θ

← 두 평면 AEFD와 EFCB의 교선은 선분 EF이고 점 B에서 평면 AEFD에 내린 수선의 발이 D이므로 $\overline{BD}\perp$(평면 AEFD)
점 B에서 선분 EF에 내린 수선의 발을 H라 하면 $\overline{BH}\perp\overline{EF}$이므로 삼수선의 정리에 의하여 $\overline{DH}\perp\overline{EF}$
따라서 두 평면이 이루는 각의 크기는 $\angle BHD$의 크기와 같다.

◆ 평면 β 위에 있는 점 P에서 평면 α에 내린 수선의 발을 O, 점 P에서 두 평면의 교선 l에 내린 수선의 발을 H라 하면 삼수선의 정리에 의하여 $\overline{OH}\perp l$이다. 따라서 두 평면이 이루는 각의 크기는 $\angle PHO$의 크기와 같고, $\cos(\angle PHO)=\dfrac{\overline{OH}}{\overline{PH}}$이다.

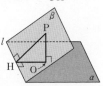

기출예시 ❶ 2019학년도 9월 평가원 가 12   ○ 해답 40쪽

그림과 같이 평면 α 위에 넓이가 24인 삼각형 ABC가 있다. 평면 α 위에 있지 않은 점 P에서 평면 α에 내린 수선의 발을 H, 직선 AB에 내린 수선의 발을 Q라 하자. 점 H가 삼각형 ABC의 무게중심이고, $\overline{PH}=4$, $\overline{AB}=8$일 때, 선분 PQ의 길이는? [3점]

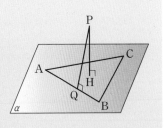

① $3\sqrt{2}$　　　② $2\sqrt{5}$

③ $\sqrt{22}$　　　④ $2\sqrt{6}$

⑤ $\sqrt{26}$

행동전략

❶ $\overline{HQ}$를 긋고 삼수선의 정리를 이용한다.
$\overline{PH}\perp\alpha$, $\overline{PQ}\perp\overline{AB}$이므로 삼수선의 정리에 의하여
$\overline{HQ}\perp\overline{AB}$

❷ 삼각형 ABH의 넓이를 구한다.
$$\triangle ABH=\frac{1}{3}\triangle ABC$$
$$=\frac{1}{3}\times24=8$$

1

한 변의 길이가 12인 정삼각형 BCD를 한 면으로 하는 사면체 ABCD의 꼭짓점 A에서 평면 BCD에 내린 수선의 발을 H라 할 때, 점 H는 삼각형 BCD의 내부에 놓여 있다. 삼각형 CDH 의 넓이는 삼각형 BCH의 넓이의 3배, 삼각형 DBH의 넓이는 삼각형 BCH의 넓이의 2배이고 $\overline{AH}=3$이다. 선분 BD의 중점 을 M, 점 A에서 선분 CM에 내린 수선의 발을 Q라 할 때, 선 분 AQ의 길이는?

① $\sqrt{11}$ ② $2\sqrt{3}$ ③ $\sqrt{13}$

④ $\sqrt{14}$ ⑤ $\sqrt{15}$

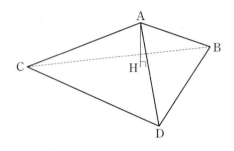

2

그림과 같이 직선 l을 교선으로 하고 이루는 각의 크기가 $\dfrac{\pi}{4}$인 두 평면 α와 β가 있고, 평면 α 위의 점 A와 평면 β 위의 점 B 가 있다. 두 점 A, B에서 직선 l에 내린 수선의 발을 각각 C, D라 하자. $\overline{AB}=2$, $\overline{AD}=\sqrt{3}$이고 직선 AB와 평면 β가 이루 는 각의 크기가 $\dfrac{\pi}{6}$일 때, 사면체 ABCD의 부피는 $a+b\sqrt{2}$이 다. $36(a+b)$의 값을 구하시오. (단, a, b는 유리수이다.)

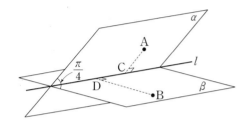

행동전략

❶ △BCH : △CDH : △DBH를 구한다.
❷ 두 삼각형 CMH, DHM의 넓이가 같음을 이용하여 선분 HM의 길이를 구한다.
❸ $\overline{AH}\perp$(평면 BCD), $\overline{AQ}\perp\overline{CM}$이므로 삼수선의 정리를 이용하여 수직인 두 선분을 찾는다.

행동전략

❶ 두 평면 α, β가 이루는 각의 크기는 선분 AC와 평면 β가 이루는 각의 크기와 같음 을 이용한다.
❷ 점 A에서 평면 β에 수선의 발을 내린다.

3

평면 α 위의 두 점 A, B에 대하여 $\overline{AB}=6\sqrt{2}$이다. 평면 α 위에 있지 않은 점 P와 평면 α 사이의 거리는 2이고 $\angle PAB<90°$이다. 직선 PA와 평면 α가 이루는 각의 크기가 30°이고 평면 PAB와 평면 α가 이루는 각의 크기가 45°일 때, 선분 PB의 길이는?

① 6   ② $2\sqrt{10}$ ③ $2\sqrt{11}$

④ $4\sqrt{3}$ ⑤ $2\sqrt{13}$

4

좌표공간에서 수직으로 만나는 두 평면 α, β의 교선을 l이라 하자. 평면 α 위의 직선 m과 평면 β 위의 직선 n은 각각 직선 l과 평행하다. 직선 m 위의 $\overline{AP}=3$인 두 점 A, P에 대하여 점 P에서 직선 l에 내린 수선의 발을 Q, 점 Q에서 직선 n에 내린 수선의 발을 B라 하면 $\overline{PQ}=2$, $\overline{AB}=5$이다. 점 A에서 직선 l에 내린 수선의 발을 H라 할 때, 점 B가 아닌 직선 n 위의 점 C에 대하여 사면체 AHBC의 부피가 사각뿔 B-APQH의 부피의 2배일 때, 선분 AC의 길이는? (단, $0°<\angle HBC<90°$)

① $\sqrt{93}$ ② $\sqrt{95}$ ③ $\sqrt{97}$

④ $3\sqrt{11}$ ⑤ $\sqrt{101}$

NOTE   1st ○△✕   2nd ○△✕

☐
☐
☐

NOTE   1st ○△✕   2nd ○△✕

☐
☐
☐

5

평면 α 위에 $\overline{AB}=5$인 두 점 A, B와 중심이 B이고 반지름의 길이가 3인 원이 있다. 점 A에서 이 원에 그은 한 접선의 접점을 C라 하자. 이 접선 위의 한 점 D에 대하여 $\overline{AC}=\overline{CD}$이고, 점 D를 지나고 평면 α와 수직인 직선 위의 한 점 P에 대하여 $\overline{PD}=4$일 때, 점 B와 직선 AP 사이의 거리를 k라 하자. $5k^2$의 값을 구하시오. (단, 두 점 A, D는 일치하지 않는다.)

6

그림과 같이 반지름의 길이가 10인 원 모양의 종이가 있다. 이 원에 내접하는 정삼각형 ABC가 있고 호 AB와 호 AC를 이등분하는 점을 각각 P, Q라 하자. 이 종이에서 선분 AB를 접는 선으로 하여 활꼴을 접어 올리고 선분 AC를 접는 선으로 하여 반대 방향으로 활꼴을 접어 내렸을 때, 두 점 P, Q에서 평면 ABC에 내린 수선의 발을 각각 H_1, H_2라 하면 두 점 H_1, H_2는 정삼각형 ABC의 내부에 놓여 있고, $\overline{PH_1}=4$, $\overline{QH_2}=4$이다. 두 평면 APQ와 ABC가 이루는 각의 크기가 θ일 때, $19\cos^2\theta$의 값을 구하시오. (단, 종이의 두께는 고려하지 않는다.)

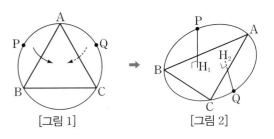

[그림 1]   [그림 2]

7

두 평면 α, β가 이루는 각의 크기를 θ라 할 때, $\cos\theta = \dfrac{2}{5}$이다.

두 평면 α, β의 교선을 l이라 할 때, 평면 α 위의 서로 다른 네 점 A, B, C, D가 다음 조건을 만족시킨다.

> ㈎ 점 A는 직선 l 위에 있다.
>
> ㈏ $\overline{BD}=4$이고, 직선 BD는 직선 l과 평행하다.
>
> ㈐ 세 점 B, C, D에서 평면 β에 내린 수선의 발을 각각 B′, C′, D′이라 할 때, 사각형 AB′C′D′은 한 변의 길이가 3인 마름모이다.

선분 BC의 길이는?

① $\dfrac{\sqrt{141}}{2}$ ② $\dfrac{\sqrt{142}}{2}$ ③ $\dfrac{\sqrt{143}}{2}$

④ 6 ⑤ $\dfrac{\sqrt{145}}{2}$

8

좌표공간에서 수직으로 만나는 두 평면 α, β의 교선을 l이라 하자. 평면 α 위의 직선 k와 평면 β 위의 두 직선 m, n에 대하여 세 직선 k, m, n은 모두 직선 l과 평행하다. 직선 k 위의 서로 다른 두 점 A, B에 대하여 점 A에서 직선 l에 내린 수선의 발을 P라 하고, 점 P에서 직선 m에 내린 수선의 발을 C라 하자. 점 B에서 직선 l에 내린 수선의 발을 Q라 하고, 점 Q에서 직선 n에 내린 수선의 발을 D라 하자. 점 A, B, C, D, P, Q가 다음 조건을 만족시킨다.

> ㈎ $\overline{AP}=4$, $\overline{PC}=3$, $\overline{QD}=4$
>
> ㈏ 삼각형 BCD의 넓이는 6이다.

선분 CD의 길이는? (단, 평면 β 위의 두 직선 m, n은 직선 l을 기준으로 같은 쪽에 있다.)

① $\sqrt{3}$ ② 2 ③ $\sqrt{5}$

④ $\sqrt{6}$ ⑤ $\sqrt{7}$

NOTE 1st ○ △ ✕ 2nd ○ △ ✕

NOTE 1st ○ △ ✕ 2nd ○ △ ✕

THEME 06 정사영

행동전략 ❶ 두 평면이 이루는 각의 크기를 구할 때에는 도형의 넓이와 정사영의 넓이를 각각 구하라!
  ✓ 삼수선의 정리, 피타고라스 정리, 내분점 및 외분점, 각의 이등분선의 정리 등 도형의 성질을 이용한다.

행동전략 ❷ 구와 평면이 만나는 단면의 정사영의 넓이를 구할 때에는 구의 단면을 그려라!
  ✓ 구의 단면은 원이므로 원의 반지름의 길이를 구한다.

▌기출에서 뽑은 실전 개념 **1** 두 평면이 이루는 각의 크기

◆ 평면 β 위의 도형의 넓이를 S, 이 도형의 평면 α 위로의 정사영의 넓이를 S', 두 평면 α, β가 이루는 각의 크기를 θ $(0°\le\theta\le90°)$라 하면
$$S'=S\cos\theta$$

두 평면 α, β가 이루는 각의 크기를 θ라 할 때, $\cos\theta$의 값은 다음과 같은 순서로 구한다.

(i) 평면 β 위의 도형 A의 넓이 S를 구한다.

(ii) 도형 A의 평면 α 위로의 정사영이 어떤 도형인지 찾는다.

(iii) (ii)에서 찾은 정사영의 넓이 S'을 구한다.

(iv) $\cos\theta=\dfrac{S'}{S}$이다.

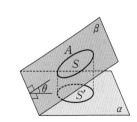

◆ 평면 α 위의 점 A와 평면 α 위에 있지 않은 점 B에 대하여 점 P가 선분 AB를 $m:n$으로 내분할 때, 두 점 P, B의 평면 α 위로의 정사영을 각각 P′, B′이라 하면 점 P′도 선분 AB′을 $m:n$으로 내분한다.

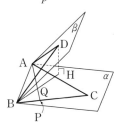

┌─ **2016년 10월 교육청 가 27** ┐

평면 α 위에 넓이가 27인 삼각형 ABC가 있고, 평면 β 위에 넓이가 35인 삼각형 ABD가 있다. 선분 BC를 $1:2$로 내분하는 점을 P라 하고 선분 AP를 $2:1$로 내분하는 점을 Q라 하자. 점 D에서 평면 α에 내린 수선의 발을 H라 하면 점 Q는 선분 BH의 중점이다. 두 평면 α, β가 이루는 각을 θ라 할 때, $\cos\theta=\dfrac{q}{p}$

→ 점 P가 $\overline{BC}$를 $1:2$로 내분하므로
$$\triangle ABP=\frac{1}{3}\triangle ABC=\frac{1}{3}\times27=9$$
점 Q가 $\overline{AP}$를 $2:1$로 내분하므로
$$\triangle ABQ=\frac{2}{3}\triangle ABP=\frac{2}{3}\times9=6$$
점 Q가 $\overline{BH}$의 중점이므로
$$\triangle ABH=2\triangle ABQ=2\times6=12$$
삼각형 ABD의 평면 α 위로의 정사영이 삼각형 ABH이므로
$$\cos\theta=\frac{\triangle ABH}{\triangle ABD}=\frac{12}{35}$$

행동전략

❶ $\overline{DP}=k$ $(k>0)$로 놓고 선분의 길이를 구한다.
  $\overline{PC}=3k$, $\overline{CD}=4k$
❷ 삼각형 ABP의 넓이를 구한다.
  점 P에서 $\overline{AB}$에 수선의 발을 내리고 직각삼각형의 성질과 삼각형의 합동을 이용한다.
❸ 삼각형 ABP의 평면 BCD 위로의 정사영의 넓이를 구한다.
  점 A에서 평면 BCD에 내린 수선의 발은 정삼각형 BCD의 무게중심이다.

기출예시 1 2012년 7월 교육청 가 21   ◦ 해답 47쪽

그림과 같이 정사면체 ABCD의 모서리 CD를 $3:1$로 내분하는 점을 P라 하자. <u>삼각형 ABP</u>와 삼각형 BCD가 이루는 각의 크기를 θ라 할 때, $\cos\theta$ 의 값은? $\left($단, $0<\theta<\dfrac{\pi}{2}\right)$ [4점]

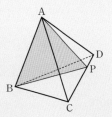

① $\dfrac{\sqrt{3}}{6}$ ② $\dfrac{\sqrt{3}}{9}$ ③ $\dfrac{\sqrt{3}}{12}$

④ $\dfrac{\sqrt{3}}{15}$ ⑤ $\dfrac{\sqrt{3}}{18}$

킬러 해결

TRAINING FOCUS ❶ 직선과 평면이 이루는 각의 크기

직선 l 위의 두 점 A, B의 평면 α 위로의 정사영을 각각 A′, B′이라 할 때, 직선 l과 평면 α가 이루는 각의 크기를 θ라 하면 $\cos\theta=\dfrac{\overline{\mathrm{A'B'}}}{\overline{\mathrm{AB}}}$과 같이 구할 수 있다. 선분 AB의 평면 α 위로의 정사영을 찾을 때에는 직선과 평면의 위치 관계, 두 직선의 위치 관계가 삼수선의 정리의 조건을 정확히 만족시키는지 유의하고, 도형의 성질을 이용하여 두 선분 AB, A′B′의 길이를 구한다.

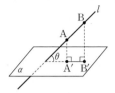
TRAINING 문제 ❶ 다음 물음에 답하시오.

(1) 그림과 같이 한 변의 길이가 3인 정삼각형을 밑면으로 하고 높이가 $2\sqrt{3}$인 삼각기둥이 있다. 모서리 AC의 중점을 M이라 하고, 직선 EM과 평면 DEF가 이루는 각의 크기를 θ라 할 때, $\cos\theta$의 값을 구하시오.

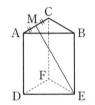

(2) 그림과 같은 정육면체에서 선분 BD의 중점을 M이라 하고, 선분 CM과 평면 BGD가 이루는 각의 크기를 θ라 할 때, $\cos\theta$의 값을 구하시오.

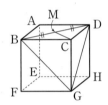

TRAINING FOCUS ❷ 두 평면이 이루는 각의 크기

평면 β 위의 도형 T의 평면 α 위로의 정사영을 T'이라 할 때, 두 평면 α, β가 이루는 각의 크기를 θ라 하면 $\cos\theta$의 값은 도형 T의 넓이 S와 정사영 T'의 넓이 S'을 구하여 $\cos\theta=\dfrac{S'}{S}$으로 계산할 수 있다. 어려운 문제일수록 정사영 T'이 어떤 도형인지 알기 어렵고, 도형 T와 T'의 넓이도 구하기 어렵다. 평면 β 위의 도형의 평면 α 위로의 정사영을 찾을 때에는 반드시 T 위의 점에서 평면 α에 수선의 발을 내려야 함에 유의하고, 선분의 내분점, 피타고라스 정리, 도형의 닮음 등의 성질을 이용하여 도형 T와 T'의 넓이를 구한다.

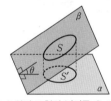
TRAINING 문제 ❷ 다음 물음에 답하시오.

(1) 그림과 같이 $\overline{\mathrm{AB}}=3$, $\overline{\mathrm{AD}}=\overline{\mathrm{AE}}=1$인 직육면체에서 모서리 CD의 중점을 M이라 하자. 두 평면 AFM과 EFGH가 이루는 각의 크기를 θ라 할 때, $\cos\theta$의 값을 구하시오.

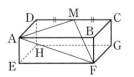

(2) 그림과 같이 한 모서리의 길이가 6인 정사면체에서 모서리 AB를 1 : 2로 내분하는 점을 P라 하고, 모서리 AC, AD를 2 : 1로 내분하는 점을 각각 Q, R라 하자. 두 평면 PQR와 BCD가 이루는 각의 크기를 θ라 할 때, $\cos\theta$의 값을 구하시오.

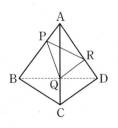

Killer

1

반지름의 길이가 2인 구의 중심 O를 지나는 평면을 α라 하고, 평면 α와 이루는 각이 45°인 평면을 β라 하자. 평면 α와 구가 만나서 생기는 원을 C_1, 평면 β와 구가 만나서 생기는 원을 C_2라 하자. 원 C_2의 중심 A와 평면 α 사이의 거리가 $\dfrac{\sqrt{6}}{2}$일 때, 그림과 같이 다음 조건을 만족하도록 원 C_1 위에 점 P, 원 C_2 위에 두 점 Q, R를 잡는다.

(가) $\angle QAR = 90°$

(나) 직선 OP와 직선 AQ는 서로 평행하다.

평면 PQR와 평면 AQPO가 이루는 각을 θ라 할 때, $\cos^2\theta = \dfrac{q}{p}$이다. $p+q$의 값을 구하시오.

(단, p와 q는 서로소인 자연수이다.)

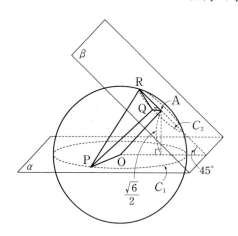

① 삼각형 PQR의 평면AQPO 위로의 정사영 찾기

② 삼각형 PQR의 정사영의 넓이 구하기

③ 삼각형 PQR의 넓이 구하기

④ $\cos\theta$의 값 구하기

행동전략

① $\overline{OA} \perp \beta$임을 이용하여 $\overline{OA} \perp \overline{RA}$임을 안다.
② 삼각형 PQR의 평면 AQPO 위로의 정사영을 찾는다.
③ 점 A에서 평면 α에 수선의 발을 내리고 선분 OA의 길이를 구한다.

NOTE 1st ○ △ × 2nd ○ △ ×

○해답 48쪽

2

그림과 같이 합동인 두 직각삼각형의 빗변을 붙여 만든 사각형 ABCD 모양의 종이가 있다. 선분 AC를 접는 선으로 하여 두 직각삼각형 ABC, ADC가 이루는 각의 크기가 120°가 되도록 종이를 접어 사면체 ABCD를 만들었다. $\overline{AB}=\overline{AD}=2$, $\overline{BC}=\overline{DC}=\sqrt{2}$일 때, 사면체 ABCD에서 삼각형 ABC의 평면 ABD 위로의 정사영의 넓이는 $\dfrac{q}{p}\sqrt{3}$이다. p^2+q^2의 값을 구하시오. (단, 종이의 두께는 고려하지 않으며, p와 q는 서로소인 자연수이다.)

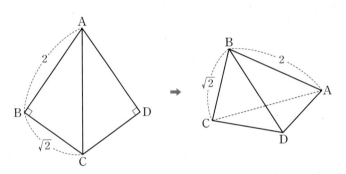

3

평면 α 위에 중심이 O이고 반지름의 길이가 $3\sqrt{3}$인 원 C가 있다. 원 C 위의 점 A와 평면 α 위에 있지 않은 점 B에 대하여 $\overline{AB}=10$이고, 선분 AB를 지름으로 하는 원 D가 다음 조건을 만족시킨다.

(개) 점 B의 평면 α 위로의 정사영을 B′이라 할 때, $\overline{BB'}=5$이고 $\angle B'OA=180°$이다.

(내) 점 O에서 원 D를 포함하는 평면에 내린 수선의 발 H는 선분 AB 위에 있다.

평면 α 위의 점 P가 원 D 위의 임의의 점과 같은 거리에 있을 때, 선분 PH의 평면 α 위로의 정사영의 길이는 $\dfrac{q}{p}\sqrt{3}$이다. $p+q$의 값을 구하시오. (단, p와 q는 서로소인 자연수이다.)

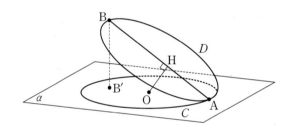

NOTE   1st ○ △ ✕   2nd ○ △ ✕

NOTE   1st ○ △ ✕   2nd ○ △ ✕

4

그림과 같이 평면 α 위에 놓여 있는 서로 다른 세 구 S_1, S_2, S_3이 다음 조건을 만족시킨다.

> (개) 구 S_1의 반지름의 길이는 3이고, 두 구 S_2와 S_3의 반지름의 길이는 각각 1이다.
>
> (내) 두 구 S_1과 S_2가 접하고, 두 구 S_1과 S_3이 접한다.

세 구 S_1, S_2, S_3의 중심을 각각 O_1, O_2, O_3, 세 구 S_1, S_2, S_3과 평면 α가 만나는 점을 각각 P_1, P_2, P_3이라 하자. 또, 두 점 O_2, O_3을 지나고 평면 α와 평행한 평면을 β, 평면 β와 구 S_1이 만나서 생기는 단면을 D라 하자. 삼각형 $P_1P_2P_3$이 $\angle P_2P_1P_3 = 90°$인 직각삼각형일 때, 단면 D의 평면 $O_1O_2O_3$ 위로의 정사영의 넓이는 S이다. $\left(\dfrac{S}{\pi}\right)^2$의 값을 구하시오.

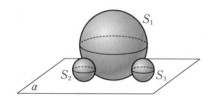

5

그림과 같이 $\overline{AB}=13$, $\overline{AD}=5$인 직사각형 모양의 종이를 선분 AB 위의 점 E와 선분 DC 위의 점 F를 연결하는 선을 접는 선으로 하여 접었다. 점 B의 평면 AEFD 위로의 정사영을 점 P, 점 P에서 두 선분 AD, CD에 내린 수선의 발을 각각 Q, R라 하면 $\overline{AE}=5$, $\overline{PQ}=1$, $\overline{PR}=2$이다. 두 평면 AEFD와 EFCB가 이루는 각의 크기를 θ $(0° < \theta < 90°)$라 할 때, $\cos\theta = \dfrac{q}{p}$이다. $p+q$의 값을 구하시오. (단, $\overline{DF} > \overline{AE}$이고, p와 q는 서로소인 자연수이며 종이의 두께는 고려하지 않는다.)

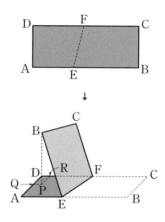

NOTE   1st ○△✕   2nd ○△✕

NOTE   1st ○△✕   2nd ○△✕

6

그림과 같이 평면 α 위에 길이가 4인 선분 AB를 지름으로 하는 원이 있다. 이 원 위의 한 점 C를 지나고 평면 α에 수직인 직선 위의 점 D에서 직선 AB에 내린 수선의 발을 H라 하자. $\overline{CD}=6$이고, 삼각형 ABC의 넓이가 $2\sqrt{3}$일 때, 삼각형 AHC의 평면 AHD 위로의 정사영의 넓이는 S이다. $\dfrac{3}{S^2}$의 값을 구하시오. (단, $\overline{AC}<\overline{BC}$)

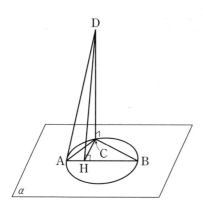

7

그림과 같이 높이가 $\dfrac{\sqrt{13}}{2}$인 원기둥의 두 밑면 중 한 밑면의 둘레 위의 한 점 A와 다른 밑면의 둘레 위의 서로 다른 두 점 B, C에 대하여 $\overline{AB}=\overline{AC}$, $\overline{BC}=2$이다. 점 A에서 원기둥의 다른 밑면에 내린 수선의 발을 H, 선분 BC에 내린 수선의 발을 D라 할 때, 삼각형 HBC의 평면 ABC 위로의 정사영은 정삼각형이고 $\overline{AD}=\dfrac{a+b\sqrt{3}}{2}$이다. a^2+b^2의 값을 구하시오.

(단, a, b는 자연수이다.)

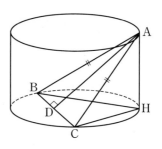

NOTE

1st ○ △ ✕ 2nd ○ △ ✕

☐
☐
☐

NOTE

1st ○ △ ✕ 2nd ○ △ ✕

☐
☐
☐

행동전략 ① 구와 평면이 만나서 생기는 도형은 원임을 이용하라!

　　✓ 구와 평면이 만나서 생기는 원의 중심은 구의 중심에서 평면에 내린 수선의 발이다.

　　✓ 구의 반지름의 길이를 R, 구의 중심과 평면 사이의 거리를 d라 하면 구와 평면이 만나서 생기는 원의 반지름의 길이는 $\sqrt{R^2-d^2}$이다.

행동전략 ② 구, 직선, 평면의 수직 조건을 이용하라!

　　✓ 구의 중심과 직선(평면) 사이의 거리를 이용하여 구와 직선(평면)의 위치 관계를 파악한다.

　　✓ 직선(평면)이 구에 접할 때, 접점과 구의 중심을 지나는 직선은 구와 접하는 직선(평면)과 수직이다.

∥ 기출에서 뽑은 실전 개념 ①　구와 직선, 구와 평면의 위치 관계

◆ **구와 직선의 위치 관계**

(1) $R<d$일 때, 구와 직선 l은 만나지 않는다.

(2) $R=d$일 때, 구와 직선 l은 한 점에서 만난다. (접한다.)

(3) $R>d$일 때, 구와 직선 l은 두 점에서 만난다.

(1) 좌표공간에서 구와 직선이 만나는 두 점 사이의 거리

　반지름의 길이가 R인 구와 직선 l이 두 점 P, Q에서 만나고, 직선 PQ와 구의 중심 사이의 거리가 d일 때, 두 점 P, Q 사이의 거리는

　　$$\overline{PQ}=2\sqrt{R^2-d^2} \ (단, \ R>d)$$

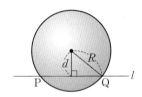

◆ **구와 평면의 위치 관계**

(1) $R<d$일 때, 구와 평면 α는 만나지 않는다.

(2) $R=d$일 때, 구와 평면 α는 한 점에서 만난다. (접한다.)

(3) $R>d$일 때, 구와 평면 α가 만나서 생기는 도형은 원이다.

(2) 좌표공간에서 구와 평면이 만나서 생기는 원의 반지름의 길이

　구와 평면이 만나서 생기는 원에 대한 문제에서는 구의 중심에서 평면에 수선의 발을 내려 생각한다.

　반지름의 길이가 R인 구와 평면 α 사이의 거리가 d일 때, 구와 평면 α가 만나서 생기는 도형은 원이고 이 원의 반지름의 길이 r는

　　$$r=\sqrt{R^2-d^2} \ (단, \ R>d)$$

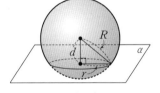

∥ 기출에서 뽑은 실전 개념 ②　구와 좌표평면이 만날 때 생기는 원의 방정식

◆ 중심의 좌표가 (a, b, c)이고

(1) xy평면에 접하는 구의 방정식:
$(x-a)^2+(y-b)^2+(z-c)^2=c^2$

(2) yz평면에 접하는 구의 방정식:
$(x-a)^2+(y-b)^2+(z-c)^2=a^2$

(3) zx평면에 접하는 구의 방정식:
$(x-a)^2+(y-b)^2+(z-c)^2=b^2$

구 $(x-a)^2+(y-b)^2+(z-c)^2=r^2$과　　　　　　　　　구의 방정식에

(1) xy평면이 만날 때 생기는 원의 방정식: $(x-a)^2+(y-b)^2=r^2-c^2$ (단, $r^2>c^2$)　← $z=0$ 대입

(2) yz평면이 만날 때 생기는 원의 방정식: $(y-b)^2+(z-c)^2=r^2-a^2$ (단, $r^2>a^2$)　← $x=0$ 대입

(3) zx평면이 만날 때 생기는 원의 방정식: $(x-a)^2+(z-c)^2=r^2-b^2$ (단, $r^2>b^2$)　← $y=0$ 대입

행동전략

① 점 A의 좌표를 (a, b, c)로 놓고 구 S의 방정식을 세운다.

$(x-a)^2+(y-b)^2+(z-c)^2=64$

기출예시 ①　2021년 10월 교육청 기하 27　　　　　　　　　　　○ 해답 56쪽

좌표공간에 $\overline{OA}=7$인 점 A가 있다. 점 A를 중심으로 하고 반지름의 길이가 8인 구 S와 xy평면이 만나서 생기는 원의 넓이가 25π이다. 구 S와 z축이 만나는 두 점을 각각 B, C라 할 때, 선분 BC의 길이는? (단, O는 원점이다.) [3점]

① $2\sqrt{46}$　　　　　② $8\sqrt{3}$　　　　　③ $10\sqrt{2}$

④ $4\sqrt{13}$　　　　　⑤ $6\sqrt{6}$

1

좌표공간에서 구

$$S: (x-1)^2+(y-1)^2+(z-1)^2=4$$

위를 움직이는 점 P가 있다. 점 P에서 구 S에 접하는 평면이 구 $\underset{\text{❶}}{\underline{x^2+y^2+z^2=16}}$과 만나서 생기는 도형의 넓이의 $\underset{\text{❷}}{\underline{\text{최댓값}}}$은 $(a+b\sqrt{3})\pi$이다. $a+b$의 값을 구하시오.

(단, a, b는 자연수이다.)

2

좌표공간에서 $\underset{\text{❶}}{\underline{\text{점 A}(0, 0, 1)}\text{을 지나는 직선이 중심이}}$
$\underline{\text{C}(3, 4, 5)\text{이고 반지름의 길이가 1인 구와 한 점 P에서만 만난}}$
$\underline{\text{다.}}$ 세 점 A, C, P를 지나는 $\underset{\text{❷}}{\underline{\text{원}}}$의 xy평면 위로의 정사영의 넓이
의 $\underset{\text{❸}}{\underline{\text{최댓값}}}$은 $\dfrac{q}{p}\sqrt{41}\pi$이다. $p+q$의 값을 구하시오.

(단, p와 q는 서로소인 자연수이다.)

행동전략

❶ 두 구의 중심 사이의 거리와 반지름의 길이를 비교하여 두 구의 위치 관계를 파악한다.
❷ 구와 평면이 만나서 생기는 도형이 무엇인지 파악한다.

행동전략

❶ 직선이 구에 접하는 것을 이용하여 ∠APC의 크기를 구한다.
❷ 원의 반지름의 길이를 구한다.
❸ 정사영의 넓이가 최대가 될 조건을 찾는다.

3

좌표공간에 구 $S: x^2+y^2+(z-1)^2=1$과 점 $A(0, 0, a)$가 있다. 점 A를 지나고 구 S에 접하는 서로 다른 두 평면 α, β에 대하여 평면 α와 xy평면의 교선을 l, 평면 β와 xy평면의 교선을 m이라 하고, 원점 O에서 두 평면 α, β에 내린 수선의 발을 각각 H_1, H_2라 하자. 두 직선 l, m이 서로 평행하고, 두 평면 α, β가 이루는 각의 크기가 $60°$일 때, $\overline{OH_1} \times \overline{OH_2}$의 값은?

(단, $a>2$)

① $\dfrac{3}{2}$ ② $\dfrac{7}{4}$ ③ 2

④ $\dfrac{9}{4}$ ⑤ $\dfrac{5}{2}$

4

좌표공간에 구 $S: (x-3)^2+(y-4)^2+(z-5)^2=50$이 있다. 구 S 위의 z좌표가 10인 점 P와 구 S 위를 움직이는 점 Q에 대하여 두 점 P, Q의 xy평면 위로의 정사영을 각각 P_1, Q_1이라 하자. 선분 OP_1의 길이가 최대일 때 삼각형 OP_1Q_1의 넓이가 최대가 되도록 하는 두 점 P, Q와 점 $R(0, 0, 10)$에 대하여 삼각형 OP_1Q_1의 평면 PQR 위로의 정사영의 넓이는? (단, O는 원점이고, 점 Q_1은 xy평면의 제2사분면 위의 점이다.)

① $\dfrac{49\sqrt{3}}{3}$ ② $\dfrac{50\sqrt{3}}{3}$ ③ $17\sqrt{3}$

④ $\dfrac{52\sqrt{3}}{3}$ ⑤ $\dfrac{53\sqrt{3}}{3}$

NOTE   1st ○△✕   2nd ○△✕
□
□
□

NOTE   1st ○△✕   2nd ○△✕
□
□
□

5

좌표공간에 점 $A(0, 4, 4)$와 구 $S: x^2+y^2+(z-2)^2=4$가 있다. 점 A에서 구 S에 그은 접선의 접점 P와 xy평면 사이의 거리의 최솟값은?

① $\dfrac{1}{5}$ ② $\dfrac{2}{5}$ ③ $\dfrac{3}{5}$

④ $\dfrac{4}{5}$ ⑤ 1

6

좌표공간에서 평면 α와 xy평면이 이루는 각의 크기가 $60°$일 때, 두 구 S, S'이 다음 조건을 만족시킨다.

㉮ 두 구 S, S'의 반지름의 길이는 모두 6이다.

㉯ 두 구 S, S'은 모두 xy평면과 접한다.

㉰ 두 구 S, S'은 모두 평면 α와 접한다.

두 구 S, S'의 중심을 각각 C, C'이라 할 때, $\overline{CC'}^2$의 최솟값을 구하시오. (단, 두 구 S, S'은 평면 α를 기준으로 반대편에 있고, 두 점 C, C'의 z좌표는 모두 양수이다.)

NOTE   1st ○△✕   2nd ○△✕

NOTE   1st ○△✕   2nd ○△✕

수능1등급완성

HiGH-END

수능 하이엔드

고난도 미니 모의고사

1

두 양수 a, p에 대하여 포물선 $(y-a)^2=4px$의 초점을 F_1이라 하고, 포물선 $y^2=-4x$의 초점을 F_2라 하자. 선분 F_1F_2가 두 포물선과 만나는 점을 각각 P, Q라 할 때, $\overline{F_1F_2}=3$, $\overline{PQ}=1$이다. a^2+p^2의 값은?

① 6 　　② $\dfrac{25}{4}$ 　　③ $\dfrac{13}{2}$

④ $\dfrac{27}{4}$ 　　⑤ 7

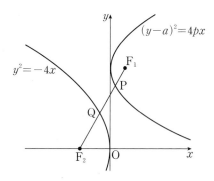

2

그림과 같이 초점이 각각 F, F′과 G, G′이고 주축의 길이가 2, 중심이 원점 O인 두 쌍곡선이 제1사분면에서 만나는 점을 P, 제3사분면에서 만나는 점을 Q라 하자. $\overline{PG}\times\overline{QG}=8$, $\overline{PF}\times\overline{QF}=4$일 때, 사각형 PGQF의 둘레의 길이는?

(단, 점 F의 x좌표와 점 G의 y좌표는 양수이다.)

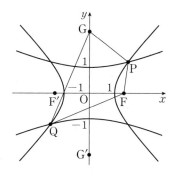

① $6+2\sqrt{2}$ 　　② $6+2\sqrt{3}$ 　　③ 10

④ $6+2\sqrt{5}$ 　　⑤ $6+2\sqrt{6}$

3

그림과 같이 두 점 $F(c, 0)$, $F'(-c, 0)$ $(c>0)$을 초점으로 하는 타원 $\dfrac{x^2}{16}+\dfrac{y^2}{12}=1$ 위의 점 $P(2, 3)$에서 타원에 접하는 직선을 l이라 하자. 점 F를 지나고 l과 평행한 직선이 타원과 만나는 점 중 제2사분면 위에 있는 점을 Q라 하자. 두 직선 $F'Q$와 l이 만나는 점을 R, l과 x축이 만나는 점을 S라 할 때, 삼각형 SRF'의 둘레의 길이는?

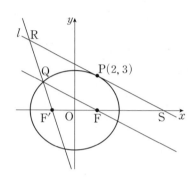

① 30   ② 31   ③ 32

④ 33   ⑤ 34

4

직사각형 $ABCD$의 내부의 점 P가
$$\overrightarrow{PA}+\overrightarrow{PB}+\overrightarrow{PC}+\overrightarrow{PD}=\overrightarrow{CA}$$
를 만족시킨다. 〈보기〉에서 옳은 것만을 있는 대로 고른 것은?

┤ 보기 ├

ㄱ. $\overrightarrow{PB}+\overrightarrow{PD}=2\overrightarrow{CP}$

ㄴ. $\overrightarrow{AP}=\dfrac{3}{4}\overrightarrow{AC}$

ㄷ. 삼각형 ADP의 넓이가 3이면 직사각형 $ABCD$의 넓이는 8이다.

① ㄱ   ② ㄷ   ③ ㄱ, ㄴ

④ ㄴ, ㄷ   ⑤ ㄱ, ㄴ, ㄷ

5

좌표평면에서 반원의 호 $x^2+y^2=4\ (x\geq0)$ 위의 한 점 $P(a,\ b)$에 대하여

$$\overrightarrow{OP}\cdot\overrightarrow{OQ}=2$$

를 만족시키는 반원의 호 $(x+5)^2+y^2=16\ (y\geq0)$ 위의 점 Q가 하나뿐일 때, $a+b$의 값은? (단, O는 원점이다.)

① $\dfrac{12}{5}$ ② $\dfrac{5}{2}$ ③ $\dfrac{13}{5}$

④ $\dfrac{27}{10}$ ⑤ $\dfrac{14}{5}$

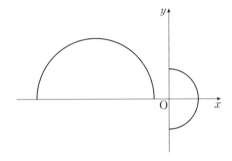

6

좌표공간에 서로 수직인 두 평면 α와 β가 있다. 평면 α 위의 두 점 A, B에 대하여 $\overline{AB}=3\sqrt{5}$이고 직선 AB는 평면 β에 평행하다. 점 A와 평면 β 사이의 거리가 2이고, 평면 β 위의 점 P와 평면 α 사이의 거리는 4일 때, 삼각형 PAB의 넓이를 구하시오.

7

그림과 같이 한 변의 길이가 4이고 $\angle BAD = \dfrac{\pi}{3}$인 마름모 ABCD 모양의 종이가 있다. 변 BC와 변 CD의 중점을 각각 M과 N이라 할 때, 세 선분 AM, AN, MN을 접는 선으로 하여 사면체 PAMN이 되도록 종이를 접었다. 삼각형 AMN의 평면 PAM 위로의 정사영의 넓이는 $\dfrac{q}{p}\sqrt{3}$이다. $p+q$의 값을 구하시오. (단, 종이의 두께는 고려하지 않으며 P는 종이를 접었을 때 세 점 B, C, D가 합쳐지는 점이고, p와 q는 서로소인 자연수이다.)

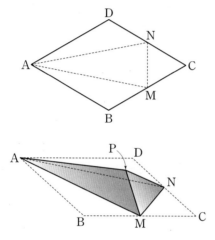

8

좌표공간에 구 $S: x^2 + y^2 + (z-1)^2 = 1$과 xy평면 위의 원 $C: x^2 + y^2 = 4$가 있다. 구 S와 점 P에서 접하고 원 C 위의 두 점 Q, R를 포함하는 평면이 xy평면과 이루는 예각의 크기가 $\dfrac{\pi}{3}$이다. 점 P의 z좌표가 1보다 클 때, 선분 QR의 길이는?

① 1   ② $\sqrt{2}$ ③ $\sqrt{3}$

④ 2   ⑤ $\sqrt{5}$

1

그림과 같이 한 변의 길이가 $2\sqrt{3}$인 정삼각형 OAB의 무게중심 G가 x축 위에 있다. 꼭짓점이 O이고 초점이 G인 포물선과 직선 GB가 제1사분면에서 만나는 점을 P라 할 때, 선분 GP의 길이를 구하시오. (단, O는 원점이다.)

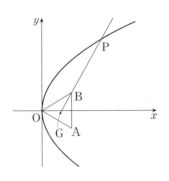

2

좌표평면에서 두 점 A$(0, 3)$, B$(0, -3)$에 대하여 두 초점이 F, F′인 타원 $\dfrac{x^2}{16} + \dfrac{y^2}{7} = 1$ 위의 점 P가 $\overline{\text{AP}} = \overline{\text{PF}}$를 만족시킨다. 사각형 AF′BP의 둘레의 길이가 $a + b\sqrt{2}$일 때, $a + b$의 값을 구하시오. (단, $\overline{\text{PF}} < \overline{\text{PF′}}$이고 a, b는 자연수이다.)

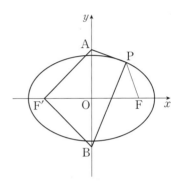

3

그림과 같이 쌍곡선 $\dfrac{x^2}{16}-\dfrac{y^2}{9}=1$의 두 초점을 F, F′이라 하고, 이 쌍곡선 위의 점 P를 중심으로 하고 선분 PF′을 반지름으로 하는 원을 C라 하자. 원 C 위를 움직이는 점 Q에 대하여 선분 FQ의 길이의 최댓값이 14일 때, 원 C의 넓이는?

(단, $\overline{\text{PF}'}<\overline{\text{PF}}$)

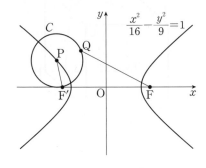

① 7π ② 8π ③ 9π
④ 10π ⑤ 11π

4

$\overline{\text{AB}}=8$, $\overline{\text{BC}}=6$인 직사각형 ABCD에 대하여 네 선분 AB, CD, DA, BD의 중점을 각각 E, F, G, H라 하자. 선분 CF를 지름으로 하는 원 위의 점 P에 대하여 $|\overrightarrow{\text{EG}}+\overrightarrow{\text{HP}}|$의 최댓값은?

① 8 ② $2+2\sqrt{10}$ ③ $2+2\sqrt{11}$
④ $2+4\sqrt{3}$ ⑤ $2+2\sqrt{13}$

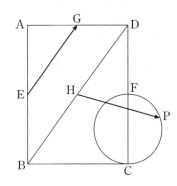

5

그림은 $\overline{AB}=2$, $\overline{AD}=2\sqrt{3}$인 직사각형 ABCD와 이 직사각형의 한 변 CD를 지름으로 하는 원을 나타낸 것이다. 이 원 위를 움직이는 점 P에 대하여 두 벡터 $\overrightarrow{AC}$, $\overrightarrow{AP}$의 내적 $\overrightarrow{AC}\cdot\overrightarrow{AP}$의 최댓값은? (단, 직사각형과 원은 같은 평면 위에 있다.)

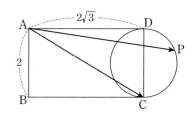

① 12   ② 14   ③ 16

④ 18   ⑤ 20

6

그림과 같이 한 모서리의 길이가 20인 정육면체 ABCD-EFGH가 있다. 모서리 AB를 3 : 1로 내분하는 점을 L, 모서리 HG의 중점을 M이라 하자. 점 M에서 선분 LD에 내린 수선의 발을 N이라 할 때, 선분 MN의 길이는?

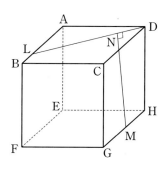

① $12\sqrt{3}$ ② $8\sqrt{7}$ ③ $15\sqrt{2}$

④ $4\sqrt{29}$ ⑤ $4\sqrt{30}$

7

그림과 같이 평면 α 위에 점 A가 있고 α로부터의 거리가 각각 1, 3인 두 점 B, C가 있다. 선분 AC를 $1:2$로 내분하는 점 P에 대하여 $\overline{BP}=4$이다. 삼각형 ABC의 넓이가 9일 때, 삼각형 ABC의 평면 α 위로의 정사영의 넓이를 S라 하자. S^2의 값을 구하시오.

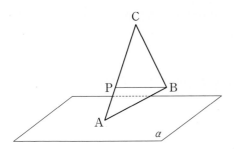

8

좌표공간에서 중심의 x좌표, y좌표, z좌표가 모두 양수인 구 S가 x축과 y축에 각각 접하고 z축과 서로 다른 두 점에서 만난다. 구 S가 xy평면과 만나서 생기는 원의 넓이가 64π이고 z축과 만나는 두 점 사이의 거리가 8일 때, 구 S의 반지름의 길이는?

① 11   ② 12   ③ 13

④ 14   ⑤ 15

1

좌표평면에서 초점이 $\mathrm{A}(a,\ 0)$ $(a>0)$이고 꼭짓점이 원점인 포물선과 두 초점이 $\mathrm{F}(c,\ 0)$, $\mathrm{F}'(-c,\ 0)$ $(c>a)$인 타원의 교점 중 제1사분면 위의 점을 P라 하자.

$$\overline{\mathrm{AF}}=2,\quad \overline{\mathrm{PA}}=\overline{\mathrm{PF}},\quad \overline{\mathrm{FF}'}=\overline{\mathrm{PF}'}$$

일 때, 타원의 장축의 길이는 $p+q\sqrt{7}$이다. p^2+q^2의 값을 구하시오. (단, p, q는 유리수이다.)

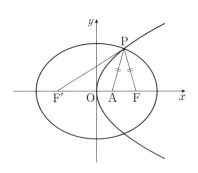

2

점근선의 방정식이 $y=\pm\dfrac{4}{3}x$이고 두 초점이 $\mathrm{F}(c,\ 0)$, $\mathrm{F}'(-c,\ 0)$ $(c>0)$인 쌍곡선이 다음 조건을 만족시킨다.

㉮ 쌍곡선 위의 한 점 P에 대하여 $\overline{\mathrm{PF}'}=30$, $16\le\overline{\mathrm{PF}}\le20$
  이다.

㉯ x좌표가 양수인 꼭짓점 A에 대하여 선분 AF의 길이는 자연수이다.

이 쌍곡선의 주축의 길이를 구하시오.

해답 68쪽

3

그림과 같이 두 초점이 F(3, 0), F'(−3, 0)인 쌍곡선

$\dfrac{x^2}{a^2} - \dfrac{y^2}{b^2} = 1$ 위의 점 P(4, k)에서의 접선과 x축과의 교점이

선분 F'F를 2 : 1로 내분할 때, k^2의 값을 구하시오.

(단, a, b는 상수이다.)

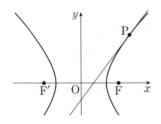

4

그림과 같이 평면 위에 반지름의 길이가 1인 네 개의 원 C_1, C_2, C_3, C_4가 서로 외접하고 있고, 두 원 C_1, C_2의 접점을 A라 하자. 원 C_3 위를 움직이는 점 P와 원 C_4 위를 움직이는 점 Q에 대하여 $|\overrightarrow{AP} + \overrightarrow{AQ}|$의 최댓값은?

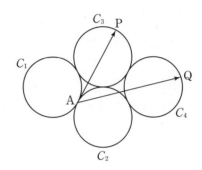

① $4\sqrt{3} - \sqrt{2}$ ② 6   ③ $3\sqrt{3} + 1$

④ $3\sqrt{3} + \sqrt{2}$ ⑤ 7

5

좌표평면 위에 $\overline{AB}=5$인 두 점 A, B를 각각 중심으로 하고 반지름의 길이가 5인 두 원을 각각 O_1, O_2라 하자. 원 O_1 위의 점 C와 원 O_2 위의 점 D가 다음 조건을 만족시킨다.

(가) $\cos(\angle CAB)=\dfrac{3}{5}$

(나) $\overrightarrow{AB}\cdot\overrightarrow{CD}=30$이고 $|\overrightarrow{CD}|<9$이다.

선분 CD를 지름으로 하는 원 위의 점 P에 대하여 $\overrightarrow{PA}\cdot\overrightarrow{PB}$의 최댓값이 $a+b\sqrt{74}$이다. $a+b$의 값을 구하시오.

(단, a, b는 유리수이다.)

6

그림과 같이 $\overline{AB}=\overline{AD}=6$인 직육면체 ABCD-EFGH에서 선분 AB를 $2:1$로 내분하는 점을 P, 두 점 P, A에서 선분 FH에 내린 수선의 발을 각각 Q, R라 하자. 평면 PQR와 평면 EFGH가 이루는 예각의 크기를 α, 평면 APR와 평면 EFGH가 이루는 예각의 크기를 β라 하자. $\cos\alpha=\dfrac{1}{5}$일 때, $\cos^2\beta=\dfrac{q}{p}$이다. $p+q$의 값을 구하시오.

(단, p와 q는 서로소인 자연수이다.)

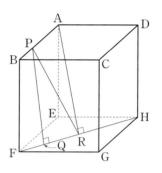

7

한 변의 길이가 4인 정삼각형 ABC를 한 면으로 하는 사면체 ABCD의 꼭짓점 A에서 평면 BCD에 내린 수선의 발을 H라 할 때, 점 H는 삼각형 BCD의 내부에 놓여 있다. 직선 DH가 선분 BC와 만나는 점을 E라 할 때, 점 E가 다음 조건을 만족시킨다.

(가) $\angle AEH = \angle DAH$

(나) 점 E는 선분 CD를 지름으로 하는 원 위의 점이고 $\overline{DE}=4$ 이다.

삼각형 AHD의 평면 ABD 위로의 정사영의 넓이는 $\dfrac{q}{p}$이다. $p+q$의 값을 구하시오. (단, p와 q는 서로소인 자연수이다.)

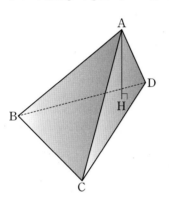

8

좌표공간에서 두 구

$$S: (x-1)^2+(y-2)^2+(z+2)^2=9,$$
$$S': x^2+y^2+z^2-4x-2ay-2bz=0$$

이 원점에서 접할 때, 구 S 위의 점 P에서 접하는 평면과 구 S'이 만나서 생기는 원의 넓이의 최댓값은 $c\pi$이다. 상수 a, b, c에 대하여 $|a|+|b|+|c|$의 값은? (단, 점 P는 원점이 아니다.)

① 28   ② 32   ③ 36

④ 40   ⑤ 44

1

그림과 같이 타원 $\dfrac{x^2}{a^2}+\dfrac{y^2}{b^2}=1$의 두 초점 F, F′에 대하여 선분 FF′을 지름으로 하는 원을 C라 하자. 원 C가 타원과 제1사분면에서 만나는 점을 P라 하고, 원 C가 y축과 만나는 점 중 y좌표가 양수인 점을 Q라 하자. 두 직선 F′P, QF가 이루는 예각의 크기를 θ라 하자. $\cos\theta=\dfrac{3}{5}$일 때, $\dfrac{b^2}{a^2}$의 값은?

(단, a, b는 $a>b>0$인 상수이고, 점 F의 x좌표는 양수이다.)

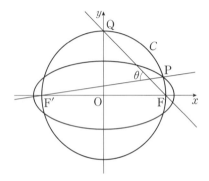

① $\dfrac{11}{64}$ ② $\dfrac{3}{16}$ ③ $\dfrac{13}{64}$

④ $\dfrac{7}{32}$ ⑤ $\dfrac{15}{64}$

2

두 초점이 F, F′인 쌍곡선 $x^2-\dfrac{y^2}{3}=1$ 위의 점 P가 다음 조건을 만족시킨다.

(가) 점 P는 제1사분면에 있다.

(나) 삼각형 PF′F가 이등변삼각형이다.

삼각형 PF′F의 넓이를 a라 할 때, 모든 a의 값의 곱은?

① $3\sqrt{77}$ ② $6\sqrt{21}$ ③ $9\sqrt{10}$

④ $21\sqrt{2}$ ⑤ $3\sqrt{105}$

3

두 양수 k, p에 대하여 점 $A(-k, 0)$에서 포물선 $y^2=4px$에 그은 두 접선이 y축과 만나는 두 점을 각각 F, F′, 포물선과 만나는 두 점을 각각 P, Q라 할 때, $\angle PAQ = \dfrac{\pi}{3}$이다. 두 점 F, F′을 초점으로 하고 두 점 P, Q를 지나는 타원의 장축의 길이가 $4\sqrt{3}+12$일 때, $k+p$의 값은?

① 8   ② 10   ③ 12

④ 14   ⑤ 16

4

$\overline{AB}=3$, $\overline{AD}=6$인 직사각형 ABCD에서 삼각형 ABD의 내부에 있는 점 P가 다음 조건을 만족시킨다.

> (가) 두 삼각형 ABP, APD의 넓이의 비는 1 : 3이다.
> (나) 두 삼각형 PBC, PCD의 넓이의 비는 2 : 5이다.

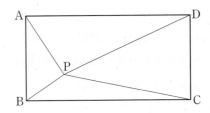

$\overrightarrow{AP}=a\overrightarrow{AB}+b\overrightarrow{AD}$일 때, $a+b$의 값은? (단, a, b는 실수이다.)

① $\dfrac{10}{13}$ ② $\dfrac{11}{13}$ ③ $\dfrac{12}{13}$

④ 1   ⑤ $\dfrac{14}{13}$

5

좌표평면에서 곡선 $C: y=\sqrt{8-x^2}$ $(2 \le x \le 2\sqrt{2})$ 위의 점 P에 대하여 $\overline{OQ}=2$, $\angle POQ=\dfrac{\pi}{4}$를 만족시키고 직선 OP의 아랫부분에 있는 점을 Q라 하자. 점 P가 곡선 C 위를 움직일 때, 선분 OP 위를 움직이는 점 X와 선분 OQ 위를 움직이는 점 Y에 대하여

$$\overrightarrow{OZ}=\overrightarrow{OP}+\overrightarrow{OX}+\overrightarrow{OY}$$

를 만족시키는 점 Z가 나타내는 영역을 D라 하자. 영역 D에 속하는 점 중에서 y축과의 거리가 최소인 점을 R라 할 때, 영역 D에 속하는 점 Z에 대하여 $\overrightarrow{OR} \cdot \overrightarrow{OZ}$의 최댓값과 최솟값의 합이 $a+b\sqrt{2}$이다. $a+b$의 값을 구하시오.

(단, O는 원점이고, a와 b는 유리수이다.)

6

좌표공간에서 수직으로 만나는 두 평면 α, β의 교선을 l이라 하자. 평면 α 위의 직선 m과 평면 β 위의 직선 n은 각각 직선 l과 평행하다. 직선 m 위의 $\overline{AP}=4$인 두 점 A, P에 대하여 점 P에서 직선 l에 내린 수선의 발을 Q, 점 Q에서 직선 n에 내린 수선의 발을 B라 하자. $\overline{PQ}=3$, $\overline{QB}=4$이고, 점 B가 아닌 직선 n 위의 점 C에 대하여 $\overline{AB}=\overline{AC}$일 때, 삼각형 ABC의 넓이는?

① 18

② 20

③ 22

④ 24

⑤ 26

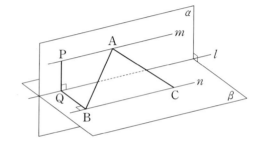

7

그림과 같이 $\overline{AB}=\overline{AD}$이고 $\overline{AE}=\sqrt{15}$인 직육면체 ABCD-EFGH가 있다. 선분 BC 위의 점 P와 선분 EF 위의 점 Q에 대하여 삼각형 PHQ의 평면 EFGH 위로의 정사영은 한 변의 길이가 4인 정삼각형이다. 삼각형 EQH의 평면 PHQ 위로의 정사영의 넓이는?

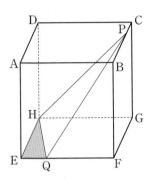

① $\dfrac{1}{3}$　　　② $\dfrac{2}{3}$　　　③ 1

④ $\dfrac{4}{3}$　　　⑤ $\dfrac{5}{3}$

8

좌표공간에 세 점 A(2, 0, 0), B(0, 2, 0), C(0, 0, 2)가 있다. 평면 ABC, xy평면, yz평면, zx평면에 모두 접하는 구의 중심의 좌표를 (a, b, c)라 하자. 양수 a, b, c에 대하여 $a+b+c$의 최댓값을 M, 최솟값을 m이라 할 때, Mm의 값을 구하시오.

구문이 독해로 연결되는 해석 공식, 천문장

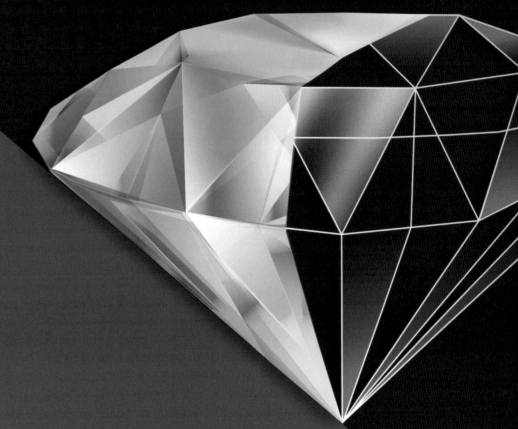

기하

수능 고난도 상위 5문항 정복

HIGH-END
수능 하이엔드

수능 고난도 상위 5문항 정복

HIGH-END
수능 하이엔드

정답과 해설

기하

기출예시 1 | 정답 ③

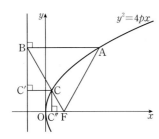

포물선 $y^2=4px$의 초점은 $F(p, 0)$, 준선의 방정식은 $x=-p$이다.

두 점 A, C의 x좌표를 각각 x_1, x_2라 하면

$$\overline{AB}=x_1+p$$

이때 $\overline{AB}=\overline{BF}$이므로

$$\overline{BF}=x_1+p \qquad \cdots\cdots ㉠$$

점 C에서 준선 $x=-p$에 내린 수선의 발을 C′이라 하면

$$\overline{CF}=\overline{CC'}=x_2+p \qquad \cdots\cdots ㉡$$

이때 $\overline{BC}+3\overline{CF}=6$이므로 ㉠, ㉡에서

$$\begin{aligned}\overline{BC}+3\overline{CF}&=(\overline{BF}-\overline{CF})+3\overline{CF}\\&=\overline{BF}+2\overline{CF}\\&=x_1+p+2(x_2+p)\\&=x_1+2x_2+3p=6 \qquad \cdots\cdots ㉢\end{aligned}$$

한편, $\overline{AB}=\overline{BF}$이고 포물선의 정의에 의하여 $\overline{AF}=\overline{AB}$이므로 삼각형 ABF는 정삼각형이다.

$$\therefore \angle OFB=60°$$

점 C에서 x축에 내린 수선의 발을 C″이라 하면

$$\overline{BF}\cos(\angle OFB)=2\overline{OF}, \quad \overline{CF}\cos(\angle OFB)=\overline{C''F}$$

즉, $(x_1+p)\times\dfrac{1}{2}=2p$, $(x_2+p)\times\dfrac{1}{2}=p-x_2$이므로

$$x_1=3p, \quad x_2=\dfrac{1}{3}p \qquad \cdots\cdots ㉣$$

㉣을 ㉢에 대입하면

$$3p+\dfrac{2}{3}p+3p=6$$

$$\dfrac{20}{3}p=6$$

$$\therefore p=\dfrac{9}{10}$$

기출예시 2 | 정답 ③

타원 $\dfrac{x^2}{25}+\dfrac{y^2}{9}=1$의 두 초점 F, F′의 좌표는

$$(4, 0), (-4, 0)$$

$$\therefore \overline{FF'}=8 \qquad \cdots\cdots ㉠$$

타원의 장축의 길이는 10이므로 타원의 정의에 의하여

$$\overline{PF}+\overline{PF'}=10$$

$$\therefore \overline{PF'}=10-\overline{PF} \qquad \cdots\cdots ㉡$$

세 선분 PF, PF′, FF′의 길이가 이 순서대로 등차수열을 이루므로

$$2\overline{PF'}=\overline{PF}+\overline{FF'} \qquad \cdots\cdots ㉢$$

㉠, ㉡을 ㉢에 대입하면

$$2(10-\overline{PF})=\overline{PF}+8$$

$$3\overline{PF}=12$$

$$\therefore \overline{PF}=4$$

$\overline{PF}=4$를 ㉡에 대입하면

$$\overline{PF'}=6$$

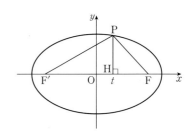

$\overline{PF'}<\overline{FF'}$이므로 점 P의 x좌표를 t라 하면

$$0<t<4$$

위의 그림과 같이 점 P에서 x축에 내린 수선의 발을 H라 하면

$$\overline{HF}=4-t, \quad \overline{HF'}=4+t$$

두 직각삼각형 PHF, PF′H에서

$$\overline{PH}^2=\overline{PF}^2-\overline{HF}^2=\overline{PF'}^2-\overline{HF'}^2$$이므로

$$4^2-(4-t)^2=6^2-(4+t)^2$$

$$16t=20$$

$$\therefore t=\dfrac{5}{4}$$

따라서 점 P의 x좌표는 $\dfrac{5}{4}$이다.

> **핵심 개념** **등차중항 (수학 I)**
>
> 세 수 a, b, c가 이 순서대로 등차수열을 이루면 $2b=a+c$가 성립한다.
> 이때 b를 a와 c의 등차중항이라 한다.

01-1 포물선

1등급 완성 **3단계 문제연습**

본문 8~10쪽

1 6	**2** 90	**3** 5	**4** 5
5 ④	**6** ④		

출제영역 포물선의 정의

주어진 조건과 포물선의 정의를 이용하여 선분의 길이를 구할 수 있는지를 묻는 문제이다.

그림과 같이 꼭짓점이 원점 O이고 초점이 F(p, 0) ($p>0$)인 포물선이 있다. 포물선 위의 점 P, x축 위의 점 Q, 직선 $x=p$ 위의 점 R에 대하여 삼각형 PQR는 정삼각형이고 직선 PR는 x축과 평행하다. 직선 PQ가 점 S($-p$, $\sqrt{21}$)을 지날 때, $\overline{QF}=\dfrac{a+b\sqrt{7}}{6}$이다. $a+b$의 값을 구하시오. 6

(단, a와 b는 정수이고, 점 P는 제1사분면 위의 점이다.)

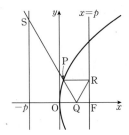

출제코드 포물선의 정의와 삼각비를 이용하여 각 선분의 길이를 한 미지수에 대하여 나타내기

❶ 점 P에서 포물선의 준선까지의 거리는 선분 PF의 길이와 같다.
❷ 두 선분 RF, PF의 길이를 선분 QF의 길이에 대한 식으로 나타낸다.
❸ 점 S의 y좌표와 삼각비를 이용하여 선분 QF의 길이를 구한다.

해설 |1단계| $\overline{QF}=t$로 놓고 두 선분 RF, PF의 길이를 t에 대한 식으로 나타내기

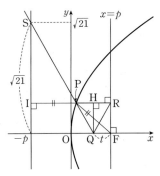

$\overline{QF}=t$라 하고, 위의 그림과 같이 점 Q에서 $\overline{PR}$에 내린 수선의 발을 H라 하면

$\overline{PR}=2\overline{HR}=2\overline{QF}=2t$

직각삼각형 RQF에서 ∠RQF$=60°$이므로 **why? ❶**

$\overline{RF}=\overline{QF}\tan60°=\sqrt{3}t$

직각삼각형 PFR에서

$$\overline{PF}=\sqrt{\overline{PR}^2+\overline{RF}^2}$$
$$=\sqrt{(2t)^2+(\sqrt{3}t)^2}$$
$$=\sqrt{7}t$$

|2단계| 포물선의 정의를 이용하여 점 P와 포물선의 준선 사이의 거리 구하기

점 P에서 준선 $x=-p$에 내린 수선의 발을 I라 하면 포물선의 정의에 의하여

$\overline{IP}=\overline{PF}=\sqrt{7}t$

|3단계| 삼각비를 이용하여 선분 SI의 길이를 t에 대한 식으로 나타내기

직각삼각형 SIP에서 ∠SPI$=60°$이므로 **why? ❷**

$$\overline{SI}=\overline{IP}\tan60°$$
$$=\sqrt{7}t\times\sqrt{3}$$
$$=\sqrt{21}t$$

|4단계| 점 S의 y좌표가 $\sqrt{21}$임을 이용하여 $a+b$의 값 구하기

점 S의 y좌표가 $\sqrt{21}$이므로

$\overline{SI}+\overline{RF}=\sqrt{21}$

$\sqrt{21}t+\sqrt{3}t=\sqrt{21}$

$(\sqrt{21}+\sqrt{3})t=\sqrt{21}$

$$\therefore t=\dfrac{\sqrt{21}}{\sqrt{21}+\sqrt{3}}$$
$$=\dfrac{\sqrt{7}}{\sqrt{7}+1}$$
$$=\dfrac{7-\sqrt{7}}{6}$$

따라서 $a=7$, $b=-1$이므로

$a+b=7+(-1)=6$

해설특강

why? ❶ $\overline{PR}\,/\!/\,\overline{QF}$이므로
∠RQF$=$∠QRP$=60°$ (엇각)

why? ❷ 점 P는 두 직선 IR, SQ의 교점이므로
∠SPI$=$∠QPR$=60°$ (맞꼭지각)

출제영역 포물선의 정의

주어진 조건과 포물선의 정의를 이용하여 두 선분의 길이의 곱을 구할 수 있는지를 묻는 문제이다.

초점이 F인 포물선 $y^2=4x$ 위에 서로 다른 두 점 A, B가 있다. 두 점 A, B의 x좌표는 1보다 큰 자연수이고 삼각형 AFB의 무게중심의 x좌표가 6일 때, $\overline{AF}\times\overline{BF}$의 최댓값을 구하시오. 90

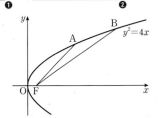

출제코드 포물선의 정의와 삼각형의 무게중심을 이용하여 식 세우기

❶ 두 점 A, B의 x좌표를 미지수로 놓고 삼각형의 무게중심의 x좌표에 대한 식을 세운다.
❷ 포물선의 정의를 이용하여 $\overline{AF}\times\overline{BF}$를 ❶의 미지수에 대한 식으로 나타내고 $\overline{AF}\times\overline{BF}$의 최댓값을 찾는다.

포물선 $y^2=4x$의 초점은 $F(1, 0)$, 준선의 방정식은 $x=-1$이다.

두 점 A, B의 x좌표를 각각 a, b라 하면 삼각형 AFB의 무게중심의

x좌표가 6이므로

$$\frac{a+b+1}{3}=6$$

$$a+b+1=18$$

$$\therefore a+b=17$$

|**2단계**| 포물선의 정의를 이용하여 두 선분 AF, BF의 길이를 a, b에 대한 식으로 각각 나타내기

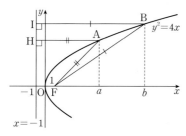

위의 그림과 같이 두 점 A, B에서 직선 $x=-1$에 내린 수선의 발을 각각 H, I라 하면 포물선의 정의에 의하여

$$\overline{AF}=\overline{AH}=1+a,$$

$$\overline{BF}=\overline{BI}=1+b$$

|**3단계**| $\overline{AF}\times\overline{BF}$의 최댓값 구하기

$$\begin{aligned}\overline{AF}\times\overline{BF}&=(1+a)(1+b)\\&=ab+a+b+1\\&=ab+18\ (\because a+b=17)\end{aligned}$$

이때 a, b는 1보다 큰 자연수이고 $a+b=17$이므로 ab는

$$a=8,\ b=9\ \text{또는}\ a=9,\ b=8$$

일 때 최댓값 72를 갖는다. **why? ❶**

따라서 $\overline{AF}\times\overline{BF}$의 최댓값은

$72+18=90$ **why? ❷**

해설특강 ✎

why? ❶ $a+b=17$이므로

$a=2$, $b=15$일 때 $ab=30$

$a=3$, $b=14$일 때 $ab=42$

$a=4$, $b=13$일 때 $ab=52$

⋮

즉, a와 b의 차가 작을수록 ab의 값이 커지므로 ab는 $a=8$, $b=9$ 또는 $a=9$, $b=8$일 때 최대가 된다.

따라서 ab의 최댓값은 72이다.

why? ❷ $\overline{AF}\times\overline{BF}=ab+18$이므로 $\overline{AF}\times\overline{BF}$의 값은 ab가 최대일 때 최대가 된다. 이때 ab의 최댓값이 72이므로 $\overline{AF}\times\overline{BF}$의 최댓값은

$72+18=90$

핵심 개념 **삼각형의 무게중심 (고등 수학)**

세 점 $A(x_1, y_1)$, $B(x_2, y_2)$, $C(x_3, y_3)$을 꼭짓점으로 하는 삼각형 ABC의 무게중심 G의 좌표는

$$G\left(\frac{x_1+x_2+x_3}{3},\ \frac{y_1+y_2+y_3}{3}\right)$$

---

3 2022학년도 수능 기하 28 [정답률 40%] 변형　　　　|정답 5

출제영역 포물선의 정의

포물선의 정의를 이용하여 선분의 길이를 구할 수 있는지를 묻는 문제이다.

양수 p에 대하여 **포물선 P_1: $(y-p)^2=px$의 초점을** F_1이라 하고 ❶ **포물선 P_2: $y^2=-p\left(x+\frac{p}{4}\right)$의 초점을** F_2라 하자. 직선 F_1F_2가 ❶ 포물선 P_1과 만나는 점 중 x좌표가 작은 것부터 차례로 P, Q라 하고 직선 F_1F_2가 포물선 P_2와 만나는 점 중 x좌표가 작은 것부터 차례로 R, S라 하자. **$\overline{PQ}+\overline{RS}=25$일 때,** 선분 SP의 길이를 구하 ❷ 시오. 5

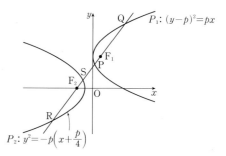

출제코드 포물선의 정의를 이용하여 초점을 지나는 직선과 포물선이 만나는 점의 x좌표로 선분의 길이 나타내기

❶ 두 포물선의 초점의 좌표를 구한 후 직선 F_1F_2의 방정식을 구한다.

❷ 네 점 P, Q, R, S의 x좌표를 각각 x_1, x_2, x_3, x_4라 하고 포물선의 정의를 이용하여 선분의 길이를 p와 x_1, x_2, x_3, x_4로 나타낸다.

해설 |**1단계**| 두 포물선 P_1, P_2의 초점을 구한 후 직선 F_1F_2의 방정식 구하기

포물선 $(y-p)^2=px$는 초점의 좌표가 $\left(\frac{p}{4}, 0\right)$인 포물선 $y^2=px$를 y축의 방향으로 p만큼 평행이동한 것이므로 초점 F_1의 좌표는

$$\left(\frac{p}{4}, p\right)$$

포물선 $y^2=-p\left(x+\frac{p}{4}\right)$는 초점의 좌표가 $\left(-\frac{p}{4}, 0\right)$인 포물선

$y^2=-px$를 x축의 방향으로 $-\frac{p}{4}$만큼 평행이동한 것이므로

초점 F_2의 좌표는

$$\left(-\frac{p}{2}, 0\right)$$

따라서 직선 F_1F_2의 방정식은

$$\begin{aligned}y&=\frac{0-p}{-\dfrac{p}{2}-\dfrac{p}{4}}\left(x+\frac{p}{2}\right)\\&=\frac{4}{3}x+\frac{2}{3}p\end{aligned}$$

|**2단계**| 직선 F_1F_2와 두 포물선 P_1, P_2가 만나는 각각의 점의 x좌표 사이의 관계식 구하기

두 점 P, Q의 x좌표를 각각 x_1, x_2 $(0<x_1<x_2)$라 하면

방정식 $\left(\frac{4}{3}x+\frac{2}{3}p-p\right)^2=px$, 즉 $16x^2-17px+p^2=0$의 두 근이

x_1, x_2이므로 이차방정식의 근과 계수의 관계에 의하여

$$x_1+x_2=\frac{17}{16}p \qquad \cdots\cdots \text{㉠}$$

또, 두 점 R, S의 x좌표를 각각 x_3, x_4 $(x_3 < x_4 < 0)$라 하면

방정식 $\left(\dfrac{4}{3}x + \dfrac{2}{3}p\right)^2 = -p\left(x + \dfrac{p}{4}\right)$, 즉 $16x^2 + 25px + \dfrac{25}{4}p^2 = 0$의

두 근이 x_3, x_4이므로 이차방정식의 근과 계수의 관계에 의하여

$$x_3 + x_4 = -\dfrac{25}{16}p \quad \cdots\cdots \ \text{©}$$

│3단계│ 포물선의 정의를 이용하여 두 선분 PQ, RS의 길이를 p, x_1, x_2, x_3, x_4 로 나타낸 후 p의 값 구하기

포물선 $(y-p)^2 = px$의 준선의 방정식이 $x = -\dfrac{p}{4}$이므로 포물선의

정의에 의하여

$$\begin{aligned}
\overline{PQ} &= \overline{PF_1} + \overline{QF_1} \\
&= \left(x_1 + \dfrac{p}{4}\right) + \left(x_2 + \dfrac{p}{4}\right) \\
&= \dfrac{17}{16}p + \dfrac{p}{2} \ (\because \text{㉠}) \\
&= \dfrac{25}{16}p
\end{aligned}$$

포물선 $y^2 = -p\left(x + \dfrac{p}{4}\right)$의 준선의 방정식이 $x = 0$이므로 포물선의

정의에 의하여

$$\begin{aligned}
\overline{RS} &= \overline{RF_2} + \overline{SF_2} \\
&= -x_3 - x_4 \\
&= \dfrac{25}{16}p \ (\because \text{©})
\end{aligned}$$

따라서 $\overline{PQ} + \overline{RS} = 25$에서

$$\dfrac{25}{16}p + \dfrac{25}{16}p = 25$$

$$p + p = 16, \ 2p = 16$$

$$\therefore \ p = 8$$

│4단계│ 두 선분 RQ, SP의 길이를 x_1, x_2, x_3, x_4로 나타낸 후 선분 SP의 길이 구하기

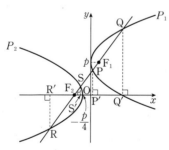

위의 그림과 같이 네 점 P, Q, R, S에서 x축에 내린 수선의 발을 각 각 P′, Q′, R′, S′이라 하면

$$\overline{R'Q'} = x_2 - x_3, \ \overline{S'P'} = x_1 - x_4$$

직선 F_1F_2의 기울기가 $\dfrac{4}{3}$이므로

$$\overline{RQ} = \dfrac{5}{3}(x_2 - x_3), \ \overline{SP} = \dfrac{5}{3}(x_1 - x_4) \ \textbf{why? ❶}$$

$$\begin{aligned}
\therefore \ \overline{RQ} + \overline{SP} &= \dfrac{5}{3}(x_2 - x_3) + \dfrac{5}{3}(x_1 - x_4) \\
&= \dfrac{5}{3}(x_1 + x_2 - x_3 - x_4) \\
&= \dfrac{5}{3} \times \left(\dfrac{17}{2} + \dfrac{25}{2}\right) (\because \text{㉠}, \text{©}) \\
&= 35
\end{aligned}$$

$$\begin{aligned}
\therefore \ \overline{SP} &= \dfrac{1}{2}\{(\overline{RQ} + \overline{SP}) - (\overline{PQ} + \overline{RS})\} \\
&= \dfrac{1}{2} \times (35 - 25) = 5
\end{aligned}$$

해설특강 ✎

why? ❶

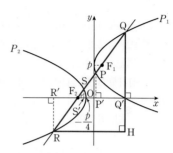

위의 그림과 같이 점 R를 지나고 x축과 평행한 직선과 점 Q를 지나고 y축과 평행한 직선이 만나는 점을 H라 하자.

직선 F_1F_2의 기울기가 $\dfrac{4}{3}$이므로 직선 RQ의 기울기도 $\dfrac{4}{3}$이다.

즉, $\dfrac{\overline{QH}}{\overline{RH}} = \dfrac{4}{3}$이므로

$$\begin{aligned}
\overline{QH} &= \dfrac{4}{3}\overline{RH} = \dfrac{4}{3}\overline{R'Q'} \\
&= \dfrac{4}{3}(x_2 - x_3)
\end{aligned}$$

직각삼각형 QRH에서

$$\begin{aligned}
\overline{RQ} &= \sqrt{\overline{RH}^2 + \overline{QH}^2} \\
&= \sqrt{(x_2 - x_3)^2 + \left\{\dfrac{4}{3}(x_2 - x_3)\right\}^2} \\
&= \dfrac{5}{3}(x_2 - x_3)
\end{aligned}$$

같은 방법으로 하면

$$\overline{SP} = \dfrac{5}{3}(x_1 - x_4)$$

핵심 개념 **이차방정식의 근과 계수의 관계 (고등 수학)**

이차방정식 $ax^2 + bx + c = 0$ $(a, b, c$는 실수이고 $a \neq 0)$의 두 실근 α, β에 대하여

$$\alpha + \beta = -\dfrac{b}{a}, \ \alpha\beta = \dfrac{c}{a}$$

포물선의 정의와 포물선 위의 두 점을 지나는 직선의 기울기를 이용하여 두 선분의 길이의 비를 구할 수 있는지를 묻는 문제이다.

그림과 같이 포물선 $y^2=4x$의 초점을 F, 준선이 x축과 만나는 점을 P라 하자. 점 P를 지나고 기울기가 양수인 직선이 포물선과 만나는 두 점을 각각 A, B라 하고, 점 B에서 x축에 내린 수선의 발을 H라 하자. ❶ 두 삼각형 BPH, AFB의 넓이의 비가 $3:1$일 때 ❷, $\overline{FA}:\overline{FB}=1:k$이다. 모든 양수 k의 값의 합을 구하시오. 5 ❸ (단, 점 B의 x좌표는 점 A의 x좌표보다 크다.)

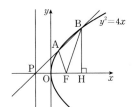

출제코드 포물선의 정의를 이용하여 선분의 길이의 비 구하기
❶ 두 점 A, B의 x좌표를 미지수로 놓고 세 점 P, A, B가 한 직선 위에 있음을 이용하여 두 점 A, B의 x좌표 사이의 관계식을 세운다.
❷ 두 점 A, B의 x좌표를 이용하여 삼각형의 넓이의 비에 대한 식을 세운다.
❸ 포물선의 정의를 이용하여 $\overline{FA}$, $\overline{FB}$의 길이를 구한다.

해설 **1단계** 두 삼각형의 넓이의 비를 이용하여 등식 세우기
포물선 $y^2=4x$의 초점은 F(1, 0), 준선의 방정식은 $x=-1$이므로
P$(-1, 0)$
두 점 A, B의 x좌표를 각각 a, b $(0<a<b)$라 하면
A$(a, 2\sqrt{a})$, B$(b, 2\sqrt{b})$, H$(b, 0)$ **how? ❶**
$\overline{PH}=\overline{PO}+\overline{OH}=1+b$, $\overline{BH}=2\sqrt{b}$,
$\overline{PF}=\overline{PO}+\overline{OF}=1+1=2$이므로
$\triangle$BPH$=\dfrac{1}{2}\times\overline{PH}\times\overline{BH}$
$\qquad\quad=\dfrac{1}{2}\times(b+1)\times2\sqrt{b}$
$\qquad\quad=(b+1)\sqrt{b}$
$\triangle$AFB$=\triangle$BPF$-\triangle$APF
$\qquad\quad=\dfrac{1}{2}\times\overline{PF}\times\overline{BH}-\dfrac{1}{2}\times\overline{PF}\times$ (점 A의 y좌표)
$\qquad\quad=\dfrac{1}{2}\times2\times2\sqrt{b}-\dfrac{1}{2}\times2\times2\sqrt{a}$
$\qquad\quad=2\sqrt{b}-2\sqrt{a}$
이때 $\triangle$BPH : $\triangle$AFB$=3:1$이므로
$(b+1)\sqrt{b}:(2\sqrt{b}-2\sqrt{a})=3:1$
$\therefore (b+1)\sqrt{b}=6\sqrt{b}-6\sqrt{a}$ $\cdots\cdots$ ㉠

2단계 세 점 P, A, B가 한 직선 위에 있음을 이용하여 a, b의 값 구하기
세 점 P, A, B가 한 직선 위에 있으므로 두 직선 PA, PB의 기울기가 같다. 즉,
$\dfrac{2\sqrt{a}}{a+1}=\dfrac{2\sqrt{b}}{b+1}$ **why? ❷**

$(b+1)\sqrt{a}=(a+1)\sqrt{b}$
$b\sqrt{a}+\sqrt{a}=a\sqrt{b}+\sqrt{b}$
$b\sqrt{a}-a\sqrt{b}=\sqrt{b}-\sqrt{a}$
$\sqrt{a}\sqrt{b}(\sqrt{b}-\sqrt{a})=\sqrt{b}-\sqrt{a}$
$\sqrt{a}\sqrt{b}=1$ $(\because b\neq a)$
$ab=1$
$\therefore a=\dfrac{1}{b}$
$a=\dfrac{1}{b}$을 ㉠에 대입하면
$(b+1)\sqrt{b}=6\sqrt{b}-\dfrac{6}{\sqrt{b}}$
$b(b+1)=6b-6$
$b^2-5b+6=0$
$(b-2)(b-3)=0$
$\therefore b=2$ 또는 $b=3$
$\therefore a=\dfrac{1}{2},\ b=2$ 또는 $a=\dfrac{1}{3},\ b=3$

3단계 포물선의 정의를 이용하여 k의 값 구하기
오른쪽 그림과 같이 두 점 A, B에서 준선에 내린 수선의 발을 각각 S, T라 하면 포물선의 정의에 의하여
$\overline{FA}=\overline{AS}$, $\overline{FB}=\overline{BT}$
$\therefore \overline{FA}:\overline{FB}=\overline{AS}:\overline{BT}$
$\qquad\qquad\quad=(1+a):(1+b)$

(i) $a=\dfrac{1}{2}$, $b=2$일 때
$\overline{FA}:\overline{FB}=(1+a):(1+b)$
$\qquad\qquad\quad=\dfrac{3}{2}:3=1:2$
$\therefore k=2$

(ii) $a=\dfrac{1}{3}$, $b=3$일 때
$\overline{FA}:\overline{FB}=(1+a):(1+b)$
$\qquad\qquad\quad=\dfrac{4}{3}:4=1:3$
$\therefore k=3$

(i), (ii)에서 모든 양수 k의 값의 합은
$2+3=5$

해설특강

how? ❶ $y^2=4x$에 $x=a\ (a>0)$를 대입하면
$y^2=4a$
$\therefore y=\pm2\sqrt{a}$
이때 점 A는 제1사분면 위에 있으므로 점 A의 y좌표는 양수이다.
$\therefore$ A$(a, 2\sqrt{a})$

why? ❷ P$(-1, 0)$, A$(a, 2\sqrt{a})$, B$(b, 2\sqrt{b})$이므로
(직선 PA의 기울기)$=\dfrac{2\sqrt{a}-0}{a-(-1)}=\dfrac{2\sqrt{a}}{a+1}$
(직선 PB의 기울기)$=\dfrac{2\sqrt{b}-0}{b-(-1)}=\dfrac{2\sqrt{b}}{b+1}$

5

출제영역 포물선의 정의 + 직선의 방정식

포물선의 정의와 이차방정식의 근과 계수의 관계를 이용하여 직선과 x축의 양의 방향이 이루는 각의 크기의 탄젠트 값을 구할 수 있는지를 묻는 문제이다.

그림과 같이 **포물선 $y^2=8x$**의 초점을 F라 하고, 점 F를 지나는 직선이 포물선과 만나는 두 점을 P, Q라 하자. **$\overline{PQ}=20$**일 때, 직선 PQ가 x축의 양의 방향과 이루는 각의 크기를 θ라 하자. **$\tan^2\theta$**의 값은?

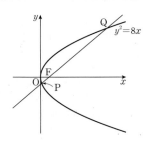

① $\dfrac{5}{12}$ ② $\dfrac{1}{2}$ ③ $\dfrac{7}{12}$

✓④ $\dfrac{2}{3}$ ⑤ $\dfrac{3}{4}$

출제코드 포물선의 정의를 이용하여 포물선 위의 두 점을 지나는 직선의 기울기 구하기

❶ 포물선의 초점의 좌표와 준선의 방정식을 구한다.
❷ 포물선의 정의를 이용하여 두 점 P, Q의 x좌표에 대한 식을 구한다.
❸ 직선 PQ의 기울기가 $\tan\theta$임을 이용하여 직선의 방정식을 세운다.

해설 |1단계| 두 점 P, Q의 x좌표에 대한 식 세우기

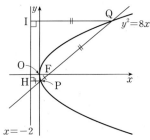

포물선 $y^2=8x$의 초점은 $F(2, 0)$, 준선의 방정식은 $x=-2$이다.

위의 그림과 같이 두 점 P, Q에서 준선에 내린 수선의 발을 각각 H, I라 하면 포물선의 정의에 의하여

$\overline{PF}=\overline{PH}, \ \overline{QF}=\overline{QI}$

두 점 P, Q의 x좌표를 각각 $a, b \ (0<a<b)$라 하면

$\overline{PQ}=\overline{PF}+\overline{FQ}$
$\quad\ =\overline{PH}+\overline{QI}$
$\quad\ =(2+a)+(2+b)$
$\quad\ =20$

$\therefore a+b=16 \qquad \cdots\cdots \ \bigcirc$

|2단계| 직선 PQ의 방정식 구하기

직선 PQ는 기울기가 $\tan\theta$이고 점 $F(2, 0)$을 지나므로 직선 PQ의 방정식은

$y=\tan\theta \times (x-2)$
$\therefore y=(x-2)\tan\theta$

|3단계| 연립방정식과 이차방정식을 이용하여 $\tan^2\theta$의 값 구하기

두 점 P, Q의 x좌표는 연립방정식 $\begin{cases} y^2=8x \\ y=(x-2)\tan\theta \end{cases}$ 의 해이므로

두 식을 연립하면

$(x-2)^2\tan^2\theta=8x, \ (x^2-4x+4)\tan^2\theta=8x$

$\therefore (\tan^2\theta)x^2-(4\tan^2\theta+8)x+4\tan^2\theta=0$

a, b는 위의 x에 대한 이차방정식의 해이므로 이차방정식의 근과 계수의 관계에 의하여

$a+b=\dfrac{4\tan^2\theta+8}{\tan^2\theta} \qquad \cdots\cdots \ \bigcirc\!\!\!\bigcirc$

$\bigcirc$, $\bigcirc\!\!\!\bigcirc$에서 $16=\dfrac{4\tan^2\theta+8}{\tan^2\theta}$

$16\tan^2\theta=4\tan^2\theta+8$

$12\tan^2\theta=8$

$\therefore \tan^2\theta=\dfrac{2}{3}$

핵심 개념 직선의 방정식 (고등 수학)

기울기가 m이고 점 (x_1, y_1)을 지나는 직선의 방정식은
$$y-y_1=m(x-x_1)$$

6

출제영역 포물선의 정의 + 직선의 방정식

포물선의 정의와 직선의 방정식을 이용하여 선분의 길이를 구할 수 있는지를 묻는 문제이다.

그림과 같이 **포물선 $y^2=8x$**의 초점을 F라 하고, 점 F를 지나고 기울기가 양수인 직선이 포물선과 만나는 두 점을 각각 A, B라 할 때, **$\overline{BF}=3$**이다. 포물선의 준선과 x축이 만나는 점을 P, 점 F에서 선분 AP에 내린 수선의 발을 H라 할 때, 선분 FH의 길이는?
(단, 점 A의 x좌표는 점 B의 x좌표보다 크다.)

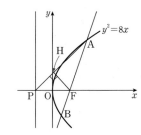

① $\dfrac{13\sqrt{34}}{34}$ ② $\dfrac{7\sqrt{34}}{17}$ ③ $\dfrac{15\sqrt{34}}{34}$

✓④ $\dfrac{8\sqrt{34}}{17}$ ⑤ $\dfrac{\sqrt{34}}{2}$

출제코드 포물선의 정의와 직선의 방정식을 이용하여 포물선 위의 두 점 A, B의 좌표 구하기

❶ 포물선의 초점의 좌표와 준선의 방정식을 구한다.
❷ 점 B에서 포물선의 준선에 내린 수선의 발을 Q라 할 때, $\overline{BF}=\overline{BQ}$임을 이용한다.

해설 **|1단계|** 포물선의 정의를 이용하여 점 B의 좌표 구하기

포물선 $y^2=8x$의 초점은 $F(2, 0)$, 준선의 방정식은 $x=-2$이므로
$P(-2, 0)$

오른쪽 그림과 같이 점 B에서 준선에 내린 수선의 발을 Q라 하면 포물선의 정의에 의하여
$\overline{BQ}=\overline{BF}=3$

점 B의 x좌표를 x_1 $(x_1>0)$이라 하면
$\overline{BQ}=2+x_1=3$ $\therefore x_1=1$

$\therefore B(1, -2\sqrt{2})$ **how? ❶**

|2단계| 직선 AB의 방정식을 이용하여 점 A의 좌표 구하기

직선 AB는 두 점 $F(2, 0)$, $B(1, -2\sqrt{2})$를 지나므로 직선 AB의 방정식은
$y=\dfrac{-2\sqrt{2}-0}{1-2}(x-2)$

$\therefore y=2\sqrt{2}(x-2)$

직선 AB와 포물선 $y^2=8x$의 교점의 x좌표는
$\{2\sqrt{2}(x-2)\}^2=8x$에서 $8(x-2)^2=8x$

$x^2-5x+4=0$

$(x-1)(x-4)=0$

$\therefore x=1$ 또는 $x=4$

따라서 점 A의 x좌표는 4이므로 **why? ❷**

$A(4, 4\sqrt{2})$

$\therefore \overline{AP}=\sqrt{(-2-4)^2+(0-4\sqrt{2})^2}=2\sqrt{17}$

|3단계| 삼각형 APF의 넓이를 이용하여 선분 FH의 길이 구하기

삼각형 APF의 넓이에서
$\dfrac{1}{2}\times\overline{AP}\times\overline{FH}=\dfrac{1}{2}\times\overline{PF}\times(\text{점 A의 } y\text{좌표})$

$\dfrac{1}{2}\times2\sqrt{17}\times\overline{FH}=\dfrac{1}{2}\times4\times4\sqrt{2}$

$\therefore \overline{FH}=\dfrac{8\sqrt{34}}{17}$

해설특강 🖊

how? ❶ $y^2=8x$에 $x=1$을 대입하면 $y^2=8$
$\therefore y=\pm2\sqrt{2}$
이때 점 B는 제4사분면에 있으므로 점 B의 y좌표는 음수이다.
$\therefore B(1, -2\sqrt{2})$

why? ❷ 직선 $y=2\sqrt{2}(x-2)$와 포물선 $y^2=8x$는 두 점 A, B에서 만나고, 점 B의 x좌표가 1이므로 점 A의 x좌표는 4이다.

다른 풀이 **|3단계|** 직선 PA의 방정식은
$y=\dfrac{4\sqrt{2}-0}{4-(-2)}\{x-(-2)\}$ $\therefore \dfrac{2\sqrt{2}}{3}x-y+\dfrac{4\sqrt{2}}{3}=0$

선분 FH의 길이는 점 F와 직선 PA 사이의 거리와 같으므로
$\overline{FH}=\dfrac{\left|\dfrac{4\sqrt{2}}{3}+\dfrac{4\sqrt{2}}{3}\right|}{\sqrt{\left(\dfrac{2\sqrt{2}}{3}\right)^2+(-1)^2}}=\dfrac{8\sqrt{34}}{17}$

01-2 타원

1등급 완성 3단계 문제연습

본문 11~13쪽

| **1** ② | **2** 11 | **3** 45 | **4** 146 |
| **5** 24 | **6** ④ | | |

---

1 2022학년도 수능 기하 26 [정답률 47%] **|정답 ②**

출제영역 타원의 정의

타원의 정의 및 사각형의 넓이를 이용하여 주어진 원의 반지름의 길이를 구할 수 있는지를 묻는 문제이다.

두 초점이 F, F'인 타원 $\dfrac{x^2}{64}+\dfrac{y^2}{16}=1$ 위의 점 중 제1사분면에 있는 점 A가 있다. 두 직선 AF, AF'에 동시에 접하고 중심이 y축 위에 있는 원 중 중심의 y좌표가 음수인 것을 C라 하자. 원 C의 중심을 B라 할 때 사각형 AFBF'의 넓이가 72이다. 원 C의 반지름의 길이는?

① $\dfrac{17}{2}$ ✓② 9   ③ $\dfrac{19}{2}$

④ 10   ⑤ $\dfrac{21}{2}$

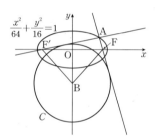

출제코드 타원의 정의와 사각형의 넓이를 이용하여 주어진 원의 반지름의 길이 구하기

❶ 타원의 정의를 이용하여 $\overline{AF}+\overline{AF'}$의 값을 구한다.

❷ 사각형 AFBF'의 넓이를 두 삼각형으로 나누어 구한다.

해설 **|1단계|** 타원의 정의를 이용하여 $\overline{AF}+\overline{AF'}$의 값 구하기

$\overline{AF}=p$, $\overline{AF'}=q$라 하면 타원의 정의에 의하여
$p+q=2\times8=16$ ……㉠

|2단계| 사각형 AFBF'의 넓이를 이용하여 원 C의 반지름의 길이 구하기

다음 그림과 같이 원 C가 두 직선 AF, AF'과 접하는 두 점을 각각 P, Q라 하고, 원 C의 반지름의 길이를 r라 하면
$\overline{BP}=\overline{BQ}=r$

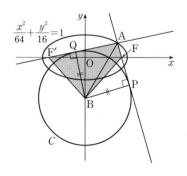

$$\square\text{AFBF}' = \triangle\text{ABF} + \triangle\text{ABF}'$$
$$= \frac{1}{2} \times \overline{\text{AF}} \times \overline{\text{BP}} + \frac{1}{2} \times \overline{\text{AF}'} \times \overline{\text{BQ}}$$
$$= \frac{1}{2}pr + \frac{1}{2}qr$$
$$= \frac{1}{2}r(p+q)$$
$$= \frac{1}{2}r \times 16 = 8r \ (\because \ \boxdot)$$

사각형 AFBF'의 넓이가 72이므로

$8r = 72 \qquad \therefore \ r = 9$

따라서 원 C의 반지름의 길이는 9이다.

---

2 2019학년도 수능 가 28 [정답률 81%] ┃정답 **11**

출제영역 타원의 정의

타원의 정의를 이용하여 두 선분의 길이의 합의 최댓값을 구할 수 있는지를 묻는 문제이다.

두 초점이 F, F'인 타원 $\dfrac{x^2}{49} + \dfrac{y^2}{33} = 1$이 있다. 원 $x^2 + (y-3)^2 = 4$ ❶
위의 점 P에 대하여 직선 F'P가 이 타원과 만나는 점 중 y좌표가
양수인 점을 Q라 하자. $\overline{\text{PQ}} + \overline{\text{FQ}}$의 최댓값을 구하시오. 11
❷ ❸

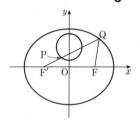

출제코드 타원의 정의를 이용하여 $\overline{\text{PQ}} + \overline{\text{FQ}}$의 값이 최대가 되는 경우 찾기

❶ 타원의 정의를 이용하여 $\overline{\text{F'Q}} + \overline{\text{FQ}}$의 값을 구한다.
❷ $\overline{\text{F'Q}} = \overline{\text{F'P}} + \overline{\text{PQ}}$임을 이용하여 $\overline{\text{PQ}} + \overline{\text{QF}}$를 $\overline{\text{F'P}}$에 대한 식으로 나타낸다.
❸ $\overline{\text{PQ}} + \overline{\text{FQ}}$의 값이 최대가 될 조건을 찾는다.

해설 ┃1단계┃ 타원의 정의를 이용하여 $\overline{\text{PQ}} + \overline{\text{FQ}}$의 값이 최대가 될 조건 구하기

타원의 정의에 의하여

$\overline{\text{F'Q}} + \overline{\text{FQ}} = 2 \times 7 = 14$

이때 $\overline{\text{F'Q}} = \overline{\text{F'P}} + \overline{\text{PQ}}$이므로

$(\overline{\text{F'P}} + \overline{\text{PQ}}) + \overline{\text{FQ}} = 14$

$\therefore \ \overline{\text{PQ}} + \overline{\text{FQ}} = 14 - \overline{\text{F'P}} \quad \cdots\cdots \boxdot$

즉, $\overline{\text{PQ}} + \overline{\text{FQ}}$의 값이 최대가 되려면 선분 F'P의 길이가 최소이어야 한다.

┃2단계┃ 점 F'과 원의 중심 사이의 거리를 이용하여 선분 F'P의 길이의 최솟값 찾기

타원 $\dfrac{x^2}{49} + \dfrac{y^2}{33} = 1$에서 $\sqrt{49-33} = 4$이므로 두 초점 F, F'은

$\text{F}'(-4, 0)$, $\text{F}(4, 0)$

원 $x^2 + (y-3)^2 = 4$의 중심을 C라 하면
C$(0, 3)$이고, 선분 F'P의 길이는 오른쪽 그림
과 같이 점 P가 선분 F'C 위에 있을 때 최소이
므로 선분 F'P의 길이의 최솟값은
$\overline{\text{F'C}} - 2 = \sqrt{4^2 + 3^2} - 2 = 3$ **why?** ❶

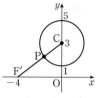

┃3단계┃ $\overline{\text{PQ}} + \overline{\text{FQ}}$의 최댓값 구하기

따라서 $\overline{\text{PQ}} + \overline{\text{FQ}}$의 최댓값은 $\boxdot$에서

$14 - 3 = 11$

해설특강 ✎

why? ❶ 점 P는 원 위의 점이므로 선분 F'P의 길이는 선분 F'P가 원의 중심을 지날 때 최대이고, 점 P가 선분 F'C 위에 있을 때 최소가 된다. 즉,
$\overline{\text{F'C}} - 2 \leq \overline{\text{F'P}} \leq \overline{\text{F'C}} + 2$

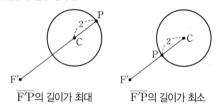

$\overline{\text{F'P}}$의 길이가 최대 　　　$\overline{\text{F'P}}$의 길이가 최소

---

3 2018학년도 9월 평가원 가 27 [정답률 63%] 변형 ┃정답 **45**

출제영역 포물선의 정의+타원의 정의+타원의 방정식

포물선의 정의와 타원의 정의를 이용하여 타원의 방정식을 구할 수 있는지를 묻는 문제이다.

그림과 같이 점 F를 초점으로 하는 포물선 $y^2 = 12x$와 x축 위의 두
점 F, F'을 초점으로 하는 타원 $\dfrac{x^2}{a^2} + \dfrac{y^2}{b^2} = 1$이 제1사분면에서 만
❶, ❸
나는 점을 P라 하자. $\overline{\text{PF}'} = 6$일 때, $a^2 + b^2$의 값을 구하시오. 45
❷
(단, a, b는 상수이다.)

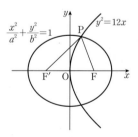

출제코드 포물선, 타원의 정의를 이용하여 $\overline{\text{PF}'}$에 대한 관계식 세우기

❶ 포물선 및 타원의 초점의 좌표와 포물선의 준선의 방정식을 구한다.
❷ 타원의 정의를 이용하여 $\overline{\text{PF}} + \overline{\text{PF}'}$의 값을 a에 대한 식으로 나타낸다.
❸ 점 P에서 포물선의 준선에 내린 수선의 발을 H라 할 때, $\overline{\text{PF}} = \overline{\text{PH}}$임을 이용한다.

해설 ┃1단계┃ 포물선의 방정식을 이용하여 타원의 두 초점의 좌표 구하기

포물선 $y^2 = 12x$의 초점은 F$(3, 0)$, 준선의 방정식은 $x = -3$이므로
F$'(-3, 0)$ **why?** ❶

|2단계| 타원과 포물선의 정의를 이용하여 a^2의 값 구하기

타원의 정의에 의하여

$\overline{\text{PF}}+\overline{\text{PF}'}=2|a|$ **why? ❷**

이때 $\overline{\text{PF}'}=6$이므로

$\overline{\text{PF}}=2|a|-\overline{\text{PF}'}=2|a|-6$

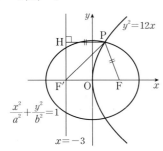

위의 그림과 같이 점 P에서 포물선의 준선에 내린 수선의 발을 H라 하면 포물선의 정의에 의하여

$\overline{\text{PH}}=\overline{\text{PF}}=2|a|-6$

이때 포물선 위의 점 P의 좌표를 $(x_1,\ y_1)$이라 하면

$x_1=\overline{\text{PH}}-\overline{\text{OF}'}$

$\quad=(2|a|-6)-3$

$\quad=2|a|-9$

또, $y_1^2=12x_1$이므로

$y_1^2=12(2|a|-9)$

$\therefore \overline{\text{HF}'}^2=12(2|a|-9)$

직각삼각형 PHF'에서

$\overline{\text{PH}}^2+\overline{\text{HF}'}^2=\overline{\text{PF}'}^2$

$(2|a|-6)^2+12(2|a|-9)=6^2$

$4a^2-24|a|+36+24|a|-108=36$

$4a^2=108$

$\therefore a^2=27$

|3단계| a^2+b^2의 값 구하기

타원 $\dfrac{x^2}{a^2}+\dfrac{y^2}{b^2}=1$의 두 초점이 F$(3,\ 0)$, F'$(-3,\ 0)$이므로

$b^2=a^2-3^2=27-9=18$

$\therefore a^2+b^2=27+18=45$

참고 a^2의 값을 구하면 되므로 $a>0$이라 하고 $\overline{\text{PF}}+\overline{\text{PF}'}=2a$로 놓고 풀어도 된다.

해설특강 ✎

why? ❶ 타원 $\dfrac{x^2}{a^2}+\dfrac{y^2}{b^2}=1$의 중심은 원점이고 한 초점 F$(3,\ 0)$이 x축 위에 있으므로 타원 $\dfrac{x^2}{a^2}+\dfrac{y^2}{b^2}=1$의 두 초점 F, F'은 y축에 대하여 대칭이다. 따라서 다른 초점은 F'$(-3,\ 0)$이다.

why? ❷ 타원의 두 초점이 x축 위에 있으므로 타원의 장축의 길이는 $2|a|$이다.

출제영역 **타원의 정의**

타원의 정의와 성질, 원주각의 성질을 이용하여 타원의 방정식을 구할 수 있는지를 묻는 문제이다.

그림과 같이 타원 E_1: $\dfrac{x^2}{a^2}+\dfrac{y^2}{b^2}=1$의 두 초점 F$_1$, F$_1'$과 타원 E_2: $\dfrac{x^2}{b^2}+\dfrac{y^2}{a^2}=1$의 두 초점 F$_2$, F$_2'$에 대하여 세 점 F$_1$, F$_1'$, F$_2$를 지나는 원을 C라 하자. 원 C와 타원 E_1이 제1사분면과 제3사분면에서 만나는 점을 각각 P, Q라 하고, 원 C와 타원 E_2가 제2사분면에서 만나는 점을 R라 하자. $\cos(\angle\text{F}_2\text{PR})=\dfrac{4}{5}$이고 삼각형 PQF$_1$의 넓이가 48일 때, a^2+b^2의 값을 구하시오. (단, a, b는 $a>b>0$인 상수이고, 점 F$_1$의 x좌표와 점 F$_2$의 y좌표는 모두 양수이다.) 146

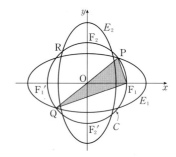

출제코드 원주각의 성질을 이용하여 타원 위의 점과 두 초점 사이의 거리를 식으로 나타낸 후 타원의 정의와 성질을 이용하여 a^2, b^2의 값 구하기

❶ 타원 E_1의 초점 F$_1$의 x좌표를 c라 하고 c를 a, b에 대한 식으로 나타낸 후 세 점 F$_1$, F$_1'$, F$_2$를 지나는 원에 대하여 원주각의 성질을 이용한다.

❷ $\angle\text{F}_2\text{PR}$와 크기가 같은 각 및 삼각형 PQF$_1$과 넓이가 같은 삼각형을 찾는다.

해설 **|1단계|** 타원과 원의 대칭성 및 원주각의 성질을 이용하여 $\angle\text{F}_2\text{PR}=\angle\text{PF}_1'\text{F}_1$임을 확인하기

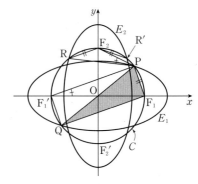

$a^2-b^2=c^2\ (c>0)$이라 하면 두 초점 F$_1$, F$_2$의 좌표는 각각 $(c,\ 0)$, $(0,\ c)$

원 C와 타원 E_2가 제1사분면에서 만나는 점을 R'이라 놓으면 원 C와 타원 E_2가 모두 y축에 대하여 대칭이므로

$\overline{\text{F}_2\text{R}}=\overline{\text{F}_2\text{R}'}$

또, 타원 E_1과 타원 E_2가 직선 $y=x$에 대하여 서로 대칭이므로 **why? ❶**

$\overline{\text{F}_1\text{P}}=\overline{\text{F}_2\text{R}'}$

원 C의 두 현 F$_1$P, F$_2$R의 길이가 같으므로 원주각의 성질에 의하여

$\angle F_2PR = \angle PF_1'F_1$

$\therefore \cos(\angle F_2PR) = \cos(\angle PF_1'F_1) = \dfrac{4}{5}$

|2단계| 타원의 성질을 이용하여 $\overline{F_1'F_1}$을 c에 대하여 나타낸 후 $\overline{PF_1}$, $\overline{PF_1'}$을 구하여 a, b, c 사이의 관계식 찾기

직각삼각형 $PF_1'F_1$에서 $\overline{F_1'F_1} = 2c$이므로

$\overline{PF_1'} = \overline{F_1'F_1} \times \cos(\angle PF_1'F_1) = 2c \times \dfrac{4}{5} = \dfrac{8}{5}c$

피타고라스 정리에 의하여

$\overline{PF_1} = \sqrt{\overline{F_1'F}^2 - \overline{PF_1'}^2} = \sqrt{(2c)^2 - \left(\dfrac{8}{5}c\right)^2} = \dfrac{6}{5}c$

타원의 정의에 의하여 $\overline{PF_1} + \overline{PF_1'} = 2a$에서

$\dfrac{6}{5}c + \dfrac{8}{5}c = 2a$

$\therefore a = \dfrac{7}{5}c$ ...... ㉠

㉠을 $a^2 - c^2 = b^2$에 대입하면

$\left(\dfrac{7}{5}c\right)^2 - c^2 = b^2$

$\therefore b^2 = \dfrac{24}{25}c^2$ ...... ㉡

|3단계| 삼각형 PQF_1의 넓이를 이용하여 c의 값을 구한 후 $a^2 + b^2$의 값 구하기

타원 E_1과 원 C가 모두 원점에 대하여 대칭이므로 점 P와 점 Q는 원점에 대하여 대칭이고 네 점 F_1, F_1', P, Q가 한 원 위의 점이므로 사각형 $F_1'QF_1P$는 직사각형이다.

따라서 삼각형 PQF_1의 넓이는 삼각형 $PF_1'F_1$의 넓이와 같으므로

$48 = \dfrac{1}{2} \times \overline{PF_1'} \times \overline{PF_1}$

$48 = \dfrac{1}{2} \times \dfrac{8}{5}c \times \dfrac{6}{5}c$

$\therefore c^2 = 50$

㉠, ㉡에서

$a^2 = \dfrac{49}{25}c^2 = \dfrac{49}{25} \times 50 = 98$,

$b^2 = \dfrac{24}{25}c^2 = \dfrac{24}{25} \times 50 = 48$

$\therefore a^2 + b^2 = 98 + 48 = 146$

해설 특강 ✏

why? ❶ $\dfrac{x^2}{a^2} + \dfrac{y^2}{b^2} = 1$의 x 대신 y, y 대신 x를 대입하면

$\dfrac{y^2}{a^2} + \dfrac{x^2}{b^2} = 1$, 즉 $\dfrac{x^2}{b^2} + \dfrac{y^2}{a^2} = 1$

즉, 타원 E_1과 타원 E_2는 직선 $y = x$에 대하여 서로 대칭이다.

핵심 개념 원주각과 중심각의 크기 (중등 수학)

(1) 한 호에 대한 원주각의 크기는 그 호에 대한 중심각의 크기의 $\dfrac{1}{2}$과 같다. 즉,

$\angle APB = \dfrac{1}{2}\angle AOB$

(2) 한 호에 대한 원주각의 크기는 모두 같다. 즉,

$\angle APB = \angle AQB$

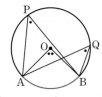

5

출제영역 포물선의 정의 + 타원의 정의

포물선의 정의와 타원의 정의를 이용하여 포물선의 초점의 좌표와 타원의 방정식을 구할 수 있는지를 묻는 문제이다.

그림과 같이 포물선 $y^2 = 4px$ $(p > 0)$와 두 초점이 F$(p, 0)$, ❶

F$'(-p, 0)$인 타원 $\dfrac{x^2}{16} + \dfrac{y^2}{a^2} = 1$의 교점 중 제1사분면 위의 점을 ❷

P라 하자. 점 P를 지나고 x축에 평행한 직선과 점 F$'$을 지나고 y축에 평행한 직선의 교점을 Q라 하자. $\overline{PQ} = \dfrac{10}{3}$일 때, $p \times a^2$의 값을 구하시오. (단, $0 < a < 4$이고, 점 P의 x좌표는 p보다 작다.) **24**

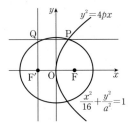

출제코드 포물선과 타원의 정의와 피타고라스 정리를 이용하여 타원의 초점의 좌표 구하기

❶ 포물선의 정의를 이용하여 $\overline{PF}$와 $\overline{PQ}$ 사이의 관계를 파악한다.

❷ 타원의 정의를 이용하여 선분 $\overline{PF'}$의 길이를 구한다.

해설 **|1단계|** 포물선, 타원의 정의를 이용하여 두 선분 $\overline{PF}$, $\overline{PF'}$의 길이 구하기

포물선 $y^2 = 4px$의 초점은 F$(p, 0)$, 준선의 방정식은 $x = -p$이다.

점 P는 포물선 $y^2 = 4px$ $(p > 0)$ 위의 점이므로 포물선의 정의에 의하여

$\overline{PF} = \overline{PQ} = \dfrac{10}{3}$

또, 점 P는 타원 $\dfrac{x^2}{16} + \dfrac{y^2}{a^2} = 1$ 위의 점이므로 타원의 정의에 의하여

$\overline{PF} + \overline{PF'} = 2 \times 4 = 8$

$\therefore \overline{PF'} = 8 - \overline{PF} = 8 - \dfrac{10}{3} = \dfrac{14}{3}$

|2단계| 직각삼각형을 찾아 p의 값 구하기

오른쪽 그림과 같이 점 P에서 x축에 내린 수선의 발을 H라 하면

직각삼각형 PQF'에서

$\overline{QF'} = \sqrt{\overline{PF'}^2 - \overline{PQ}^2}$

$= \sqrt{\left(\dfrac{14}{3}\right)^2 - \left(\dfrac{10}{3}\right)^2}$

$= \dfrac{4\sqrt{6}}{3}$

$\overline{PH} = \overline{QF'} = \dfrac{4\sqrt{6}}{3}$

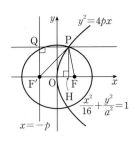

이므로 직각삼각형 PHF에서

$\overline{HF} = \sqrt{\overline{PF}^2 - \overline{PH}^2}$

$= \sqrt{\left(\dfrac{10}{3}\right)^2 - \left(\dfrac{4\sqrt{6}}{3}\right)^2}$

$= \dfrac{2}{3}$ ...... ㉠

$\overline{F'F}=2p$, $\overline{F'H}=\overline{QP}=\dfrac{10}{3}$이므로 **why? ❶**

$\overline{HF}=\overline{F'F}-\overline{F'H}=2p-\dfrac{10}{3}$ ...... ㉡

㉠, ㉡에서

$\dfrac{2}{3}=2p-\dfrac{10}{3}$, $2p=4$ $\therefore p=2$

|3단계| $p\times a^2$의 값 구하기

타원 $\dfrac{x^2}{16}+\dfrac{y^2}{a^2}=1$의 두 초점이 $F(2,0)$, $F'(-2,0)$이므로

$16-a^2=2^2$ $\therefore a^2=12$

$\therefore p\times a^2=2\times12=24$

해설특강 🖊

why? ❶ 사각형 PQF'H는 직사각형이므로
$\overline{PH}=\overline{QF'}$, $\overline{F'H}=\overline{QP}$

6
|정답 ④

출제영역 타원의 정의

타원의 정의 및 삼각형의 넓이와 내접원의 반지름의 길이 사이의 관계를 이용하여 내접원의 반지름의 길이를 구할 수 있는지를 묻는 문제이다.

그림과 같이 두 점 F, F'을 초점으로 하는 **타원 $\dfrac{x^2}{169}+\dfrac{y^2}{144}=1$이 ❶**
있다. **점 F'을 지나고 원 $x^2+y^2=9$에 접하는 직선이 타원과 만나는 점 중 제1사분면 위의 점을 P라 하자. ❷** **삼각형 PF'F에 내접하는 원의 반지름의 길이는? ❸** (단, 점 F의 x좌표는 양수이다.)

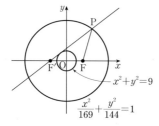

① 2 ② $\dfrac{20}{9}$ ③ $\dfrac{22}{9}$

✓④ $\dfrac{8}{3}$ ⑤ $\dfrac{26}{9}$

출제코드 타원의 정의를 이용하여 삼각형의 넓이 구하기

❶ 두 초점 F, F'의 좌표를 구한다.
❷ 두 점 O, F에서 직선 F'P에 수선을 그어 만든 두 직각삼각형의 각 변의 길이를 구한다.
❸ 삼각형 PF'F의 넓이와 그 내접원의 반지름의 길이 사이의 관계를 이용한다.

해설 **|1단계|** 타원의 두 초점의 좌표 구하기

타원 $\dfrac{x^2}{169}+\dfrac{y^2}{144}=1$에서 $\sqrt{169-144}=5$이므로 두 초점은

$F(5,0)$, $F'(-5,0)$

|2단계| 점 F에서 직선 F'P에 내린 수선의 발 H에 대하여 두 선분 FH, F'H의 길이 구하기

오른쪽 그림과 같이 점 F'에서
원 $x^2+y^2=9$에 그은 접선의 접점을 A라
하면
$\overline{OA}\perp\overline{F'A}$
$\overline{F'O}=5$, $\overline{OA}=3$이므로 직각삼각형
$AF'O$에서
$\overline{AF'}=\sqrt{\overline{F'O}^2-\overline{OA}^2}=\sqrt{5^2-3^2}=4$

점 F에서 직선 F'P에 내린 수선의 발을 H라 하면 두 삼각형 AF'O, HF'F는 서로 닮음이다. **why? ❶**

이때 닮음비는 $\overline{F'O}:\overline{F'F}=5:10=1:2$이므로

$\overline{FH}=2\overline{OA}=2\times3=6$,
$\overline{F'H}=2\overline{F'A}=2\times4=8$

|3단계| 타원의 정의를 이용하여 선분 PF'의 길이 구하기

타원의 정의에 의하여
$\overline{PF}+\overline{PF'}=2\times13=26$

$\overline{PF'}=t$라 하면
$\overline{PF}=26-\overline{PF'}=26-t$,
$\overline{PH}=\overline{PF'}-\overline{HF'}=t-8$

직각삼각형 PHF에서
$\overline{PF}^2=\overline{HF}^2+\overline{PH}^2$, $(26-t)^2=6^2+(t-8)^2$
$t^2-52t+676=t^2-16t+100$
$36t=576$ $\therefore t=16$
$\therefore \overline{PF'}=16$

|4단계| 삼각형 PF'F의 넓이를 이용하여 삼각형 PF'F의 내접원의 반지름의 길이 구하기

$\triangle PF'F=\dfrac{1}{2}\times\overline{PF'}\times\overline{HF}$

$=\dfrac{1}{2}\times16\times6=48$

이므로 삼각형 PF'F의 내접원의 반지름의 길이를 r라 하면

$\dfrac{1}{2}r(\overline{F'F}+\overline{PF}+\overline{PF'})=48$ **why? ❷**

$\dfrac{1}{2}r(10+26)=48$ $\therefore r=\dfrac{8}{3}$

따라서 삼각형 PF'F에 내접하는 원의 반지름의 길이는 $\dfrac{8}{3}$이다.

해설특강 🖊

why? ❶ 두 삼각형 AF'O, HF'F에서
$\angle F'AO=\angle F'HF=90°$, $\angle AF'O$는 공통이므로
$\triangle AF'O\backsim\triangle HF'F$ (AA 닮음)

why? ❷ 세 변의 길이가 a, b, c인 삼각형 ABC의
내접원의 반지름의 길이를 r라 하면
$\triangle ABC$
$=\triangle OBC+\triangle OCA+\triangle OAB$
$=\dfrac{1}{2}\times r\times a+\dfrac{1}{2}\times r\times b+\dfrac{1}{2}\times r\times c$
$=\dfrac{1}{2}r(a+b+c)$

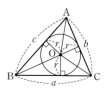

01-3 쌍곡선

1등급 완성 3단계 문제연습

본문 14~16쪽

1 116	**2** ⑤	**3** 6	**4** 4
5 76	**6** 32		

1

2018학년도 수능 가 27 [정답률 60%]

|정답 116

출제영역 쌍곡선의 정의

쌍곡선의 정의를 이용하여 선분의 길이를 구할 수 있는지를 묻는 문제이다.

그림과 같이 두 초점이 F, F'인 쌍곡선 $\dfrac{x^2}{8}-\dfrac{y^2}{17}=1$ 위의 점 P에 대하여 직선 FP와 직선 F'P에 동시에 접하고 중심이 y축 위에 있는 원 C가 있다. 직선 F'P와 원 C의 접점 Q에 대하여 $\overline{F'Q}=5\sqrt{2}$ 일 때, $\overline{FP}^2+\overline{F'P}^2$의 값을 구하시오. (단, $\overline{F'P}<\overline{FP}$) 116

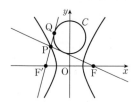

출제코드 쌍곡선의 정의, 쌍곡선과 원의 대칭성, 원의 접선의 성질 이용하기

❶ 쌍곡선의 정의를 이용하여 $\overline{FP}-\overline{F'P}$의 값을 구한다.
❷ 원 밖의 한 점에서 원에 그은 두 접선의 접점까지의 거리는 서로 같다.

해설 **|1단계|** 쌍곡선의 정의를 이용하여 두 선분 FP, F'P 사이의 관계식 구하기

점 P는 쌍곡선 $\dfrac{x^2}{8}-\dfrac{y^2}{17}=1$ 위의 점이므로 쌍곡선의 정의에 의하여

$\overline{FP}-\overline{F'P}=2\times2\sqrt{2}=4\sqrt{2}\ (\because \overline{F'P}<\overline{FP})$ ...... ㉠

|2단계| 원의 접선의 성질, 쌍곡선과 원의 대칭성을 이용하여 선분 PQ의 길이 구하기

$\overline{PQ}=k$라 하면

$\overline{F'P}=\overline{F'Q}-\overline{PQ}=5\sqrt{2}-k$ ...... ㉡

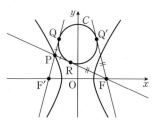

위의 그림과 같이 점 P에서 원 C에 그은 접선의 접점 중 점 Q가 아닌 점을 R라 하면 원의 접선의 성질에 의하여

$\overline{PR}=\overline{PQ}=k$ **why?** ❶

이때 주어진 쌍곡선과 원이 각각 y축에 대하여 대칭이므로 **why?** ❷

점 F에서 원 C에 그은 접선의 접점 중 점 R가 아닌 점을 Q'이라 하면

$\overline{FR}=\overline{FQ'}=\overline{F'Q}=5\sqrt{2}$

$\therefore \overline{FP}=\overline{FR}+\overline{PR}=5\sqrt{2}+k$ ...... ㉢

㉡, ㉢을 ㉠에 대입하면

$5\sqrt{2}+k-(5\sqrt{2}-k)=4\sqrt{2},\ 2k=4\sqrt{2}$

$\therefore k=2\sqrt{2}$

|3단계| $\overline{FP}^2+\overline{F'P}^2$의 값 구하기

$k=2\sqrt{2}$를 ㉡, ㉢에 각각 대입하면

$\overline{F'P}=5\sqrt{2}-2\sqrt{2}=3\sqrt{2}$

$\overline{FP}=5\sqrt{2}+2\sqrt{2}=7\sqrt{2}$

$\therefore \overline{FP}^2+\overline{F'P}^2=(7\sqrt{2})^2+(3\sqrt{2})^2=116$

해설특강 ✎

why? ❶ 오른쪽 그림과 같이 원 밖의 한 점 P에서 원에 그은 접선은 2개이고, 점 P에서 두 접점에 각각 이르는 두 선분의 길이는 서로 같다.

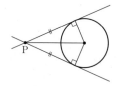

why? ❷ 쌍곡선 $\dfrac{x^2}{a^2}-\dfrac{y^2}{b^2}=1$은 x축, y축, 원점에 대하여 각각 대칭이다.

2

2020학년도 수능 가 17 [정답률 55%]

|정답 ⑤

출제영역 쌍곡선의 정의

쌍곡선의 정의를 이용하여 특정 선분의 길이가 최소일 조건을 찾고, 삼각형의 넓이를 구할 수 있는지를 묻는 문제이다.

평면에 한 변의 길이가 10인 정삼각형 ABC가 있다. $\overline{PB}-\overline{PC}=2$를 만족시키는 점 P에 대하여 선분 PA의 길이가 최소일 때, 삼각형 PBC의 넓이는?

① $20\sqrt{3}$ ② $21\sqrt{3}$ ③ $22\sqrt{3}$

④ $23\sqrt{3}$ ✓⑤ $24\sqrt{3}$

출제코드 쌍곡선의 정의를 이용하여 쌍곡선의 방정식 구하기

❶ 정삼각형 ABC를 좌표평면 위에 놓는다.
❷ 두 점 B, C는 쌍곡선의 두 초점이다.
❸ 선분 PA의 길이가 최소일 때의 점 P의 y좌표를 구한다.

해설 **|1단계|** 정삼각형 ABC를 좌표평면 위에 놓고 세 점 A, B, C의 좌표 정하기

오른쪽 그림과 같이 선분 BC가 x축 위에, 점 A가 y축의 양의 부분에 오도록 정삼각형 ABC를 좌표평면 위에 놓으면

$A(0, 5\sqrt{3})$, $B(-5, 0)$, $C(5, 0)$ **why?** ❶

|2단계| 점 P가 쌍곡선 위의 점임을 알고, 그 방정식 구하기

$\overline{PB}-\overline{PC}=2$이므로 쌍곡선의 정의에 의하여 점 P는 두 점 B, C를 초점으로 하고, 주축의 길이가 2인 쌍곡선 위의 점이다.

이 쌍곡선의 방정식을 $\dfrac{x^2}{a^2}-\dfrac{y^2}{b^2}=1\ (a>0,\ b>0)$이라 하면 **why?** ❷

주축의 길이가 2이므로

$2a=2$ $\therefore a=1$

01-3. 쌍곡선 **13**

$a^2+b^2=5^2$이므로

$1+b^2=25$

$\therefore b^2=24$

따라서 점 P는 쌍곡선 $x^2-\dfrac{y^2}{24}=1$ 위의 점이다.

|3단계| $\overline{PA}$의 길이가 최소일 조건을 찾고 삼각형 PBC의 넓이 구하기

P$(m,\,n)$이라 하면

$m^2-\dfrac{n^2}{24}=1$

$\therefore \overline{PA}^2=(0-m)^2+(5\sqrt{3}-n)^2$

$\qquad=m^2+n^2-10\sqrt{3}n+75$

$\qquad=\left(1+\dfrac{n^2}{24}\right)+n^2-10\sqrt{3}n+75\left(\because m^2=1+\dfrac{n^2}{24}\right)$

$\qquad=\dfrac{25}{24}n^2-10\sqrt{3}n+76$

$\qquad=\dfrac{25}{24}\left(n-\dfrac{24\sqrt{3}}{5}\right)^2-\dfrac{25}{24}\times\left(\dfrac{24\sqrt{3}}{5}\right)^2+76$ **how?** ❸

즉, $\overline{PA}^2$은 $n=\dfrac{24\sqrt{3}}{5}$일 때 최소이므로 선분 PA의 길이도

$n=\dfrac{24\sqrt{3}}{5}$일 때 최소이다.

이때 삼각형 PBC의 넓이는

$\dfrac{1}{2}\times\overline{BC}\times(\text{점 P의 }y\text{좌표})=\dfrac{1}{2}\times10\times\dfrac{24\sqrt{3}}{5}$

$\underset{=n}{\qquad\qquad\qquad\qquad\qquad\qquad}=24\sqrt{3}$

참고 $|\overline{PB}-\overline{PC}|=2$가 아닌 $\overline{PB}-\overline{PC}=2$이므로

$\overline{PB}>\overline{PC}$

즉, 점 P는 쌍곡선 $x^2-\dfrac{y^2}{24}=1$에서 $\overline{PB}$의 길이

가 $\overline{PC}$의 길이보다 더 긴 쪽의 곡선 위에 있다.

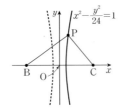

해설특강 ✏️

why? ❶ 한 변의 길이가 10인 정삼각형의 높이는 $\dfrac{\sqrt{3}}{2}\times10=5\sqrt{3}$이므로

$A(0,\,5\sqrt{3})$

why? ❷ 쌍곡선의 두 초점이 x축 위에 있으므로 방정식은 $\dfrac{x^2}{a^2}-\dfrac{y^2}{b^2}=1$ 꼴이다.

how? ❸ $ax^2+bx+c=a\left(x^2+\dfrac{b}{a}x\right)+c$

$\qquad\qquad=a\left\{x^2+\dfrac{b}{a}x+\left(\dfrac{b}{2a}\right)^2-\left(\dfrac{b}{2a}\right)^2\right\}+c$

$\qquad\qquad=a\left(x+\dfrac{b}{2a}\right)^2-a\times\left(\dfrac{b}{2a}\right)^2+c$

이므로

$\dfrac{25}{24}n^2-10\sqrt{3}n+76$

$=\dfrac{25}{24}\left(n^2-\dfrac{48\sqrt{3}}{5}n\right)+76$

$=\dfrac{25}{24}\left\{n^2-\dfrac{48\sqrt{3}}{5}n+\left(\dfrac{24\sqrt{3}}{5}\right)^2-\left(\dfrac{24\sqrt{3}}{5}\right)^2\right\}+76$

$=\dfrac{25}{24}\left(n-\dfrac{24\sqrt{3}}{5}\right)^2-\dfrac{25}{24}\times\left(\dfrac{24\sqrt{3}}{5}\right)^2+76$

---

3 2017학년도 수능 가 28 [정답률 79%] 변형 　　　　　**| 정답 6**

출제영역 쌍곡선의 방정식

쌍곡선의 정의를 이용하여 주축의 길이를 구할 수 있는지를 묻는 문제이다.

점근선의 방정식이 $y=\pm\sqrt{3}x$이고 두 초점이 F$(c,\,0)$, F'$(-c,\,0)$ $(c>0)$인 쌍곡선이 있다. 이 쌍곡선 위의 점 P가 다음 조건을 만족시킨다. ❶ ❷

㈎ x좌표가 음수인 꼭짓점 A에 대하여 $\overline{PF}=\overline{AF}$이다. ❸
㈏ 삼각형 PF'F의 넓이를 S라 하면 $54\le S\le60$이다.
㈐ 선분 PF의 길이는 자연수이다.

이 쌍곡선의 주축의 길이를 구하시오. 6

(단, 점 P의 x좌표는 양수이다.)

출제코드 쌍곡선의 정의, 점근선의 방정식을 이용하여 주축의 길이 구하기

❶ 두 초점이 x축에 있으므로 쌍곡선의 방정식을

$\dfrac{x^2}{a^2}-\dfrac{y^2}{b^2}=1\,(a>0,\,b>0)$이라 한다.

❷ 점근선의 방정식을 이용하여 a,b,c 사이의 관계를 파악한다.

❸ 선분 PF의 길이를 구할 수 있다.

해설 **|1단계|** 쌍곡선의 방정식을 $\dfrac{x^2}{a^2}-\dfrac{y^2}{b^2}=1$이라 하고, 초점의 좌표와 점근선

의 방정식을 이용하여 b,c를 a에 대한 식으로 나타내기

쌍곡선의 두 초점 F$(c,\,0)$, F'$(-c,\,0)$ $(c>0)$이 x축 위에 있으므로

쌍곡선의 방정식을 $\dfrac{x^2}{a^2}-\dfrac{y^2}{b^2}=1\,(a>0,\,b>0)$이라 하면

$a^2+b^2=c^2$ $\qquad\cdots\cdots$ ㉠

쌍곡선의 점근선의 방정식이 $y=\pm\sqrt{3}x$이므로

$\dfrac{b}{a}=\sqrt{3}$ $\quad\therefore b=\sqrt{3}a$ $\qquad\cdots\cdots$ ㉡

㉡을 ㉠에 대입하면

$a^2+(\sqrt{3}a)^2=c^2,\ 4a^2=c^2$

$\therefore c=2a\,(\because a>0,\,c>0)$

|2단계| 삼각형 PF'F가 직각삼각형임을 보이고, 이 삼각형의 넓이를 a에 대한 식

으로 나타내기

쌍곡선 위의 점 P의 x좌표가 양수이므로 $\overline{PF}<\overline{PF'}$이고 쌍곡선의 정

의에 의하여

$\overline{PF'}-\overline{PF}=2a$ $\qquad\cdots\cdots$ ㉢

이때 A$(-a,\,0)$이므로 조건 ㈎에서

$\overline{PF}=\overline{AF}=a+c=a+2a=3a$

㉢에서

$\overline{PF'}=\overline{PF}+2a=3a+2a=5a$

또, $\overline{F'F}=2c=4a$이므로

$\overline{PF'}^2=\overline{PF}^2+\overline{F'F}^2$

따라서 삼각형 PF'F는 $\angle PFF'=90°$인

직각삼각형이므로 **why? ❶**

삼각형 PF'F의 넓이 S는

$S=\dfrac{1}{2}\times\overline{F'F}\times\overline{PF}=\dfrac{1}{2}\times4a\times3a=6a^2$

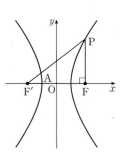

|3단계| 쌍곡선의 주축의 길이 구하기

조건 ㈏에서 $54 \leq S \leq 60$이므로

$54 \leq 6a^2 \leq 60$, $9 \leq a^2 \leq 10$

$\therefore 3 \leq a \leq \sqrt{10}$ ($\because a > 0$)

이때 조건 ㈐에서 $\overline{PF} = 3a$가 자연수이므로

$9 \leq 3a \leq 3\sqrt{10}$에서 $3a = 9$ **how?** ❷

$\therefore a = 3$

따라서 쌍곡선의 주축의 길이는 $2a = 6$이다.

해설특강 ✎

why? ❶ $(5a)^2 = (3a)^2 + (4a)^2$, 즉 $\overline{PF'}^2 = \overline{PF}^2 + \overline{F'F}^2$이므로 삼각형 PF'F 는 $\overline{PF'}$을 빗변으로 하는 $\angle PFF' = 90°$인 직각삼각형이다.

how? ❷ $3\sqrt{10} = \sqrt{90}$이므로

$\sqrt{81} < \sqrt{90} < \sqrt{100}$ $\therefore 9 < 3\sqrt{10} < 10$

따라서 $9 \leq 3a \leq 3\sqrt{10} < 10$이고 $3a$는 자연수이므로

$3a = 9$

참고 세 변의 길이의 비가 $3:4:5$인 삼각형은 직각삼각형이다.

---

4 2022학년도 수능 예시 문항 기하 27 변형 **|정답 4**

출제영역 쌍곡선의 방정식

주어진 조건을 만족시키는 쌍곡선의 방정식을 구할 수 있는지를 묻는 문제이다.

그림과 같이 두 점 F, F'을 초점으로 하는 쌍곡선 $\dfrac{x^2}{a^2} - \dfrac{y^2}{b^2} = 1$이 ❶ 있다. 점 F를 지나고 x축에 수직인 직선이 쌍곡선과 제1사분면에서 만나는 점을 P라 하고, 직선 PF 위의 한 점 Q에 대하여 선분 QF'이 y축과 만나는 점을 R라 할 때, 점 F', F, P, Q, R가 다음 조건을 만족시킨다.

㈎ 두 점 P, R의 y좌표가 서로 같다. ❷
㈏ $\overline{QF'} : \overline{PF} = 2\sqrt{3} : 1$
㈐ 직각삼각형 QF'F의 넓이는 $4\sqrt{2}$이다. ❸

$a^2 b^2$의 값을 구하시오. (단, a, b는 상수이다.) 4

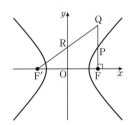

출제코드 삼각형의 성질과 쌍곡선의 방정식을 이용하여 쌍곡선 위에 있는 점의 좌표 찾기

❶ 쌍곡선의 초점의 x좌표에 대한 관계식을 구할 수 있다.
❷ 선분 RP를 긋고 닮음인 두 삼각형을 찾는다.
❸ $\triangle QF'F = \dfrac{1}{2} \times \overline{F'F} \times \overline{QF}$임을 이용하여 점 P의 y좌표를 구한다.

해설 **|1단계|** 두 선분 RP, F'F의 길이의 비 구하기

쌍곡선 $\dfrac{x^2}{a^2} - \dfrac{y^2}{b^2} = 1$의 두 초점 F, F'에 대하여 F$(c, 0)$, F'$(-c, 0)$ $(c > 0)$이라 하면

$\overline{F'F} = 2c$

조건 ㈎에서 직선 RP는 x축에 평행하므로

$\overline{RP} = \overline{OF} = c$ **why? ❶**

따라서 두 삼각형 QRP, QF'F는 서로 닮음이고 **why? ❷**

닮음비는 $\overline{RP} : \overline{F'F} = c : 2c = 1 : 2$

|2단계| 조건 ㈏, ㈐를 이용하여 점 P의 y좌표 구하기

조건 ㈏에서 $\overline{QF'} : \overline{PF} = 2\sqrt{3} : 1$이므로

$2\sqrt{3}\,\overline{PF} = \overline{QF'}$

이때 P(c, d) $(d > 0)$라 하면 Q$(c, 2d)$이므로

$2\sqrt{3}d = \sqrt{(-c-c)^2 + (0-2d)^2} = \sqrt{4c^2 + 4d^2}$

위의 식의 양변을 제곱하면

$12d^2 = 4c^2 + 4d^2$, $8d^2 = 4c^2$

$\therefore c = \sqrt{2}d$ ($\because c > 0$, $d > 0$) $\cdots\cdots$ ㉠

또, 조건 ㈐에서

$\triangle QF'F = \dfrac{1}{2} \times \overline{F'F} \times \overline{QF} = \dfrac{1}{2} \times 2c \times 2d = 2cd = 4\sqrt{2}$

$\therefore cd = 2\sqrt{2}$ $\cdots\cdots$ ㉡

㉠을 ㉡에 대입하면

$\sqrt{2}d^2 = 2\sqrt{2}$, $d^2 = 2$

$\therefore d = \sqrt{2}$, $c = 2$ ($\because d > 0$)

|3단계| 쌍곡선 위의 점 P의 좌표를 쌍곡선의 방정식에 대입하여 a^2, b^2의 값 구하기

점 P$(2, \sqrt{2})$는 쌍곡선 $\dfrac{x^2}{a^2} - \dfrac{y^2}{b^2} = 1$ 위의 점이므로

$\dfrac{4}{a^2} - \dfrac{2}{b^2} = 1$ $\cdots\cdots$ ㉢

또, $a^2 + b^2 = c^2 = 4$이므로

$b^2 = 4 - a^2$ $\cdots\cdots$ ㉣

㉣을 ㉢에 대입하면

$\dfrac{4}{a^2} - \dfrac{2}{4 - a^2} = 1$, $4(4 - a^2) - 2a^2 = a^2(4 - a^2)$

$16 - 6a^2 = 4a^2 - a^4$, $a^4 - 10a^2 + 16 = 0$

$(a^2 - 2)(a^2 - 8) = 0$

$\therefore a^2 = 2$ ($\because b^2 = 4 - a^2 > 0$)

이를 ㉣에 대입하면

$b^2 = 4 - 2 = 2$

$\therefore a^2 b^2 = 2 \times 2 = 4$

해설특강 ✎

why? ❶ $\overline{RP} /\!/ \overline{F'F}$, $\overline{RO} /\!/ \overline{PF}$이고 $\angle ROF = 90°$이므로 □ROFP는 직사각형이다.

$\therefore \overline{RP} = \overline{OF} = c$

why? ❷ 두 삼각형 QRP, QF'F에서

$\overline{RP} /\!/ \overline{F'F}$이므로 $\angle RPQ = \angle F'FQ$ (동위각), $\angle RQP$는 공통

$\therefore \triangle QRP \backsim \triangle QF'F$ (AA 닮음)

쌍곡선의 정의와 점근선의 성질을 이용하여 쌍곡선의 방정식 및 쌍곡선 위의 점과 두 점근선 사이의 거리의 곱의 일정한 값을 구할 수 있는지를 묻는 문제이다.

두 초점이 F, F′인 쌍곡선 $\dfrac{x^2}{a^2}-\dfrac{y^2}{b^2}=1$이 다음 조건을 만족시킬 때, a^2+b^2+k의 값을 구하시오. 76
(단, $a>0$, $b>0$, k는 상수이고, 점 F의 x좌표는 양수이다.)

> (가) 쌍곡선 위의 점 P에서 두 직선 $y=\sqrt{3}x$, $y=-\sqrt{3}x$에 이르는 거리를 각각 d_1, d_2라 할 때, $d_1\times d_2=k$를 만족시키는 점 P❶의 개수는 5 이상❷이다.
> (나) 쌍곡선 위의 점 A에 대하여 $\overline{AF}:\overline{AF'}=2:3$일 때, 삼각형 AFF′의 둘레의 길이는 56이다.❸

출제코드 쌍곡선 위의 점과 쌍곡선의 두 점근선 사이의 거리의 곱의 성질과 쌍곡선의 정의를 이용하여 쌍곡선의 방정식 구하기

❶ 점과 직선 사이의 거리를 구한다.
❷ 점 P의 좌표를 (x_1, y_1)로 놓고 점 P가 쌍곡선 위의 점임과 $d_1\times d_2=k$임을 이용하여 x_1에 대한 이차방정식을 세운 후 x_1의 개수를 구하여 점 P의 개수가 5 이상이 되도록 하는 조건을 찾는다.
❸ 쌍곡선의 정의를 이용하여 $\overline{AF'}$을 $\overline{AF}$와 a에 대한 식으로 나타낸 후 $\overline{AF}:\overline{AF'}=2:3$임을 이용하여 a와 b에 대한 관계식을 구한다.

해설 |1단계| 쌍곡선 위의 점 P와 두 직선 $y=\sqrt{3}x$, $y=-\sqrt{3}x$ 사이의 거리 구하기

쌍곡선 위의 점 P의 좌표를 (x_1, y_1)이라 하자.
점 $P(x_1, y_1)$과 직선 $y=\sqrt{3}x$, 즉 $\sqrt{3}x-y=0$ 사이의 거리는
$$d_1=\frac{|\sqrt{3}x_1-y_1|}{2}$$
점 $P(x_1, y_1)$과 직선 $y=-\sqrt{3}x$, 즉 $\sqrt{3}x+y=0$ 사이의 거리는
$$d_2=\frac{|\sqrt{3}x_1+y_1|}{2}$$
조건 (가)에서
$$d_1\times d_2=\frac{|\sqrt{3}x_1-y_1|}{2}\times\frac{|\sqrt{3}x_1+y_1|}{2}$$
$$=\frac{|3x_1^2-y_1^2|}{4}=k \quad\cdots\cdots\ ㉠$$

|2단계| $d_1\times d_2=k$를 만족시키는 점 P의 개수가 5 이상이 되도록 하는 조건 찾기

쌍곡선 $\dfrac{x^2}{a^2}-\dfrac{y^2}{b^2}=1$의 점근선의 방정식은
$$y=\pm\frac{b}{a}x$$
$\dfrac{b}{a}=m\ (m>0)$이라 하면 $b=am$이므로
$$\frac{x^2}{a^2}-\frac{y^2}{a^2m^2}=1$$
점 $P(x_1, y_1)$이 쌍곡선 위의 점이므로
$$\frac{x_1^2}{a^2}-\frac{y_1^2}{a^2m^2}=1$$
$$m^2x_1^2-y_1^2=a^2m^2$$
$$\therefore y_1^2=m^2x_1^2-a^2m^2$$

위의 식을 ㉠에 대입하면
$$\frac{|3x_1^2-m^2x_1^2+a^2m^2|}{4}=k$$
$$\frac{|(m^2-3)x_1^2-a^2m^2|}{4}=k$$
$$\therefore (m^2-3)x_1^2=a^2m^2\pm4k$$

(i) $m^2\neq3$일 때
$$x_1^2=\frac{a^2m^2+4k}{m^2-3}\ 또는\ x_1^2=\frac{a^2m^2-4k}{m^2-3}$$
이므로 두 등식을 만족시키는 x_1의 값은 각각 최대 2개씩이다. **why?** ❶
따라서 점 P의 개수는 최대 $2+2=4$이므로 조건 (가)를 만족시키지 않는다.

(ii) $m^2=3$, 즉 $m=\sqrt{3}$일 때
$0\times x_1^2=3a^2\pm4k$에서 조건 (가)를 만족시키려면
$3a^2\pm4k=0$ **why?** ❷
이어야 한다.
이때 $d_1\times d_2=k>0$이므로
$$k=\frac{3}{4}a^2$$

(i), (ii)에 의하여 $m=\sqrt{3}$

|3단계| 쌍곡선의 정의와 삼각형 AFF′의 둘레의 길이를 이용하여 a^2+b^2+k의 값 구하기

쌍곡선의 초점 F의 x좌표를 $c\ (c>0)$라 하면
$$a^2+b^2=c^2$$
$\dfrac{b}{a}=\sqrt{3}$에서 $b=\sqrt{3}a$이므로
$$a^2+(\sqrt{3}a)^2=c^2$$
$$4a^2=c^2$$
$$\therefore c=2a\ (\because a>0)$$
즉, $F(2a, 0)$, $F'(-2a, 0)$이므로
$$\overline{FF'}=4a$$

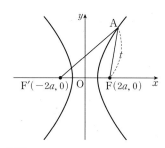

위의 그림과 같이 $\overline{AF}=t$라 하면 쌍곡선의 정의에 의하여
$\overline{AF'}-\overline{AF}=2a$이므로
$$\overline{AF'}=2a+t$$
조건 (나)에서 $\overline{AF}:\overline{AF'}=2:3$이므로
$$t:(2a+t)=2:3$$
$$4a+2t=3t$$
$$\therefore t=4a$$
즉, $\overline{AF}=4a$, $\overline{AF'}=6a$이므로 삼각형 AFF′의 둘레의 길이는
$$\overline{FF'}+\overline{AF}+\overline{AF'}=4a+4a+6a=14a$$
즉, $14a=56$이므로
$$a=4$$

$$\therefore a^2+b^2+k=a^2+(\sqrt{3}a)^2+\frac{3}{4}a^2$$
$$=\frac{19}{4}a^2$$
$$=\frac{19}{4}\times 4^2=76$$

해설특강 🖋

why? ❶ $x_1^2=\dfrac{a^2m^2+4k}{m^2-3}$ 또는 $x_1^2=\dfrac{a^2m^2-4k}{m^2-3}$ 는 모두 x_1에 대한

이차방정식이므로 서로 다른 실근의 개수는 각각 최대 2개씩이다.

참고 x_1에 대한 이차방정식 $x_1^2=\dfrac{a^2m^2+4k}{m^2-3}$ 에 대하여

$\dfrac{a^2m^2+4k}{m^2-3}>0$ → 서로 다른 두 실근

$\dfrac{a^2m^2+4k}{m^2-3}=0$ → $x_1=0$인 중근

$\dfrac{a^2m^2+4k}{m^2-3}<0$ → 실근을 갖지 않는다.

why? ❷ $3a^2\pm4k\neq0$이면 $0\times x_1^2=p\,(p\neq0)$이고, 이를 만족시키는 x_1의 값은 존재하지 않으므로 조건을 만족시키는 점 P는 존재하지 않는다.

$3a^2\pm4k=0$이면 $0\times x_1^2=0$이고, 이는 모든 실수 x_1에 대하여 성립한다. 즉, 쌍곡선 위의 임의의 점 P에 대하여 $d_1\times d_2=\dfrac{3}{4}a^2$이 성립한다.

핵심개념 **점과 직선 사이의 거리 (고등 수학)**

점 $(x_1,\,y_1)$과 직선 $ax+by+c=0$ 사이의 거리는

$$\dfrac{|ax_1+by_1+c|}{\sqrt{a^2+b^2}}$$

---

6 | 정답 **32**

출제영역 **쌍곡선의 방정식**

두 초점과 쌍곡선 위의 한 점으로 이루어진 삼각형이 이등변삼각형 또는 직각삼각형이 되는 경우를 모두 생각하여 그 넓이를 구할 수 있는지를 묻는 문제이다.

쌍곡선 $\dfrac{x^2}{9}-\dfrac{y^2}{16}=1$의 두 초점 F, F′과 이 쌍곡선 위의 두 점 A, ❶
B가 다음 조건을 만족시킨다.

(가) 두 점 A, B는 모두 제1사분면 위에 있다.
(나) 삼각형 AF′F는 이등변삼각형이다. ❷
(다) 삼각형 BF′F는 직각삼각형이다. ❸

삼각형 AF′F의 넓이를 S_1, 삼각형 BF′F의 넓이를 S_2라 할 때, $|S_1-S_2|$의 최댓값을 구하시오. **32**

킬러코드 **쌍곡선의 정의를 이용하여 삼각형의 넓이 구하기**

❶ 쌍곡선의 두 초점의 좌표를 구한다.
❷ 삼각형 AF′F에서 두 변의 길이가 같아지는 경우를 찾는다.
❸ 삼각형 BF′F에서 한 각이 직각이 되는 경우를 찾는다.

해설 |**1단계**| 쌍곡선의 두 초점의 좌표 구하기

쌍곡선 $\dfrac{x^2}{9}-\dfrac{y^2}{16}=1$에서 $\sqrt{9+16}=5$이므로 F′($-5,\,0$), F($5,\,0$)이라 하면

$$\overline{F'F}=10$$

|**2단계**| 삼각형 AF′F가 이등변삼각형이 될 조건을 찾고 삼각형 AF′F의 넓이 구하기

점 A가 제1사분면 위의 점이므로 삼각형 AF′F가 이등변삼각형이 되는 경우는 [그림 1]과 같이 $\overline{F'F}=\overline{AF}$인 경우와 [그림 2]와 같이 $\overline{F'F}=\overline{AF'}$인 경우가 있다. **why? ❶**

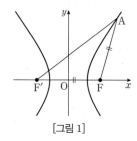 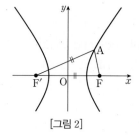

[그림 1]   [그림 2]

(ⅰ) $\overline{F'F}=\overline{AF}$일 때

$\overline{AF}=\overline{F'F}=10$이고 쌍곡선의 정의에 의하여

$$\overline{AF'}-\overline{AF}=2\times 3=6$$

$$\therefore \overline{AF'}=\overline{AF}+6=10+6=16$$

오른쪽 그림과 같이 점 F에서 $\overline{AF'}$에 내린 수선의 발을 H라 하면

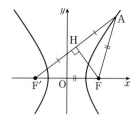

$$\overline{F'H}=\frac{1}{2}\overline{AF'}$$
$$=\frac{1}{2}\times 16=8 \quad \textbf{why? ❷}$$

직각삼각형 F′FH에서

$$\overline{FH}=\sqrt{\overline{F'F}^2-\overline{F'H}^2}=\sqrt{10^2-8^2}=6$$

따라서 삼각형 AF′F의 넓이는

$$\frac{1}{2}\times\overline{AF'}\times\overline{FH}=\frac{1}{2}\times 16\times 6=48$$

(ⅱ) $\overline{F'F}=\overline{AF'}$일 때

$\overline{AF'}=\overline{F'F}=10$이고 쌍곡선의 정의에 의하여

$$\overline{AF'}-\overline{AF}=2\times 3=6$$

$$\therefore \overline{AF}=\overline{AF'}-6=10-6=4$$

오른쪽 그림과 같이 점 F′에서 $\overline{AF}$에 내린 수선의 발을 T라 하면

$$\overline{FT}=\frac{1}{2}\overline{AF}$$
$$=\frac{1}{2}\times 4=2 \quad \textbf{why? ❷}$$

직각삼각형 F′FT에서

$$\overline{F'T}=\sqrt{\overline{F'F}^2-\overline{FT}^2}$$
$$=\sqrt{10^2-2^2}=4\sqrt{6}$$

따라서 삼각형 AF′F의 넓이는

$$\frac{1}{2}\times\overline{AF}\times\overline{F'T}=\frac{1}{2}\times 4\times 4\sqrt{6}=8\sqrt{6}$$

(ⅰ), (ⅱ)에서 $S_1=48$ 또는 $S_1=8\sqrt{6}$

|3단계| 삼각형 BF′F가 직각삼각형이 될 조건을 찾고 삼각형 BF′F의 넓이 구하기

점 B가 제1사분면 위의 점이므로 삼각형 BF′F가 직각삼각형이 되는
경우는 [그림 3]과 같이 $\angle$F′FB$=90°$인 경우와 [그림 4]와 같이
$\angle$F′BF$=90°$인 경우가 있다. **why? ❸**

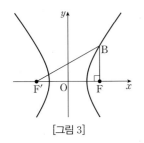

[그림 3]

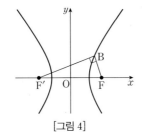

[그림 4]

(iii) $\angle$F′FB$=90°$일 때

$\overline{BF}=a$라 하면 쌍곡선의 정의에 의하여

$\overline{BF'}-\overline{BF}=2\times3=6$

$\therefore \overline{BF'}=\overline{BF}+6=a+6$

직각삼각형 BF′F에서 $\overline{BF'}^2=\overline{BF}^2+\overline{F'F}^2$이므로

$(a+6)^2=a^2+10^2$

$12a+36=100,\ 12a=64$

$\therefore a=\dfrac{16}{3}$

따라서 삼각형 BF′F의 넓이는

$\dfrac{1}{2}\times\overline{F'F}\times\overline{BF}=\dfrac{1}{2}\times10\times\dfrac{16}{3}=\dfrac{80}{3}$

(iv) $\angle$F′BF$=90°$일 때

$\overline{BF}=b$라 하면 쌍곡선의 정의에 의하여

$\overline{BF'}-\overline{BF}=2\times3=6$

$\therefore \overline{BF'}=\overline{BF}+6=b+6$

직각삼각형 BF′F에서 $\overline{F'F}^2=\overline{BF'}^2+\overline{BF}^2$이므로

$10^2=(b+6)^2+b^2$

$2b^2+12b+36=100$

$\therefore b^2+6b=32$

따라서 삼각형 BF′F의 넓이는

$\dfrac{1}{2}\times\overline{BF'}\times\overline{BF}=\dfrac{1}{2}\times(b+6)\times b$

$=\dfrac{1}{2}(b^2+6b)$

$=\dfrac{1}{2}\times32=16$

(iii), (iv)에서 $S_2=\dfrac{80}{3}$ 또는 $S_2=16$

|4단계| $|S_1-S_2|$의 최댓값 구하기

따라서 $|S_1-S_2|$의 값은 $S_1=48$, $S_2=16$일 때 최대이므로 **why? ❹**

최댓값은

$|48-16|=32$

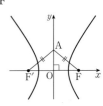
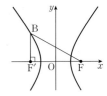

본문 17쪽

기출예시 1 | 정답②

타원 $\dfrac{x^2}{36}+\dfrac{y^2}{16}=1$에 접하고 기울기가 $\dfrac{1}{2}$인 접선의 방정식은

$y=\dfrac{1}{2}x\pm\sqrt{36\times\dfrac{1}{4}+16}$ $\therefore y=\dfrac{1}{2}x\pm5$ …… ㉠

포물선 $y^2=ax$, 즉 $y^2=4\times\dfrac{a}{4}\times x$에 접하고 기울기가 $\dfrac{1}{2}$인 접선의 방정식은

$y=\dfrac{1}{2}x+\dfrac{\dfrac{a}{4}}{\dfrac{1}{2}}$ $\therefore y=\dfrac{1}{2}x+\dfrac{a}{2}$ …… ㉡

이때 a가 양수이므로 ㉠, ㉡에서

$\dfrac{1}{2}x+5=\dfrac{1}{2}x+\dfrac{a}{2}$

$5=\dfrac{a}{2}$ $\therefore a=10$

따라서 포물선 $y^2=ax$, 즉 $y^2=10x$의 초점의 x좌표는 $\dfrac{10}{4}=\dfrac{5}{2}$이다.

1등급 완성 **3단계 문제연습**

본문 18~20쪽

1 ⑤	**2** ③	**3** 12	**4** 913
5 1	**6** 45		

---

1 2020학년도 9월 평가원 가 21 [정답률 34%] | 정답⑤

출제영역 타원의 접선의 방정식

타원의 접선의 방정식, 점과 직선 사이의 거리를 이용하여 직사각형의 넓이를 구할 수 있는지를 묻는 문제이다.

좌표평면에서 두 점 A$(-2, 0)$, B$(2, 0)$에 대하여 다음 조건을 ❶ 만족시키는 직사각형의 넓이의 최댓값은?

직사각형 위를 움직이는 점 P에 대하여 $\overline{PA}+\overline{PB}$의 값은 점 P의 좌표가 $(0, 6)$일 때 최대이고 $\left(\dfrac{5}{2}, \dfrac{3}{2}\right)$일 때 최소이다. ❷

① $\dfrac{200}{19}$ ② $\dfrac{210}{19}$ ③ $\dfrac{220}{19}$

④ $\dfrac{230}{19}$ ✓⑤ $\dfrac{240}{19}$

출제코드 점 P가 존재하는 영역을 찾고 직사각형의 넓이가 최대가 될 조건 구하기

❶ 두 점 A, B를 초점으로 하는 타원의 방정식을 구하여 x^2의 계수와 y^2의 계수의 관계식을 구한다.

❷ 점 $(0, 6)$, $\left(\dfrac{5}{2}, \dfrac{3}{2}\right)$을 각각 지나는 두 타원의 방정식을 구한다.

해설 | **1단계** | 두 점 A, B를 초점으로 하고 점 $(0, 6)$을 지나는 타원의 방정식 구하기

두 초점이 A$(-2, 0)$, B$(2, 0)$인 타원의 방정식을

$\dfrac{x^2}{a^2}+\dfrac{y^2}{b^2}=1$ $(a>b>0)$ …… ㉠ **why? ❶**

이라 하면

$a^2-b^2=2^2=4$ …… ㉡

타원 ㉠이 점 P$(0, 6)$을 지나면

$\dfrac{36}{b^2}=1$ $\therefore b^2=36$

㉡에서 $a^2=b^2+4=36+4=40$이므로 점 P$(0, 6)$을 지나는 타원의 방정식은

$\dfrac{x^2}{40}+\dfrac{y^2}{36}=1$

| **2단계** | 두 점 A, B를 초점으로 하고 점 $\left(\dfrac{5}{2}, \dfrac{3}{2}\right)$을 지나는 타원의 방정식 구하기

타원 ㉠이 점 P$\left(\dfrac{5}{2}, \dfrac{3}{2}\right)$을 지나면

$\dfrac{25}{4a^2}+\dfrac{9}{4b^2}=1$ …… ㉢

㉡에서 $a^2=b^2+4$를 ㉢에 대입하면

$\dfrac{25}{4(b^2+4)}+\dfrac{9}{4b^2}=1$

$\therefore b^2=6$ **how? ❷**

㉡에서 $a^2=b^2+4=6+4=10$이므로 점 P$\left(\dfrac{5}{2}, \dfrac{3}{2}\right)$을 지나는 타원의 방정식은

$\dfrac{x^2}{10}+\dfrac{y^2}{6}=1$

| **3단계** | 주어진 조건을 만족시키는 직사각형이 존재하는 영역 찾기

주어진 조건을 만족시키는 직사각형은 두 점 $(0, 6)$, $\left(\dfrac{5}{2}, \dfrac{3}{2}\right)$을 지나고, 타원 $\dfrac{x^2}{40}+\dfrac{y^2}{36}=1$의 경계 및 내부와 타원 $\dfrac{x^2}{10}+\dfrac{y^2}{6}=1$의 경계 및 외부의 공통부분에 존재한다. **why? ❸**

즉, 넓이가 최대인 직사각형은 다음 그림의 빗금친 부분과 같다.

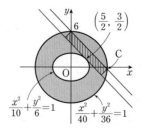

| **4단계** | 타원의 접선의 방정식을 이용하여 직사각형의 넓이 구하기

타원 $\dfrac{x^2}{10}+\dfrac{y^2}{6}=1$ 위의 점 $\left(\dfrac{5}{2}, \dfrac{3}{2}\right)$에서의 접선의 방정식은

$\dfrac{\dfrac{5}{2}x}{10}+\dfrac{\dfrac{3}{2}y}{6}=1$

$\dfrac{1}{4}x+\dfrac{1}{4}y=1$

$\therefore x+y-4=0$

직사각형의 세로의 길이는 점 $(0, 6)$과 직선 $x+y-4=0$ 사이의 거리와 같으므로

$$\frac{|6-4|}{\sqrt{1^2+1^2}}=\sqrt{2}$$

직선 $x+y-4=0$과 평행하고 점 $(0, 6)$을 지나는 직선의 방정식은

$$y=-x+6$$

이 직선과 타원 $\dfrac{x^2}{40}+\dfrac{y^2}{36}=1$의 교점 중 점 $(0, 6)$이 아닌 점을 C라 하면 점 C의 x좌표는

$$\frac{x^2}{40}+\frac{(-x+6)^2}{36}=1$$

$$9x^2+10(-x+6)^2=360$$

$$x(19x-120)=0$$

$$\therefore x=\frac{120}{19}\ (\because x\neq 0)$$

$$y=-\frac{120}{19}+6=-\frac{6}{19}$$이므로

$$C\left(\frac{120}{19}, -\frac{6}{19}\right)$$

직사각형의 가로의 길이는 두 점 $(0, 6)$, $C\left(\dfrac{120}{19}, -\dfrac{6}{19}\right)$ 사이의 거리와 같으므로

$$\sqrt{\left(\frac{120}{19}-0\right)^2+\left(-\frac{6}{19}-6\right)^2}=\sqrt{2\times\left(\frac{120}{19}\right)^2}=\frac{120\sqrt{2}}{19}$$

따라서 구하는 직사각형의 넓이는

$$\sqrt{2}\times\frac{120\sqrt{2}}{19}=\frac{240}{19}$$

해설 특강 ✏️

why? ❶ 두 초점이 x축 위에 있으므로 타원의 장축은 x축 위에, 단축은 y축 위에 있다.
즉, 양수 a, b에 대하여 $a>b$이다.

how? ❷ $\dfrac{25}{4(b^2+4)}+\dfrac{9}{4b^2}=1$의 양변에 $4b^2(b^2+4)$를 곱하면

$$25b^2+9(b^2+4)=4b^2(b^2+4)$$

$$4b^4-18b^2-36=0$$

$$2b^4-9b^2-18=0$$

$$(2b^2+3)(b^2-6)=0$$

$$\therefore b^2=6\ (\because b^2>0)$$

why? ❸ 직사각형 위의 점 P에 대하여 $\overline{PA}+\overline{PB}$의 값은 $P(0, 6)$일 때 최대,
$P\left(\dfrac{5}{2}, \dfrac{3}{2}\right)$일 때 최소이므로 타원의 정의에 의하여

$$2\sqrt{10}\le\overline{PA}+\overline{PB}\le 4\sqrt{10}$$

즉, 두 점 A, B를 초점으로 하는 타원의 장축의 길이가 $2\sqrt{10}$ 이상 $4\sqrt{10}$ 이하이므로 직사각형 위의 점들은 색칠한 영역(경계선 포함)에 존재해야 한다.

출제영역 쌍곡선의 접선의 방정식

쌍곡선의 접선의 방정식과 삼각형의 넓이의 비를 이용하여 쌍곡선의 주축의 길이를 구할 수 있는지를 묻는 문제이다.

그림과 같이 쌍곡선 $\dfrac{x^2}{a^2}-\dfrac{y^2}{b^2}=1$ 위의 점 $P(4, k)\,(k>0)$에서의 접선❶이 x축과 만나는 점을 Q, y축과 만나는 점을 R라 하자. 점 $S(4, 0)$에 대하여 삼각형 QOR의 넓이를 A_1, 삼각형 PRS의 넓이를 A_2라 하자. $A_1 : A_2=9 : 4$❷일 때, 이 쌍곡선의 주축의 길이는? (단, O는 원점이고, a와 b는 상수이다.)

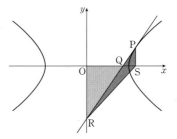

① $2\sqrt{10}$ 　　② $2\sqrt{11}$ 　　✓③ $4\sqrt{3}$
④ $2\sqrt{13}$ 　　⑤ $2\sqrt{14}$

출제코드 쌍곡선의 접선의 방정식과 접선의 x절편, y절편을 구하고, 삼각형의 넓이의 비를 이용하여 쌍곡선의 주축의 길이 구하기
❶ 쌍곡선 위의 점에서 그은 접선의 방정식을 구한다.
❷ 두 삼각형의 넓이 A_1, A_2의 값을 구하여 조건을 만족시키는 쌍곡선의 주축의 길이를 구한다.

해설 **｜1단계｜** 점 P에서 그은 쌍곡선의 접선의 방정식 구하기

점 $P(4, k)$는 쌍곡선 $\dfrac{x^2}{a^2}-\dfrac{y^2}{b^2}=1$ 위의 점이므로

$$\frac{16}{a^2}-\frac{k^2}{b^2}=1 \qquad \cdots\cdots ㉠$$

점 $P(4, k)$에서 쌍곡선에 그은 접선의 방정식은

$$\frac{4x}{a^2}-\frac{ky}{b^2}=1$$

｜2단계｜ 두 점 Q, R의 좌표를 이용하여 A_1, A_2의 값 구하기

직선 $\dfrac{4x}{a^2}-\dfrac{ky}{b^2}=1$이 x축, y축과 만나는 점이 각각 Q, R이므로

$$Q\left(\frac{a^2}{4}, 0\right), R\left(0, -\frac{b^2}{k}\right)$$

삼각형 QOR의 넓이는

$$A_1=\frac{1}{2}\times\overline{OQ}\times\overline{OR}$$

$$=\frac{1}{2}\times\frac{a^2}{4}\times\left|-\frac{b^2}{k}\right|$$

$$=\frac{a^2b^2}{8k}$$

삼각형 PRS의 넓이는

$$A_2=\frac{1}{2}\times\overline{PS}\times\overline{OS}$$

$$=\frac{1}{2}\times k\times 4$$

$$=2k$$

|3단계| 주어진 조건을 이용하여 쌍곡선의 주축의 길이 구하기

$A_1 : A_2 = 9 : 4$이므로

$\dfrac{a^2b^2}{8k} : 2k = 9 : 4$, $\dfrac{a^2b^2}{2k} = 18k$

$\therefore b^2 = \dfrac{36k^2}{a^2}$ ...... ㉡

㉡을 ㉠에 대입하면

$\dfrac{16}{a^2} - \dfrac{k^2}{\dfrac{36k^2}{a^2}} = 1$, $\dfrac{16}{a^2} - \dfrac{a^2}{36} = 1$

$a^4 + 36a^2 - 576 = 0$, $(a^2+48)(a^2-12) = 0$

$\therefore a^2 = 12 \ (\because a^2 > 0)$

따라서 쌍곡선의 주축의 길이는 $4\sqrt{3}$이다. **why? ❶**

> 📝 **해설특강**
>
> **why? ❶** a를 양수라 할 때, $a^2 = 12$에서 $a = 2\sqrt{3}$이므로 쌍곡선의 주축의 길이는
> $2a = 4\sqrt{3}$

---

3 2017학년도 수능 가 19 [정답률 71%] 변형　　**|정답 12**

> **출제영역** 포물선의 접선의 방정식 + 타원의 정의
>
> 포물선의 성질을 이용하여 포물선의 접선의 방정식을 구하고, 타원의 장축의 길이를 구할 수 있는지를 묻는 문제이다.

> 포물선 $y^2 = 4px \ (p>0)$와 직선 $x = k \ (k>0)$가 만나는 두 점을 각각 P, Q라 할 때, 포물선 위의 두 점 P, Q에서의 접선과 y축이 만나는 점을 각각 F, F′이라 하고, 두 접선의 교점을 A라 하자. **❶** $\angle PAQ = 60°$이고 $\overline{FF'} = 6$일 때, 두 점 F, F′을 초점으로 하고 두 **❷** 점 P, Q를 모두 지나는 타원의 장축의 길이는 $a + b\sqrt{3}$이다. 자연 **❸** 수 a, b에 대하여 $a + b$의 값을 구하시오. 12
> (단, p, k는 상수이고, 점 P의 y좌표는 양수이다.)

> **출제코드** 포물선의 접선의 방정식을 구하고, 포물선의 대칭성, 타원의 정의 이용하기
>
> ❶ 포물선의 대칭성을 이용하여 두 점 P, Q의 관계와 점 A의 위치를 확인한다.
> ❷ 특수각의 삼각비의 값을 이용한다.
> ❸ $\overline{PF} + \overline{PF'}$ 또는 $\overline{QF} + \overline{QF'}$의 값이 필요함을 알 수 있다.

해설 **|1단계|** 점 A의 좌표를 k에 대한 식으로 나타내고, 선분 PH의 길이 구하기

포물선 $y^2 = 4px$는 x축에 대하여 대칭이므로 두 점 P, Q는 x축에 대하여 대칭이고, 두 점 P, Q에서의 접선도 x축에 대하여 대칭이므로 점 A는 x축 위의 점이다.

포물선 $y^2 = 4px$ 위의 점 P$(k, \sqrt{4pk})$에서의 접선의 방정식은

$\sqrt{4pk} \, y = 2p(x+k)$

이 직선이 x축과 만나는 점의 x좌표는

$0 = 2p(x+k)$　　$\therefore x = -k$

$\therefore$ A$(-k, 0)$

이때 원점 O에 대하여

$\overline{FO} = \overline{F'O} = \dfrac{1}{2}\overline{FF'}$

$\qquad = \dfrac{1}{2} \times 6 = 3$

$\therefore$ F$(0, 3)$, F′$(0, -3)$

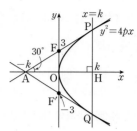

위의 그림과 같이 직선 $x = k$와 x축의 교점을 H라 하면 두 삼각형 FAO, PAH는 닮음이고 **why? ❶**

닮음비는

$\overline{FO} : \overline{PH} = \overline{AO} : \overline{AH} = 1 : 2$

$\therefore \overline{PH} = 2\overline{FO} = 2 \times 3 = 6$

|2단계| 두 선분 PF, PF′의 길이 구하기

$\angle FAO = \dfrac{1}{2} \angle FAF'$

$\qquad = \dfrac{1}{2} \times 60° = 30°$

이므로 직각삼각형 FAO에서

$\overline{AO} = \dfrac{\overline{FO}}{\tan 30°} = \dfrac{3}{\dfrac{\sqrt{3}}{3}} = 3\sqrt{3}$

$\therefore k = 3\sqrt{3}$

즉, P$(3\sqrt{3}, 6)$이므로

$\overline{PF} = \sqrt{(0-3\sqrt{3})^2 + (3-6)^2} = 6$,

$\overline{PF'} = \sqrt{(0-3\sqrt{3})^2 + (-3-6)^2} = 6\sqrt{3}$

|3단계| 타원의 정의를 이용하여 타원의 장축의 길이 구하기

타원의 정의에 의하여 타원의 장축의 길이는

$\overline{PF} + \overline{PF'} = 6 + 6\sqrt{3}$

따라서 $a = 6$, $b = 6$이므로

$a + b = 6 + 6 = 12$

> 📝 **해설특강**
>
> **why? ❶** 두 삼각형 FAO, PAH에서
> $\angle$FAO는 공통, $\angle$FOA $= \angle$PHA $= 90°$이므로
> $\triangle$FAO $\backsim \triangle$PAH (AA 닮음)

출제영역 타원의 접선의 방정식

타원 위의 점에서의 접선의 방정식을 구하고, 타원의 정의를 이용하여 삼각형의 둘레의 길이를 구할 수 있는지를 묻는 문제이다.

그림과 같이 두 점 F, F'을 초점으로 하는 타원 $\dfrac{x^2}{25}+\dfrac{y^2}{9}=1$ 위의 점 P$\left(3, \dfrac{12}{5}\right)$에서 이 타원에 접하는 직선을 l이라 하자. **점 P를 원점에 대하여 대칭이동한 점을 Q**라 하고, 직선 l과 직선 QF'이 만나는 점을 R, 점 R를 지나고 x축과 평행한 직선이 직선 QF와 만나는 점을 S라 할 때, **삼각형 QSR의 둘레의 길이**는 $\dfrac{q}{p}$이다. $p+q$의 값을 구하시오. (단, p와 q는 서로소인 자연수이다.) ❸ 913

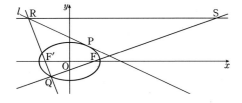

출제코드 타원 위의 점에서의 접선의 방정식을 구하고, 닮음인 두 삼각형의 닮음비 구하기

❶ 타원 위의 점에서의 접선의 방정식을 구한다.
❷ 점 (x_1, y_1)을 원점에 대하여 대칭이동한 점의 좌표는 $(-x_1, -y_1)$임을 이용한다.
❸ 삼각형 QSR와 삼각형 QFF'의 관계를 파악한다.

해설 | **1단계** | 타원 위의 점에서의 접선의 방정식 구하기

타원 $\dfrac{x^2}{25}+\dfrac{y^2}{9}=1$ 위의 점 P$\left(3, \dfrac{12}{5}\right)$에서의 접선 l의 방정식은

$$\dfrac{3}{25}x+\dfrac{4}{15}y=1$$

2단계 | 직선 QF'의 방정식을 구한 후 점 R의 x좌표 구하기

점 F의 x좌표를 c $(c>0)$라 하면

$$25-9=c^2$$

$$\therefore c=4\ (\because c>0)$$

점 Q는 점 P와 원점에 대하여 대칭이므로

$$Q\left(-3, -\dfrac{12}{5}\right)$$

F'$(-4, 0)$이므로 직선 QF'의 방정식은

$$y=\dfrac{0-\left(-\dfrac{12}{5}\right)}{-4-(-3)}\{x-(-4)\}$$

$$\therefore y=-\dfrac{12}{5}(x+4)$$

직선 l과 직선 QF'이 만나는 점 R의 x좌표는

$$\dfrac{3}{25}x+\dfrac{4}{15}\times\left\{-\dfrac{12}{5}(x+4)\right\}=1$$

$$-\dfrac{13}{25}x=\dfrac{89}{25}$$

$$\therefore x=-\dfrac{89}{13}$$

3단계 | 삼각형 QSR와 삼각형 QFF'의 닮음비를 구하고 타원의 정의를 이용하여 삼각형 QSR의 둘레의 길이 구하기

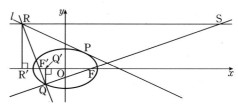

위의 그림과 같이 두 점 Q, R에서 x축에 내린 수선의 발을 각각 Q', R'이라 하면

$$\overline{Q'F'}=-3-(-4)=1$$

$$\overline{Q'R'}=-3-\left(-\dfrac{89}{13}\right)=\dfrac{50}{13}$$

두 삼각형 QFF', QSR는 닮음이고 **why? ❶**

닮음비는

$$\overline{QF'} : \overline{QR}=1 : \dfrac{50}{13}\ \text{why? ❷}$$

타원의 정의에 의하여 삼각형 QFF'의 둘레의 길이는

$$(\overline{QF'}+\overline{QF})+\overline{FF'}=(2\times5)+8=18$$

이므로 삼각형 QSR의 둘레의 길이는

$$18\times\dfrac{50}{13}=\dfrac{900}{13}$$

따라서 $p=13$, $q=900$이므로

$$p+q=13+900=913$$

해설 특강

why? ❶ 두 삼각형 QFF', QSR에서
∠F'QF는 공통, ∠QFF'=∠QSR (동위각)이므로
△QFF'∽△QSR (AA 닮음)

why? ❷

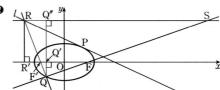

점 Q에서 직선 RS에 내린 수선의 발을 Q''이라 하면

$$\overline{Q''R}=\overline{Q'R'}=\dfrac{50}{13}$$

△QF'Q'∽△QRQ''(AA 닮음)이므로
$$\overline{QF'} : \overline{QR}=\overline{Q'F'} : \overline{Q''R}$$
$$=1 : \dfrac{50}{13}$$

5 | 정답 1

출제영역 타원의 접선의 방정식 + 쌍곡선의 접선의 방정식

타원의 접선과 쌍곡선의 접선이 수직일 때, 쌍곡선의 방정식에서 상수의 값을 구할 수 있는지를 묻는 문제이다.

타원 $\dfrac{x^2}{4}+\dfrac{y^2}{2}=1$과 쌍곡선 $\dfrac{x^2}{a^2}-\dfrac{y^2}{a^2}=1$의 교점 중 제1사분면에 있는 점을 A라 하고, 타원 $\dfrac{x^2}{4}+\dfrac{y^2}{2}=1$ 위의 점 A에서의 접선을 l_1, ❶ 쌍곡선 $\dfrac{x^2}{a^2}-\dfrac{y^2}{a^2}=1$ 위의 점 A에서의 접선을 l_2라 하자. 두 직선 ❷ l_1, l_2가 서로 수직일 때, 양수 a의 값을 구하시오. 1 ❸

출제코드 타원과 쌍곡선의 교점에서의 접선의 방정식을 각각 구하고, 두 접선이 서로 수직임을 이용하기
❶ 타원 위의 점에서의 접선의 방정식을 구한다.
❷ 쌍곡선 위의 점에서의 접선의 방정식을 구한다.
❸ 두 직선의 기울기의 곱이 -1임을 이용한다.

해설 |1단계| 점 A의 좌표를 (x_1, y_1)로 놓고 두 직선 l_1, l_2의 방정식 구하기

점 A의 좌표를 (x_1, y_1)이라 하면 $x_1>0$, $y_1>0$
└─ 점 A는 제1사분면 위의 점이다.
타원 $\dfrac{x^2}{4}+\dfrac{y^2}{2}=1$ 위의 점 $A(x_1, y_1)$에서의 접선 l_1의 방정식은

$\dfrac{x_1 x}{4}+\dfrac{y_1 y}{2}=1$

$\therefore y=-\dfrac{x_1}{2y_1}x+\dfrac{2}{y_1}$

쌍곡선 $\dfrac{x^2}{a^2}-\dfrac{y^2}{a^2}=1$ 위의 점 $A(x_1, y_1)$에서의 접선 l_2의 방정식은

$\dfrac{x_1 x}{a^2}-\dfrac{y_1 y}{a^2}=1$

$\therefore y=\dfrac{x_1}{y_1}x-\dfrac{a^2}{y_1}$

|2단계| 두 직선 l_1, l_2가 서로 수직임과 점 A가 타원 위의 점임을 이용하여 점 A의 좌표 구하기

두 직선 l_1, l_2가 서로 수직이므로

$\left(-\dfrac{x_1}{2y_1}\right)\times\dfrac{x_1}{y_1}=-1$

$\therefore x_1^2=2y_1^2$ …… ㉠

한편, 점 $A(x_1, y_1)$이 타원 $\dfrac{x^2}{4}+\dfrac{y^2}{2}=1$ 위의 점이므로

$\dfrac{x_1^2}{4}+\dfrac{y_1^2}{2}=1$ …… ㉡

㉠, ㉡을 연립하여 풀면

$x_1=\sqrt{2}$, $y_1=1$ ($\because x_1>0$, $y_1>0$)

$\therefore A(\sqrt{2}, 1)$

|3단계| 점 A가 쌍곡선 위의 점임을 이용하여 a의 값 구하기

점 $A(\sqrt{2}, 1)$이 쌍곡선 $\dfrac{x^2}{a^2}-\dfrac{y^2}{a^2}=1$ 위의 점이므로

$\dfrac{(\sqrt{2})^2}{a^2}-\dfrac{1^2}{a^2}=1$

$a^2=1$

$\therefore a=1$ ($\because a>0$)

6 | 정답 45

출제영역 포물선의 접선의 방정식 + 쌍곡선의 방정식

포물선의 접선의 방정식과 쌍곡선의 방정식, 쌍곡선의 점근선의 방정식을 이용하여 삼각형의 넓이를 구할 수 있는지를 묻는 문제이다.

포물선 $y^2=4x$ 위의 점 $A(4, 4)$에서의 접선 l과 두 초점이 F, F′인 ❶ 쌍곡선 $\dfrac{x^2}{a^2}-\dfrac{y^2}{b^2}=1$의 점근선 중 기울기가 양수인 직선이 서로 평행 ❷ 하다. 직선 l과 쌍곡선 $\dfrac{x^2}{a^2}-\dfrac{y^2}{b^2}=1$의 교점을 P라 할 때, $\overline{PF}-\overline{PF'}=4$이다. 삼각형 PF′F의 넓이를 S라 할 때, $16S^2$의 값을 구하시오. (단, $a>0$, $b>0$) 45

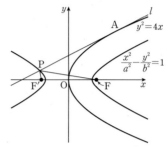

출제코드 포물선의 접선과 쌍곡선의 점근선의 기울기 비교하기
❶ 포물선 위의 점 A에서의 접선의 방정식을 구한다.
❷ 쌍곡선의 점근선의 방정식을 구하고 두 직선이 평행할 조건을 이용한다.
❸ 교점 P의 좌표를 쌍곡선의 방정식에 대입한다.

해설 |1단계| a, b의 값과 두 점 F, F′의 좌표 구하기

포물선 $y^2=4x$ 위의 점 $A(4, 4)$에서의 접선 l의 방정식은
$4y=2(x+4)$

$\therefore y=\dfrac{1}{2}x+2$ …… ㉠

쌍곡선 $\dfrac{x^2}{a^2}-\dfrac{y^2}{b^2}=1$에서 쌍곡선의 정의에 의하여

$\overline{PF}-\overline{PF'}=2a=4$ ($\because a>0$)

$\therefore a=2$

쌍곡선 $\dfrac{x^2}{4}-\dfrac{y^2}{b^2}=1$의 점근선 중 기울기가 양수인 직선의 방정식은

$y=\dfrac{b}{2}x$ ($\because b>0$) …… ㉡

두 직선 ㉠, ㉡이 서로 평행하므로

$\dfrac{1}{2}=\dfrac{b}{2}$ why? ❶

$\therefore b=1$

쌍곡선 $\dfrac{x^2}{4}-y^2=1$에서 $\sqrt{4+1}=\sqrt{5}$이므로

$F(\sqrt{5}, 0)$, $F'(-\sqrt{5}, 0)$

$\therefore \overline{FF'}=2\sqrt{5}$

|2단계| 쌍곡선과 직선 l의 교점 P의 좌표 구하기

점 P는 직선 ㉠과 쌍곡선 $\dfrac{x^2}{4}-y^2=1$의 교점이므로

㉠을 $\dfrac{x^2}{4}-y^2=1$에 대입하면

$$\frac{x^2}{4}-\left(\frac{1}{2}x+2\right)^2=1$$

$$-2x-4=1$$

$$\therefore x=-\frac{5}{2}$$

$x=-\dfrac{5}{2}$를 ㉠에 대입하면

$$y=\frac{1}{2}\times\left(-\frac{5}{2}\right)+2=\frac{3}{4}$$

$$\therefore \mathrm{P}\left(-\frac{5}{2},\ \frac{3}{4}\right)$$

|3단계| 삼각형 PF′F의 넓이 구하기

따라서 삼각형 PF′F의 넓이 S는

$$S=\frac{1}{2}\times\overline{\mathrm{FF'}}\times(\text{점 P의 }y\text{좌표})$$

$$=\frac{1}{2}\times2\sqrt{5}\times\frac{3}{4}=\frac{3\sqrt{5}}{4}$$

$$\therefore 16S^2=16\times\left(\frac{3\sqrt{5}}{4}\right)^2=45$$

해설특강

why?❶ 두 직선 $y=ax+b$, $y=a'x+b'$에 대하여

(1) 두 직선이 서로 평행하다.

　→ $a=a'$, $b\neq b'$

(2) 두 직선이 서로 수직이다.

　→ $aa'=-1$

---

03 평면벡터의 연산과 크기

본문 21쪽

기출예시 1 | 정답 ①

$-\overrightarrow{\mathrm{OX}}=\overrightarrow{\mathrm{OZ}}$라 하면 점 Z가 존재하는 영역은 오른쪽 그림과 같다.

$$\overrightarrow{\mathrm{OP}}=\overrightarrow{\mathrm{OY}}-\overrightarrow{\mathrm{OX}}=\overrightarrow{\mathrm{OY}}+\overrightarrow{\mathrm{OZ}}$$

이므로 벡터 $\overrightarrow{\mathrm{OZ}}$의 시점 O를 점 Y가 존재하는 영역의 모든 점으로 평행이동하면 점 P가 존재하는 영역 R는 다음 그림의 색칠한 부분(경계선 포함)이다.

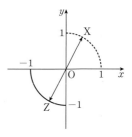

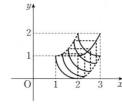 →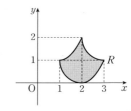

점 O에서 영역 R 위의 점 P까지의 거리는 P(3, 1)일 때 최대이므로 $\overrightarrow{\mathrm{OP}}$의 길이의 최댓값은

$$M=\sqrt{3^2+1^2}=\sqrt{10}$$

또, 원 $(x-2)^2+(y-1)^2=1$의 중심을 C라 할 때, 점 O에서 영역 R 위의 점 P까지의 거리는 점 P가 선분 OC와 원 $(x-2)^2+(y-1)^2=1$의 교점일 때 최소이므로 $\overrightarrow{\mathrm{OP}}$의 길이의 최솟값은

$$m=\overline{\mathrm{OC}}-1=\sqrt{2^2+1^2}-1=\sqrt{5}-1$$

$$\therefore M^2+m^2=(\sqrt{10})^2+(\sqrt{5}-1)^2=16-2\sqrt{5}$$

참고 중심이 C이고 반지름의 길이가 r인 원 밖의 한 점 O와 원 위의 점 P에 대하여

(1) 선분 OP의 길이는 선분 OP가 원의 중심 C를 지날 때 최대가 된다.

　⇨ $\overline{\mathrm{OP}}$의 길이의 최댓값은 $\overline{\mathrm{OC}}+r$

(2) 선분 OP의 길이는 점 P가 선분 OC 위에 있을 때 최소가 된다.

　⇨ $\overline{\mathrm{OP}}$의 길이의 최솟값은 $\overline{\mathrm{OC}}-r$

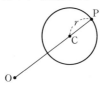 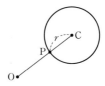

$\overline{\mathrm{OP}}$의 길이가 최대　　$\overline{\mathrm{OP}}$의 길이가 최소

1등급 완성 **3단계** 문제연습

본문 22~24쪽

| **1** 53 | **2** ③ | **3** ⑤ | **4** 72 |
| **5** ① | **6** ② | | |

출제영역 평면벡터의 연산
평면벡터의 연산을 이용하여 평면벡터의 종점이 나타내는 영역의 넓이를 구할 수 있는지를 묻는 문제이다.

> 좌표평면에서 넓이가 9인 삼각형 ABC의 세 변 AB, BC, CA 위를 움직이는 점을 각각 P, Q, R라 할 때,
>
> $$\overrightarrow{AX}=\frac{1}{4}(\overrightarrow{AP}+\overrightarrow{AR})+\frac{1}{2}\overrightarrow{AQ}$$ ❶ ❷
>
> 를 만족시키는 점 X가 나타내는 영역의 넓이가 $\frac{q}{p}$이다. $p+q$의 값을 구하시오. (단, p와 q는 서로소인 자연수이다.) 53

출제코드 두 벡터의 합의 종점이 존재하는 영역 찾기

❶ $\overrightarrow{AB}$, $\overrightarrow{AC}$의 사등분점 중 점 A에 가장 가까운 점을 각각 D, G라 할 때, 벡터 $\frac{1}{4}(\overrightarrow{AP}+\overrightarrow{AR})$의 종점이 존재하는 영역은 $\overline{AD}$, $\overline{AG}$를 두 변으로 하는 평행사변형이다.

❷ 벡터 $\frac{1}{2}\overrightarrow{AQ}$의 종점이 존재하는 영역은 $\overline{AB}$, $\overline{AC}$의 중점을 연결한 선분이다.

해설 |1단계| 벡터 $\frac{1}{4}(\overrightarrow{AP}+\overrightarrow{AR})$의 종점이 존재하는 영역 찾기

오른쪽 그림과 같이 선분 AB를 사등분하는 세 점을 점 A에 가까운 순서대로 D, E, F라 하고, 선분 AC를 사등분하는 세 점을 점 A에 가까운 순서대로 G, H, I라 하자. 선분 EH의 중점을 J라 하고,

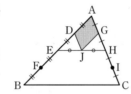

$$\frac{1}{4}(\overrightarrow{AP}+\overrightarrow{AR})=\frac{1}{4}\overrightarrow{AP}+\frac{1}{4}\overrightarrow{AR}$$
$$=\overrightarrow{AS}$$

라 하면 점 S가 존재하는 영역은 평행사변형 ADJG의 내부(경계선 포함)이다. **why?** ❶

|2단계| 벡터 $\frac{1}{2}\overrightarrow{AQ}$의 종점이 존재하는 영역 찾기

점 Q는 선분 BC 위를 움직이는 점이므로

$$\frac{1}{2}\overrightarrow{AQ}=\overrightarrow{AT}$$

라 하면 점 T가 존재하는 영역은 선분 EH이다.

|3단계| 벡터 $\overrightarrow{AX}=\frac{1}{4}(\overrightarrow{AP}+\overrightarrow{AR})+\frac{1}{2}\overrightarrow{AQ}$의 종점 X가 존재하는 영역 찾기

$$\overrightarrow{AX}=\frac{1}{4}(\overrightarrow{AP}+\overrightarrow{AR})+\frac{1}{2}\overrightarrow{AQ}$$
$$=\overrightarrow{AS}+\overrightarrow{AT}$$

이므로 벡터 $\overrightarrow{AS}$의 시점 A를 점 T가 존재하는 영역인 선분 EH 위의 모든 점으로 평행이동하면 점 X가 존재하는 영역은 다음 그림의 육각형 EFKMIH의 내부(경계선 포함)이다. **why?** ❷

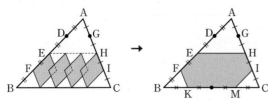

따라서 점 X가 나타내는 영역의 넓이는

$$\triangle ABC-\triangle AEH-\triangle FBK-\triangle IMC=9-\frac{9}{4}-\frac{9}{16}-\frac{9}{16} \text{ how?} ❸$$
$$=\frac{45}{8}$$

이므로 $p=8$, $q=45$

∴ $p+q=8+45=53$

해설특강 ✎

why? ❶ 점 P는 선분 AB 위의 점이므로 벡터 $\frac{1}{4}\overrightarrow{AP}$의 종점은 선분 AD 위에 있다.

또, 점 R는 선분 CA 위의 점이므로 벡터 $\frac{1}{4}\overrightarrow{AR}$의 종점은 선분 AG 위에 있다.

따라서 벡터 $\overrightarrow{AS}=\frac{1}{4}\overrightarrow{AP}+\frac{1}{4}\overrightarrow{AR}$의 종점 S가 존재하는 영역은 두 선분 AD, AG를 이웃한 두 변으로 하는 평행사변형 ADJG의 내부(경계선 포함)이다.

why? ❷

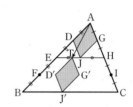

위의 그림과 같이 평행사변형 ADJG를 꼭짓점 A가 점 T와 일치하도록 평행이동한 평행사변형을 TD′J′G′이라 하자.
점 S가 점 A에 있을 때
$$\overrightarrow{AX}=\overrightarrow{AS}+\overrightarrow{AT}=\overrightarrow{AA}+\overrightarrow{AT}=\overrightarrow{AT}$$
점 S가 점 D에 있을 때
$$\overrightarrow{AX}=\overrightarrow{AS}+\overrightarrow{AT}=\overrightarrow{AD}+\overrightarrow{AT}=\overrightarrow{AD'}$$
점 S가 점 J에 있을 때
$$\overrightarrow{AX}=\overrightarrow{AS}+\overrightarrow{AT}=\overrightarrow{AJ}+\overrightarrow{AT}=\overrightarrow{AJ'}$$
점 S가 점 G에 있을 때
$$\overrightarrow{AX}=\overrightarrow{AS}+\overrightarrow{AT}=\overrightarrow{AG}+\overrightarrow{AT}=\overrightarrow{AG'}$$
즉, 벡터 $\overrightarrow{AX}$의 종점 X가 존재하는 영역은 평행사변형 TD′J′G′의 내부(경계선 포함)이다.
따라서 점 T가 선분 EH를 따라 점 E에서 점 H까지 움직일 때, 점 X가 나타내는 평행사변형은 EFKL에서 HNMI까지 움직이므로 점 X가 나타내는 영역은 다음 그림과 같이 육각형 EFKMIH의 내부(경계선 포함)이다.

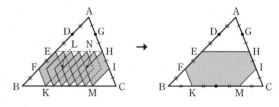

how? ❸ △ABC∽△AEH∽△FBK∽△IMC (SAS 닮음)이고
$\overline{AB}:\overline{AE}=2:1$이므로 △ABC:△AEH=4:1

∴ $\triangle AEH=\frac{1}{4}\triangle ABC=\frac{1}{4}\times9=\frac{9}{4}$

$\overline{AB}:\overline{FB}=4:1$이므로 △ABC:△FBK=16:1

∴ $\triangle FBK=\frac{1}{16}\triangle ABC=\frac{1}{16}\times9=\frac{9}{16}$

$\overline{AC}:\overline{IC}=4:1$이므로 △ABC:△IMC=16:1

∴ $\triangle IMC=\frac{1}{16}\triangle ABC=\frac{1}{16}\times9=\frac{9}{16}$

평면벡터의 연산을 이용하여 두 벡터의 합의 크기의 최댓값이 5일 조건을 찾을 수 있는지를 묻는 문제이다.

좌표평면 위에 두 점 A(3, 0), B(0, 3)과 직선 $x=1$ 위의 점 P(1, a)가 있다. 점 Q가 중심각의 크기가 $\dfrac{\pi}{2}$인 부채꼴 OAB의 호 **❷**
AB 위를 움직일 때 $|\overrightarrow{OP}+\overrightarrow{OQ}|$의 최댓값을 $f(a)$라 하자. $f(a)=5$ **❷**
가 되도록 하는 모든 실수 a의 값의 곱은? (단, O는 원점이다.)

① $-5\sqrt{3}$　　　② $-4\sqrt{3}$　　　✓③ $-3\sqrt{3}$

④ $-2\sqrt{3}$　　　⑤ $-\sqrt{3}$

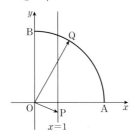

출제코드 두 벡터의 합의 크기가 최대일 조건 찾기

❶ $a\geq0$, $a<0$일 때로 나누어 $|\overrightarrow{OP}+\overrightarrow{OQ}|$의 값과 ∠QOP의 크기 사이의 관계를 찾는다.

❷ $a\geq0$, $a<0$일 때로 나누어 $f(a)$를 구하고 $f(a)=5$인 a의 값을 구한다.

해설 |**1단계**| $a\geq0$일 때, $|\overrightarrow{OP}+\overrightarrow{OQ}|$의 값이 최대일 조건 구하기

$a\geq0$일 때, $|\overrightarrow{OP}+\overrightarrow{OQ}|$의 값은 ∠QOP의 크기가 가장 작을 때, 즉
∠QOP=0°일 때 최대이다. **why? ❶**

$|\overrightarrow{OP}|=\sqrt{1+a^2}$, $|\overrightarrow{OQ}|=3$이므로

$|\overrightarrow{OP}+\overrightarrow{OQ}|\leq|\overrightarrow{OP}|+|\overrightarrow{OQ}|=\sqrt{a^2+1}+3$

$\therefore f(a)=\sqrt{a^2+1}+3$

$f(a)=5$에서 $\sqrt{a^2+1}+3=5$

$\sqrt{a^2+1}=2$, $a^2+1=4$

$a^2=3$　$\therefore a=\sqrt{3}\ (\because a\geq0)$

|**2단계**| $a<0$일 때, $|\overrightarrow{OP}+\overrightarrow{OQ}|$의 값이 최대일 조건 구하기

$a<0$일 때, $|\overrightarrow{OP}+\overrightarrow{OQ}|$의 값은 ∠QOP의 크기가 가장 작을 때, 즉
Q(3, 0)일 때 최대이다. **why? ❷**

이때 다음 그림과 같이 $\overrightarrow{OP}+\overrightarrow{OQ}=\overrightarrow{OR}$라 하고 직선 PR와 y축의 교점을 H라 하면

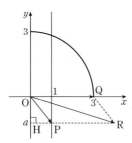

$\overline{HR}=\overline{HP}+\overline{PR}=\overline{HP}+\overline{OQ}$

$\qquad=1+3=4$

이므로 R(4, a)

$\therefore \overline{OR}=\sqrt{4^2+a^2}=\sqrt{a^2+16}$

$\therefore f(a)=|\overrightarrow{OP}+\overrightarrow{OQ}|$

$\qquad=|\overrightarrow{OR}|$

$\qquad=\sqrt{a^2+16}$

$f(a)=5$에서 $\sqrt{a^2+16}=5$

$a^2+16=25$, $a^2=9$

$\therefore a=-3\ (\because a<0)$

|**3단계**| 모든 실수 a의 값의 곱 구하기

따라서 구하는 모든 실수 a의 값의 곱은

$\sqrt{3}\times(-3)=-3\sqrt{3}$

해설특강

why? ❶ 음이 아닌 실수 a에 대하여 점 P(1, a)를 고정했을 때, $|\overrightarrow{OQ}|=3$으로 일정하므로 $|\overrightarrow{OP}+\overrightarrow{OQ}|$의 값은 다음 그림과 같이 ∠QOP의 크기가 작을수록 크다.

→ $|\overrightarrow{OP}+\overrightarrow{OQ}|$의 값은 ∠QOP=0°일 때 최대이다.

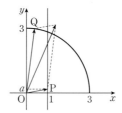 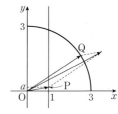

why? ❷ 음의 실수 a에 대하여 점 P(1, a)를 고정했을 때, ∠QOP의 크기가 최소이려면 다음 그림과 같이 Q(3, 0)이어야 한다.

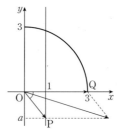 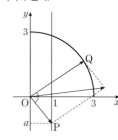

출제영역 평면벡터의 연산

벡터의 연산으로 주어진 관계식을 만족시키는 점에 대한 명제의 참, 거짓을 판별할 수 있는지를 묻는 문제이다.

0이 아닌 실수 a에 대하여 넓이가 3인 삼각형 ABC의 내부의 점 P가

$$2\overrightarrow{PA}+4\overrightarrow{PC}=a\overrightarrow{BC}$$

를 만족시킬 때, 〈보기〉에서 옳은 것만을 있는 대로 고른 것은?

┤ 보기 ├

ㄱ. 점 P를 지나고 직선 BC에 평행한 직선과 선분 AC가 만나는
　　점은 선분 AC를 2 : 1로 내분한다. ❶

ㄴ. 삼각형 PBC의 넓이는 실수 a의 값에 관계없이 항상 1이다. ❷

ㄷ. $0 < \triangle\text{APC} < \dfrac{4}{3}$를 만족시키는 실수 a의 값의 범위는 ❸

　　$0 < a < \dfrac{8}{3}$이다.

① ㄱ　　　　　② ㄴ　　　　　③ ㄱ, ㄴ

④ ㄱ, ㄷ　　✔⑤ ㄱ, ㄴ, ㄷ

출제코드 $2\overrightarrow{PA}+4\overrightarrow{PC}=a\overrightarrow{BC}$를 만족시키는 점 P가 나타내는 도형 구하기

❶ $\overrightarrow{PQ}=\dfrac{\overrightarrow{PA}+2\overrightarrow{PC}}{3}$라 하면 점 Q는 선분 AC를 2 : 1로 내분한다.

❷ 삼각형 PBC와 삼각형 ABC의 높이의 비를 이용하여 삼각형 PBC의 넓이를 구한다.

❸ 점 P를 지나고 선분 BC에 평행한 직선이 선분 AB와 만나는 점을 R라 하면 삼각형 ARC의 넓이를 이용하여 삼각형 APC의 넓이를 나타낼 수 있다.

해설　**|1단계|** ㄱ의 참, 거짓 판별하기

ㄱ. $2\overrightarrow{PA}+4\overrightarrow{PC}=a\overrightarrow{BC}$에서

$$\frac{\overrightarrow{PA}+2\overrightarrow{PC}}{3}=\frac{a}{6}\overrightarrow{BC}$$

$\dfrac{\overrightarrow{PA}+2\overrightarrow{PC}}{3}=\overrightarrow{PQ}$라 하면 점 Q는 선분 AC를 2 : 1로 내분하는

점이다.

또, $\overrightarrow{PQ}=\dfrac{a}{6}\overrightarrow{BC}$이므로 $\overrightarrow{PQ}\,/\!/\,\overrightarrow{BC}$

따라서 점 P를 지나고 직선 BC에 평행한 직선과 선분 AC가 만나는 점은 선분 AC를 2 : 1로 내분한다. (참) **why? ❶**

|2단계| ㄴ의 참, 거짓 판별하기

ㄴ. 오른쪽 그림과 같이 직선 PQ가 선분

AB와 만나는 점을 R라 하면 두 삼

각형 ARQ, ABC는 서로 닮음이고,

닮음비는

$\overline{AQ} : \overline{AC}=2 : 3$

직선 AP가 선분 BC와 만나는 점을

S라 하면 두 삼각형 PBC, ABC는 밑변 BC를 공유하고,

$\overline{PS} : \overline{AS}=1 : 3$이므로

$$\triangle\text{PBC}=\frac{1}{3}\triangle\text{ABC}$$

$$=\frac{1}{3}\times3=1 \text{ (참) } \textbf{why? ❷}$$

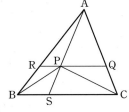

|3단계| ㄷ의 참, 거짓 판별하기

ㄷ. 두 벡터 $\overrightarrow{PQ}$, $\overrightarrow{BC}$의 방향이 서로 같으므로

$$\overrightarrow{PQ}=\frac{a}{6}\overrightarrow{BC}$$에서

$a>0$　　⋯⋯ ㉠

두 삼각형 ARC, APC는 밑변 AC

를 공유하고 세 점 R, P, Q가 한 직

선 위에 있으므로

$\triangle\text{ARC} : \triangle\text{APC}$

$=\overline{RQ} : \overline{PQ}$

$=\dfrac{2}{3}\overrightarrow{BC} : \dfrac{a}{6}\overrightarrow{BC}$

$=4 : a$

이때 $\overline{AR} : \overline{AB}=2 : 3$에서

$\triangle\text{ARC}=\dfrac{2}{3}\triangle\text{ABC}=\dfrac{2}{3}\times3=2$

이므로

$2 : \triangle\text{APC}=4 : a$

$4\triangle\text{APC}=2a$

$\therefore \triangle\text{APC}=\dfrac{a}{2}$

즉, $0 < \triangle\text{APC} < \dfrac{4}{3}$에서 $0 < \dfrac{a}{2} < \dfrac{4}{3}$이므로

$0 < a < \dfrac{8}{3}$　　⋯⋯ ㉡

㉠, ㉡에서 $0 < a < \dfrac{8}{3}$ (참)

따라서 ㄱ, ㄴ, ㄷ 모두 옳다.

해설특강

why? ❶ 선분 AC를 2 : 1로 내분하는 점 Q에 대하여 직선 PQ는 선분 BC와 평행하므로 역으로 점 P를 지나고 선분 BC에 평행한 직선이 선분 AC와 만나는 점은 Q이다.

why? ❷ 직선 AP가 선분 BC와 이루는 각의 크기를 θ라 하면
(삼각형 PBC의 높이)$=\overline{PS}\sin\theta$
(삼각형 ABC의 높이)$=\overline{AS}\sin\theta$
즉,
$\triangle\text{PBC} : \triangle\text{ABC}=\overline{PS}\sin\theta : \overline{AS}\sin\theta$
$=\overline{PS} : \overline{AS}$
$=1 : 3$
이므로 $\triangle\text{PBC}=\dfrac{1}{3}\triangle\text{ABC}$

출제영역 평면벡터의 연산

평면벡터의 연산을 이용하여 평면벡터의 종점이 나타내는 영역의 넓이를 구할 수 있는지를 묻는 문제이다.

좌표평면 위의 두 점 $P(x_1, y_1)$, $Q(x_2, y_2)$가 다음 조건을 만족시킨다.

> (가) $x_1^2 + y_1^2 = 4^2$, $x_1 \geq 0$, $0 \leq y_1 \leq 2\sqrt{3}$ ❶
> (나) $x_2 = 2$, $-2 \leq y_2 \leq 2$ ❷

선분 OP 위를 움직이는 점 X에 대하여 점 Y는
$$\overrightarrow{OY} = 3\overrightarrow{OX} + \overrightarrow{OQ}$$ ❸
를 만족시킨다. 점 Y가 이루는 영역의 넓이를 $a + b\pi$라 할 때, $a + b$의 값을 구하시오. (단, a, b는 정수이고, O는 원점이다.) **72**

출제코드 두 벡터의 합의 종점이 존재하는 영역 찾기

❶ 점 P는 원점을 중심으로 하고 반지름의 길이가 4인 원 위의 점 중 x좌표가 0 이상이고 y좌표가 0 이상 $2\sqrt{3}$ 이하인 점이다.
❷ 점 Q는 직선 $x = 2$ 위의 점 중 y좌표가 -2 이상 2 이하인 점이다.
❸ 벡터 $\overrightarrow{OY}$의 종점은 벡터 $3\overrightarrow{OX}$의 시점이 점 Q가 되도록 평행이동하였을 때의 종점과 같다.

해설 **|1단계|** 두 점 P와 Q가 존재하는 영역 찾기

조건 (가)에서 점 P는 원점을 중심으로 하고 반지름의 길이가 4인 원 위의 점 중 x좌표가 양수이고 y좌표가 0 이상 $2\sqrt{3}$ 이하인 점이므로 점 P는 제1사분면 위의 원점을 중심으로 하고 반지름의 길이가 4, 중심각의 크기가 $\dfrac{\pi}{3}$인 부채꼴의 호 위의 점이다.

또, 조건 (나)에서 점 Q는 선분 $x = 2$ ($-2 \leq y \leq 2$) 위의 점이다.
따라서 두 점 P, Q가 나타내는 도형은 다음 그림과 같다.

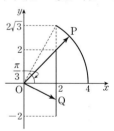

|2단계| 벡터 $3\overrightarrow{OX}$의 종점이 존재하는 영역 찾기

점 X는 선분 OP 위를 움직이는 점이므로 $\overrightarrow{OX'} = 3\overrightarrow{OX}$라 하면 점 X′이 존재하는 영역은 원점을 중심으로 하고 반지름의 길이가 12, 중심각의 크기가 $\dfrac{\pi}{3}$인 제1사분면 위의 부채꼴의 내부(경계선 포함)이다.
벡터 $\overrightarrow{OX'}$의 시점 O를 점 Q가 존재하는 영역인 선분 $x = 2$ ($-2 \leq y \leq 2$) 위의 모든 점으로 평행이동하면 $\overrightarrow{OY} = \overrightarrow{OX'} + \overrightarrow{OQ}$를 만족시키는 점 Y가 존재하는 영역은 다음 그림과 같다. **why?** ❶

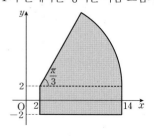

|3단계| 벡터 $\overrightarrow{OY}$의 종점이 존재하는 영역의 넓이 구하기

벡터 $\overrightarrow{OY}$의 종점이 존재하는 영역은 반지름의 길이가 12이고 중심각의 크기가 $\dfrac{\pi}{3}$인 부채꼴과 가로, 세로의 길이가 각각 12, 4인 직사각형으로 이루어져 있으므로 그 넓이는
$$12 \times 4 + \frac{1}{2} \times 12^2 \times \frac{\pi}{3} = 48 + 24\pi$$
따라서 $a = 48$, $b = 24$이므로
$$a + b = 48 + 24 = 72$$

해설특강

why? ❶ 벡터 $\overrightarrow{OX'}$의 시점 O를 점 Q가 존재하는 영역인 선분 $x = 2$ ($-2 \leq y \leq 2$) 위의 모든 점으로 평행이동하면 점 O가 선분 AB를 따라 점 A에서 점 B까지 움직일 때, 점 Y가 나타내는 영역은 다음 그림과 같다.

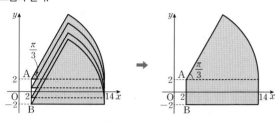

출제영역 평면벡터의 연산

벡터의 종점이 나타내는 도형의 넓이가 주어졌을 때 조건을 만족시키는 미지수를 구할 수 있는지를 묻는 문제이다.

좌표평면 위의 두 점 $A(-4, 0)$, $B(0, 4)$와 직선 $y = -1$ 위의 점 $P(a, -1)$에 대하여 삼각형 APB의 변 AP 위를 움직이는 점을 Q, 변 BP 위를 움직이는 점을 R라 하자. $\overrightarrow{OX} = \overrightarrow{AR} + \overrightarrow{BQ}$를 만족 ❷ 시키는 점 X가 나타내는 도형의 넓이가 24가 되도록 하는 모든 실수 a의 값의 합은? (단, $a \neq -5$이고, O는 원점이다.)

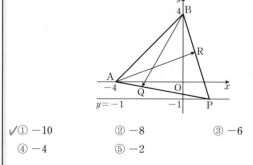

✓① -10　　　　② -8　　　　③ -6
④ -4　　　　⑤ -2

출제코드 두 벡터의 합의 종점이 존재하는 영역 찾기

❶ 두 벡터 $\overrightarrow{AR}$, $\overrightarrow{BQ}$를 선분 AB의 중점 C를 이용하여 나타낸다.
❷ $\overrightarrow{OX} = \overrightarrow{AR} + \overrightarrow{BQ} = \overrightarrow{CY}$라 할 때, 점 Y가 존재하는 영역의 넓이는 점 X가 존재하는 영역의 넓이와 같다.

해설 |**1단계**| 벡터 $\overrightarrow{\text{OX}}$를 시점이 동일한 두 벡터의 합으로 나타내기

선분 AB의 중점을 C라 하면

$\overrightarrow{\text{OX}}=\overrightarrow{\text{AR}}+\overrightarrow{\text{BQ}}$

$\quad=(\overrightarrow{\text{CR}}-\overrightarrow{\text{CA}})+(\overrightarrow{\text{CQ}}-\overrightarrow{\text{CB}})$

$\quad=(\overrightarrow{\text{CR}}+\overrightarrow{\text{CQ}})-(\overrightarrow{\text{CA}}+\overrightarrow{\text{CB}})$

$\quad=\overrightarrow{\text{CR}}+\overrightarrow{\text{CQ}}\ (\because \overrightarrow{\text{CA}}+\overrightarrow{\text{CB}}=\vec{0})$ **why? ❶**

|**2단계**| 벡터 $\overrightarrow{\text{OX}}$의 종점이 존재하는 영역 찾기

$\overrightarrow{\text{CR}}+\overrightarrow{\text{CQ}}=\overrightarrow{\text{CY}}$라 하면 $\overrightarrow{\text{OX}}=\overrightarrow{\text{CY}}$

$\overrightarrow{\text{CY}}=\overrightarrow{\text{CR}}+\overrightarrow{\text{CQ}}$이므로 벡터 $\overrightarrow{\text{CQ}}$의 시점 C를 벡터 $\overrightarrow{\text{CR}}$의 종점 R가 존재하는 영역인 선분 BP 위의 모든 점으로 평행이동하면 점 Y가 존재하는 영역은 다음 그림의 평행사변형 CDEF의 내부(경계선 포함)이다. **why? ❷, ❸**

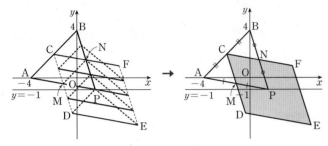

|**3단계**| 점 X가 나타내는 도형의 넓이를 a에 대한 식으로 나타내기

$\overrightarrow{\text{OX}}=\overrightarrow{\text{CY}}$이므로 점 X가 존재하는 영역의 넓이는 점 Y가 존재하는 영역의 넓이와 같다. 즉, 평행사변형 CDEF의 넓이를 구하면 된다.

두 점 A$(-4, 0)$, B$(0, 4)$에 대하여 $\overline{\text{AB}}=4\sqrt{2}$이고, 직선 AB의 방정식은

$y=x+4$

점 P$(a, -1)$과 직선 $y=x+4$, 즉 $x-y+4=0$ 사이의 거리는

$\dfrac{|a-(-1)+4|}{\sqrt{1^2+(-1)^2}}=\dfrac{|a+5|}{\sqrt{2}}$

$\therefore \triangle \text{APB}=\dfrac{1}{2}\times 4\sqrt{2}\times \dfrac{|a+5|}{\sqrt{2}}=2|a+5|$

따라서 평행사변형 CDEF의 넓이는

$2\triangle \text{APB}=2\times 2|a+5|=4|a+5|$ **why? ❹**

|**4단계**| 모든 실수 a의 값의 합 구하기

점 X가 나타내는 도형의 넓이가 24이므로

$4|a+5|=24$, $|a+5|=6$

$a+5=6$ 또는 $a+5=-6$

$\therefore a=1$ 또는 $a=-11$

따라서 모든 실수 a의 값의 합은

$1+(-11)=-10$

다른 풀이 $\overrightarrow{\text{OX}}=\overrightarrow{\text{AR}}+\overrightarrow{\text{BQ}}$에서

$\overrightarrow{\text{AX}}-\overrightarrow{\text{AO}}=\overrightarrow{\text{AR}}+(\overrightarrow{\text{AQ}}-\overrightarrow{\text{AB}})$

$\overrightarrow{\text{AX}}=\overrightarrow{\text{AR}}+\overrightarrow{\text{AQ}}-\overrightarrow{\text{AB}}+\overrightarrow{\text{AO}}$

$\therefore \overrightarrow{\text{AX}}=\overrightarrow{\text{AR}}+\overrightarrow{\text{AQ}}+\overrightarrow{\text{BO}}$

이때 $\overrightarrow{\text{AZ}}=\overrightarrow{\text{AR}}+\overrightarrow{\text{AQ}}$라 하면

$\overrightarrow{\text{AX}}=\overrightarrow{\text{AZ}}+\overrightarrow{\text{BO}}$

이고, 벡터 $\overrightarrow{\text{BO}}$는 고정된 벡터이므로 점 X가 존재하는 영역의 넓이는 점 Z가 존재하는 영역의 넓이와 같다.

$\overrightarrow{\text{AZ}}=\overrightarrow{\text{AR}}+\overrightarrow{\text{AQ}}$이므로 벡터 $\overrightarrow{\text{AQ}}$의 시점 A를 벡터 $\overrightarrow{\text{AR}}$의 종점 R가 존재하는 영역인 선분 BP 위의 모든 점으로 평행이동하면 점 Z가 존재하는 영역은 다음 그림의 평행사변형 BPST의 내부(경계선 포함)이다.

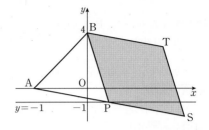

평행사변형 BPST의 넓이는

$2\triangle \text{APB}=4|a+5|$

이므로

$4|a+5|=24$

$\therefore a=1$ 또는 $a=-11$

따라서 모든 실수 a의 값의 합은

$1+(-11)=-10$

해설특강 ✏️

why? ❶ 선분 AB의 중점 C에 대하여 두 벡터 $\overrightarrow{\text{CA}}, \overrightarrow{\text{CB}}$는 크기가 같고 방향이 반대이므로 $\overrightarrow{\text{CA}}+\overrightarrow{\text{CB}}=\vec{0}$이다.

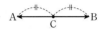

why? ❷ 삼각형 CAP의 꼭짓점 C가 점 B에 겹쳐지도록 삼각형을 평행이동한 후, 점 C를 점 B에서 점 P까지 움직일 때 선분 AP가 나타내는 도형을 찾으면 된다.

why? ❸ 점 Y가 존재하는 영역을 다음과 같이 구할 수도 있다.

　(i) 점 Q가 점 A에 있을 때
　　$\overrightarrow{\text{CY}}=\overrightarrow{\text{CR}}+\overrightarrow{\text{CQ}}=\overrightarrow{\text{CR}}+\overrightarrow{\text{CA}}$
　　이고, 이때 선분 BP 위의 점 R가 점 B에서 점 P로 움직이면 벡터 $\overrightarrow{\text{CY}}$의 종점 Y는 선분 CD를 따라 점 C에서 점 D까지 이동한다.

　(ii) 점 R가 점 B에 있을 때
　　$\overrightarrow{\text{CY}}=\overrightarrow{\text{CR}}+\overrightarrow{\text{CQ}}=\overrightarrow{\text{CB}}+\overrightarrow{\text{CQ}}$
　　이고, 이때 선분 AP 위의 점 Q가 점 A에서 점 P로 움직이면 벡터 $\overrightarrow{\text{CY}}$의 종점 Y는 선분 CF를 따라 점 C에서 점 F까지 이동한다.

　(iii) 두 점 Q, R가 모두 점 P에 있을 때,
　　$\overrightarrow{\text{CY}}=\overrightarrow{\text{CR}}+\overrightarrow{\text{CQ}}=\overrightarrow{\text{CP}}+\overrightarrow{\text{CP}}=2\overrightarrow{\text{CP}}=\overrightarrow{\text{CE}}$
　　이므로 벡터 $\overrightarrow{\text{CY}}$의 종점 Y는 점 E에 있다.

　(i), (ii), (iii)에서 점 Y가 존재하는 영역은 평행사변형 CDEF의 내부(경계선 포함)이다.

why? ❹ 두 삼각형 APB, DEF에서
　$\overline{\text{AP}}=\overline{\text{DE}}, \overline{\text{BP}}=\overline{\text{FE}}, \angle \text{APB}=\angle \text{DEF}$ (동위각)
　$\therefore \triangle \text{APB}\equiv \triangle \text{DEF}$ (SAS 합동)
　$\therefore \square \text{CDEF}=2\triangle \text{DEF}=2\triangle \text{APB}$

핵심 개념 점과 직선 사이의 거리 (고등 수학)

점 (x_1, y_1)과 직선 $ax+by+c=0$ 사이의 거리는

$$\dfrac{|ax_1+by_1+c|}{\sqrt{a^2+b^2}}$$

벡터에 대한 등식을 만족시키는 점이 나타내는 도형의 넓이를 구할 수 있는지를 묻는 문제이다.

좌표평면 위의 세 점 $A(0, -1)$, $B(3, 0)$, $C(1, 3)$과 두 점 P, Q가 다음 조건을 만족시킨다.

> ㈎ $x+y=1$을 만족시키는 두 실수 x, y에 대하여
> $\overrightarrow{OP}=x\overrightarrow{OA}+2y\overrightarrow{OB}$이다. **❶**
> ㈏ $3z+w=2$를 만족시키는 두 실수 z, w에 대하여
> $\overrightarrow{OQ}=z\overrightarrow{OB}+w\overrightarrow{OC}$이다. **❷**

두 점 P, Q가 각각 나타내는 도형과 x축으로 둘러싸인 부분의 넓이는? (단, O는 원점이다.)

① 1 　　✓② $\dfrac{4}{3}$ 　　③ $\dfrac{5}{3}$

④ 2 　　⑤ $\dfrac{7}{3}$

출제코드 세 점이 한 직선 위에 있을 조건을 이용하여 점이 나타내는 도형 구하기

❶ 주어진 등식에 $y=1-x$, $\overrightarrow{OB'}=2\overrightarrow{OB}$를 대입하여 점 P가 나타내는 도형의 방정식을 구한다.

❷ 주어진 등식에 $w=2-3z$, $\overrightarrow{OB''}=\dfrac{2}{3}\overrightarrow{OB}$, $\overrightarrow{OC'}=2\overrightarrow{OC}$를 대입하여 점 Q가 나타내는 도형의 방정식을 구한다.

해설 |**1단계**| **점 P가 나타내는 도형의 방정식 구하기**

조건 ㈎에서 $y=1-x$이므로
$$\overrightarrow{OP}=x\overrightarrow{OA}+2y\overrightarrow{OB}$$
$$=x\overrightarrow{OA}+2(1-x)\overrightarrow{OB}$$
이때 $\overrightarrow{OB'}=2\overrightarrow{OB}$로 놓으면
$$\overrightarrow{OP}=x\overrightarrow{OA}+(1-x)\overrightarrow{OB'}$$
$$=\overrightarrow{OB'}+x(\overrightarrow{OA}-\overrightarrow{OB'})$$
$$=\overrightarrow{OB'}+x\overrightarrow{B'A}$$
즉, $\overrightarrow{OP}-\overrightarrow{OB'}=x\overrightarrow{B'A}$이므로
$$\overrightarrow{B'P}=x\overrightarrow{B'A}$$
따라서 점 P는 직선 B'A 위의 점이다. **why? ❶**

$A(0, -1)$, $B'(6, 0)$이므로 점 P가 나타내는 직선의 방정식은
$$y-(-1)=\frac{0-(-1)}{6-0}x$$
$$\therefore y=\frac{1}{6}x-1$$

|**2단계**| **점 Q가 나타내는 도형의 방정식 구하기**

조건 ㈏에서 $w=2-3z$이므로
$$\overrightarrow{OQ}=z\overrightarrow{OB}+w\overrightarrow{OC}$$
$$=z\overrightarrow{OB}+(2-3z)\overrightarrow{OC}$$
$$=3z\left(\frac{1}{3}\overrightarrow{OB}\right)+(2-3z)\overrightarrow{OC}$$
$$=\frac{3}{2}z\left(\frac{2}{3}\overrightarrow{OB}\right)+\left(1-\frac{3}{2}z\right)(2\overrightarrow{OC})$$
이때 $\overrightarrow{OB''}=\dfrac{2}{3}\overrightarrow{OB}$, $\overrightarrow{OC'}=2\overrightarrow{OC}$로 놓으면

$$\overrightarrow{OQ}=\frac{3}{2}z\overrightarrow{OB''}+\left(1-\frac{3}{2}z\right)\overrightarrow{OC'}$$
$$=\overrightarrow{OC'}+\frac{3}{2}z(\overrightarrow{OB''}-\overrightarrow{OC'})$$
$$=\overrightarrow{OC'}+\frac{3}{2}z\overrightarrow{C'B''}$$
즉, $\overrightarrow{OQ}-\overrightarrow{OC'}=\dfrac{3}{2}z\overrightarrow{C'B''}$이므로
$$\overrightarrow{C'Q}=\frac{3}{2}z\overrightarrow{C'B''}$$
따라서 점 Q는 직선 C'B'' 위의 점이다.
$B''(2, 0)$, $C'(2, 6)$이므로 점 Q가 나타내는 직선의 방정식은
$$x=2$$

|**3단계**| **두 점 P, Q가 각각 나타내는 도형과 x축으로 둘러싸인 도형의 넓이 구하기**

오른쪽 그림과 같이 두 직선
$y=\dfrac{1}{6}x-1$, $x=2$와 x축으로 둘러싸
인 부분의 넓이는
$$\frac{1}{2}\times(6-2)\times\frac{2}{3}=\frac{4}{3}$$

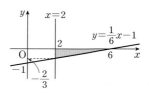

해설특강 ✎

why? ❶ 서로 다른 세 점 A, B, C가 한 직선 위에 있다.
$$\Longleftrightarrow \overrightarrow{AB}/\!/\overrightarrow{AC}$$
$$\Longleftrightarrow \overrightarrow{AB}=k\overrightarrow{AC}\text{ (단, }k\text{는 0이 아닌 실수)}$$
위의 성질에 의하여 $\overrightarrow{B'P}=x\overrightarrow{B'A}$이므로 세 점 A, B', P는 한 직선 위에 있다.
즉, 점 P는 직선 B'A 위에 있다.

참고 $\overrightarrow{OX}=t\overrightarrow{OA}+(1-t)\overrightarrow{OB}$ (t는 실수)이면 점 X는 직선 AB 위에 있다.

THEME
04 평면벡터의 내적의 최대, 최소

본문 25쪽

기출예시 1 | 정답 ③

선분 AB의 중점이 M이므로

$\overrightarrow{PA}+\overrightarrow{PB}=2\overrightarrow{PM}$

이때 $|\overrightarrow{PA}+\overrightarrow{PB}|=\sqrt{10}$이므로

$2|\overrightarrow{PM}|=\sqrt{10}$

$\therefore |\overrightarrow{PM}|=\dfrac{\sqrt{10}}{2}$

따라서 점 P는 중심이 M이고 반지름의 길이가 $\dfrac{\sqrt{10}}{2}$인 원 위의 점이다.

한편, $\overrightarrow{OB}\cdot\overrightarrow{OP}$의 값이 최대가 되려면 점 P가 직선 OB에 수직인 직선이 원과 접하는 점 중 원점 O에서 더 멀리 떨어져 있는 점에 위치할 때이므로 점 Q의 위치는 다음 그림과 같다.

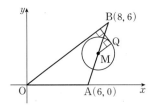

$\overrightarrow{OA}=(6, 0)$, $\overrightarrow{OB}=(8, 6)$이므로

$\overrightarrow{OA}\cdot\overrightarrow{OB}=6\times8+0\times6=48$

이때 $|\overrightarrow{OA}|=6$, $|\overrightarrow{OB}|=\sqrt{8^2+6^2}=10$이므로

두 벡터 $\overrightarrow{OA}$, $\overrightarrow{OB}$가 이루는 각의 크기를 θ라 하면

$\overrightarrow{OA}\cdot\overrightarrow{OB}=|\overrightarrow{OA}||\overrightarrow{OB}|\cos\theta$에서

$48=6\times10\times\cos\theta$

$\therefore \cos\theta=\dfrac{4}{5}$

두 벡터 $\overrightarrow{OB}$, $\overrightarrow{MQ}$의 방향이 같으므로 두 벡터 $\overrightarrow{OA}$, $\overrightarrow{MQ}$가 이루는 각의 크기는 두 벡터 $\overrightarrow{OA}$, $\overrightarrow{OB}$가 이루는 각의 크기 θ와 같다.

$\therefore \overrightarrow{OA}\cdot\overrightarrow{MQ}=|\overrightarrow{OA}||\overrightarrow{MQ}|\cos\theta$

$=6\times\dfrac{\sqrt{10}}{2}\times\dfrac{4}{5}$

$=\dfrac{12\sqrt{10}}{5}$

TRAINING

본문 26쪽

TRAINING 문제 1 | 정답 (1) 5 (2) $\dfrac{\sqrt{65}}{2}-3$

$P(x, y)$라 하자.

(1) $\overrightarrow{AB}=(-2, 6)-(1, 2)=(-3, 4)$

이므로 $\overrightarrow{AB}\cdot\overrightarrow{OP}=25$에서

$(-3, 4)\cdot(x, y)=25$

$\therefore -3x+4y=25$

즉, 점 P가 나타내는 도형은 직선 $-3x+4y=25$이다.

$\overrightarrow{OP}$의 길이의 최솟값은 점 O와 직선 $-3x+4y-25=0$ 사이의 거리와 같으므로

$\dfrac{|-25|}{\sqrt{(-3)^2+4^2}}=5$

(2) $\overrightarrow{AP}=(x, y)-(1, 2)=(x-1, y-2)$

$\overrightarrow{BP}=(x, y)-(-2, 6)=(x+2, y-6)$

이므로 $\overrightarrow{AP}\cdot\overrightarrow{BP}=\dfrac{11}{4}$에서

$(x-1, y-2)\cdot(x+2, y-6)=\dfrac{11}{4}$

$(x-1)(x+2)+(y-2)(y-6)=\dfrac{11}{4}$

$x^2+x-2+y^2-8y+12=\dfrac{11}{4}$

$\therefore \left(x+\dfrac{1}{2}\right)^2+(y-4)^2=9$

즉, 점 P가 나타내는 도형은 원 $\left(x+\dfrac{1}{2}\right)^2+(y-4)^2=9$이다.

원의 중심을 C라 하면 선분 OP의 길이는 오른쪽 그림과 같이 점 P가 선분 OC와 원의 교점일 때 최소이므로 $\overrightarrow{OP}$의 길이의 최솟값은

$\overline{OC}-3=\sqrt{\left(-\dfrac{1}{2}\right)^2+4^2}-3$

$=\dfrac{\sqrt{65}}{2}-3$

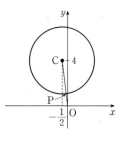

TRAINING 문제 2 | 정답 (1) 최댓값: 12, 최솟값: 8
(2) 최댓값: -3, 최솟값: -9

(1) $|\overrightarrow{OQ}|=\sqrt{1^2+2^2}=\sqrt{5}$

두 벡터 $\overrightarrow{OP}$, $\overrightarrow{OQ}$가 이루는 각의 크기를 θ라 하면 $0°<\theta<90°$이므로

$\overrightarrow{OP}\cdot\overrightarrow{OQ}=|\overrightarrow{OP}||\overrightarrow{OQ}|\cos\theta$

$=\sqrt{5}|\overrightarrow{OP}|\cos\theta$

이때 점 P에서 직선 OQ에 내린 수선의 발을 H라 하면

$\overline{OH}=\overline{OP}\cos\theta=|\overrightarrow{OP}|\cos\theta$

이므로

$\overrightarrow{OP}\cdot\overrightarrow{OQ}=\sqrt{5}|\overrightarrow{OP}|\cos\theta$

$=\sqrt{5}\,\overline{OH}$

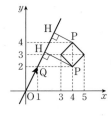

즉, $\overrightarrow{OP}\cdot\overrightarrow{OQ}$의 값은 $\overline{OH}$의 길이가 최대일 때 최대, 최소일 때 최소가 된다.

$\overline{OH}$의 길이가 최대가 되는 것은 $P(4, 4)$일 때이므로 $\overrightarrow{OP}\cdot\overrightarrow{OQ}$의 최댓값은

$\overrightarrow{OP}\cdot\overrightarrow{OQ}=(4, 4)\cdot(1, 2)$

$=4\times1+4\times2$

$=12$

$\overrightarrow{\mathrm{OH}}$의 길이가 최소가 되는 것은 $\mathrm{P}(4,\,2)$일 때이므로 $\overrightarrow{\mathrm{OP}}\cdot\overrightarrow{\mathrm{OQ}}$의 최솟값은

$$\overrightarrow{\mathrm{OP}}\cdot\overrightarrow{\mathrm{OQ}}=(4,\,2)\cdot(1,\,2)$$
$$=4\times1+2\times2$$
$$=8$$

(2) $|\overrightarrow{\mathrm{OQ}}|=\sqrt{(-3)^2+2^2}=\sqrt{13}$

두 벡터 $\overrightarrow{\mathrm{OP}}$, $\overrightarrow{\mathrm{OQ}}$가 이루는 각의 크기를 θ라 하면 $90°<\theta<180°$ 이므로

$$\overrightarrow{\mathrm{OP}}\cdot\overrightarrow{\mathrm{OQ}}=-|\overrightarrow{\mathrm{OP}}||\overrightarrow{\mathrm{OQ}}|\cos(180°-\theta)$$
$$=-\sqrt{13}|\overrightarrow{\mathrm{OP}}|\cos(180°-\theta)$$

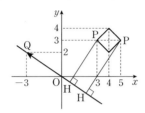

이때 점 P에서 직선 OQ에 내린 수선의 발을 H라 하면

$$\overrightarrow{\mathrm{OH}}=\overrightarrow{\mathrm{OP}}\cos(180°-\theta)$$
$$=|\overrightarrow{\mathrm{OP}}|\cos(180°-\theta)$$

이므로

$$\overrightarrow{\mathrm{OP}}\cdot\overrightarrow{\mathrm{OQ}}=-\sqrt{13}|\overrightarrow{\mathrm{OP}}|\cos(180°-\theta)$$
$$=-\sqrt{13}\overrightarrow{\mathrm{OH}}$$

즉, $\overrightarrow{\mathrm{OP}}\cdot\overrightarrow{\mathrm{OQ}}$의 값은 $\overrightarrow{\mathrm{OH}}$의 길이가 최소일 때 최대, 최대일 때 최소가 된다.

$\overrightarrow{\mathrm{OH}}$의 길이가 최소가 되는 것은 $\mathrm{P}(3,\,3)$일 때이므로 $\overrightarrow{\mathrm{OP}}\cdot\overrightarrow{\mathrm{OQ}}$의 최댓값은

$$\overrightarrow{\mathrm{OP}}\cdot\overrightarrow{\mathrm{OQ}}=(3,\,3)\cdot(-3,\,2)$$
$$=3\times(-3)+3\times2$$
$$=-3$$

$\overrightarrow{\mathrm{OH}}$의 길이가 최대가 되는 것은 $\mathrm{P}(5,\,3)$일 때이므로 $\overrightarrow{\mathrm{OP}}\cdot\overrightarrow{\mathrm{OQ}}$의 최솟값은

$$\overrightarrow{\mathrm{OP}}\cdot\overrightarrow{\mathrm{OQ}}=(5,\,3)\cdot(-3,\,2)$$
$$=5\times(-3)+3\times2$$
$$=-9$$

1등급 완성 3단계 문제연습

본문 27~30쪽

1 100	**2** 32	**3** 8	**4** 32
5 ③	**6** ⑤	**7** 5	

출제영역 평면벡터의 연산 + 평면벡터의 내적의 최대, 최소

주어진 조건을 이용하여 벡터의 종점이 존재하는 영역을 찾고, 평면벡터의 연산과 두 벡터 사이의 방향 관계를 파악하여 벡터의 크기의 최댓값과 최솟값을 구할 수 있는지를 묻는 문제이다.

좌표평면에서 $\overrightarrow{\mathrm{OA}}=\sqrt{2}$, $\overrightarrow{\mathrm{OB}}=2\sqrt{2}$이고 $\cos(\angle\mathrm{AOB})=\dfrac{1}{4}$인 평행사변형 OACB에 대하여 점 P가 다음 조건을 만족시킨다.

(가) $\overrightarrow{\mathrm{OP}}=s\overrightarrow{\mathrm{OA}}+t\overrightarrow{\mathrm{OB}}\ (0\le s\le1,\ 0\le t\le1)$ ❶
(나) $\overrightarrow{\mathrm{OP}}\cdot\overrightarrow{\mathrm{OB}}+\overrightarrow{\mathrm{BP}}\cdot\overrightarrow{\mathrm{BC}}=2$ ❷

점 O를 중심으로 하고 점 A를 지나는 원 위를 움직이는 점 X에 대하여 $|3\overrightarrow{\mathrm{OP}}-\overrightarrow{\mathrm{OX}}|$의 최댓값과 최솟값을 각각 M, m이라 하자. ❸ $M\times m=a\sqrt{6}+b$일 때, a^2+b^2의 값을 구하시오. 100

(단, a와 b는 유리수이다.)

킬러코드 벡터 $\overrightarrow{\mathrm{OP}}$의 크기 및 두 벡터 $\overrightarrow{\mathrm{OX}}$와 $\overrightarrow{\mathrm{OP}}$ 사이의 방향 관계를 파악하여 $|3\overrightarrow{\mathrm{OP}}-\overrightarrow{\mathrm{OX}}|$의 최댓값과 최솟값 구하기

❶ 점 P가 존재하는 영역을 찾는다.
❷ 평면벡터의 연산을 이용하여 식을 정리한다.
❸ 벡터 $\overrightarrow{\mathrm{OP}}$의 크기 및 두 벡터 $\overrightarrow{\mathrm{OX}}$와 $\overrightarrow{\mathrm{OP}}$ 사이의 방향 관계에 따라 $|3\overrightarrow{\mathrm{OP}}-\overrightarrow{\mathrm{OX}}|$의 최대, 최소가 정해진다.

해설 |1단계| 점 P가 존재하는 영역 찾기

조건 (가)에서

$$\overrightarrow{\mathrm{OP}}=s\overrightarrow{\mathrm{OA}}+t\overrightarrow{\mathrm{OB}}\ (0\le s\le1,\ 0\le t\le1)$$

이므로 점 P가 존재하는 영역은 평행사변형 OACB의 내부(경계선 포함)이다.

|2단계| 평면벡터의 연산을 이용하여 $\overrightarrow{\mathrm{OP}}\cdot\overrightarrow{\mathrm{OC}}$의 값 구하기

$\overrightarrow{\mathrm{BC}}=\overrightarrow{\mathrm{OA}}$이므로 조건 (나)에서

$$\overrightarrow{\mathrm{OP}}\cdot\overrightarrow{\mathrm{OB}}+\overrightarrow{\mathrm{BP}}\cdot\overrightarrow{\mathrm{BC}}$$
$$=\overrightarrow{\mathrm{OP}}\cdot\overrightarrow{\mathrm{OB}}+(\overrightarrow{\mathrm{OP}}-\overrightarrow{\mathrm{OB}})\cdot\overrightarrow{\mathrm{OA}}$$
$$=\overrightarrow{\mathrm{OP}}\cdot\overrightarrow{\mathrm{OB}}+\overrightarrow{\mathrm{OP}}\cdot\overrightarrow{\mathrm{OA}}-\overrightarrow{\mathrm{OB}}\cdot\overrightarrow{\mathrm{OA}}$$
$$=\overrightarrow{\mathrm{OP}}\cdot(\overrightarrow{\mathrm{OA}}+\overrightarrow{\mathrm{OB}})-|\overrightarrow{\mathrm{OA}}||\overrightarrow{\mathrm{OB}}|\cos(\angle\mathrm{AOB})$$
$$=\overrightarrow{\mathrm{OP}}\cdot\overrightarrow{\mathrm{OC}}-\sqrt{2}\times2\sqrt{2}\times\dfrac{1}{4}$$
$$=\overrightarrow{\mathrm{OP}}\cdot\overrightarrow{\mathrm{OC}}-1=2$$
$$\therefore\overrightarrow{\mathrm{OP}}\cdot\overrightarrow{\mathrm{OC}}=3$$

|3단계| $|3\overrightarrow{\mathrm{OP}}-\overrightarrow{\mathrm{OX}}|$의 최댓값과 최솟값 구하기

다음 그림과 같이 점 C에서 직선 OA에 내린 수선의 발을 H라 하고 $\angle\mathrm{COA}=\theta$라 하자.

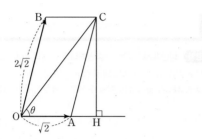

∠CAH=∠AOB이므로

$\cos(\angle CAH)=\cos(\angle AOB)=\dfrac{1}{4}$

$\therefore \overline{AH}=\overline{AC}\cos(\angle CAH)$

$\qquad =\overline{OB}\times\dfrac{1}{4}$

$\qquad =2\sqrt{2}\times\dfrac{1}{4}=\dfrac{\sqrt{2}}{2}$

$|\overrightarrow{OC}|^2=|\overrightarrow{OA}+\overrightarrow{OB}|^2$

$\qquad =|\overrightarrow{OA}|^2+|\overrightarrow{OB}|^2+2\overrightarrow{OA}\cdot\overrightarrow{OB}$

$\qquad =(\sqrt{2})^2+(2\sqrt{2})^2+2\times\sqrt{2}\times2\sqrt{2}\times\dfrac{1}{4}$

$\qquad =2+8+2=12$

$\therefore |\overrightarrow{OC}|=2\sqrt{3}$

$\therefore \cos\theta=\dfrac{\overline{OH}}{\overline{OC}}=\dfrac{\overline{OA}+\overline{AH}}{\overline{OC}}$

$\qquad =\dfrac{\sqrt{2}+\dfrac{\sqrt{2}}{2}}{2\sqrt{3}}=\dfrac{\sqrt{6}}{4}$

(ⅰ) $|3\overrightarrow{OP}-\overrightarrow{OX}|$ 가 최대일 때

$|\overrightarrow{OP}|$ 가 최대이고, 벡터 $\overrightarrow{OX}$ 가 벡터 $\overrightarrow{OP}$ 와 반대 방향이어야 한다.

$|\overrightarrow{OP}|$ 는 점 P가 선분 OA 위에 있을 때 최대이므로

$\overrightarrow{OP}\cdot\overrightarrow{OC}=|\overrightarrow{OP}||\overrightarrow{OC}|\cos\theta$

$\qquad =|\overrightarrow{OP}|\times2\sqrt{3}\times\dfrac{\sqrt{6}}{4}$

$\qquad =\dfrac{3\sqrt{2}}{2}|\overrightarrow{OP}|=3$

$\therefore |\overrightarrow{OP}|=\sqrt{2}$

이때 벡터 $\overrightarrow{OX}$ 가 벡터 $\overrightarrow{OP}$ 와 반대 방향이어야 하므로

$|3\overrightarrow{OP}-\overrightarrow{OX}|=3|\overrightarrow{OP}|+|\overrightarrow{OX}|$

따라서 $|3\overrightarrow{OP}-\overrightarrow{OX}|$ 의 최댓값은

$M=3\sqrt{2}+\sqrt{2}=4\sqrt{2}$

(ⅱ) $|3\overrightarrow{OP}-\overrightarrow{OX}|$ 가 최소일 때

$|\overrightarrow{OP}|$ 가 최소이고, 벡터 $\overrightarrow{OX}$ 가 벡터 $\overrightarrow{OP}$ 와 같은 방향이어야 한다.

$|\overrightarrow{OP}|$ 는 점 P가 선분 OC 위에 있을 때 최소이므로

$\overrightarrow{OP}\cdot\overrightarrow{OC}=|\overrightarrow{OP}||\overrightarrow{OC}|$

$\qquad =|\overrightarrow{OP}|\times2\sqrt{3}=3$

$\therefore |\overrightarrow{OP}|=\dfrac{\sqrt{3}}{2}$

이때 벡터 $\overrightarrow{OX}$ 가 벡터 $\overrightarrow{OP}$ 와 같은 방향이어야 하므로

$|3\overrightarrow{OP}-\overrightarrow{OX}|=3|\overrightarrow{OP}|-|\overrightarrow{OX}|$

따라서 $|3\overrightarrow{OP}-\overrightarrow{OX}|$ 의 최솟값은

$m=3\times\dfrac{\sqrt{3}}{2}-\sqrt{2}=\dfrac{3\sqrt{3}}{2}-\sqrt{2}$

(ⅰ), (ⅱ)에 의하여

$M\times m=4\sqrt{2}\times\left(\dfrac{3\sqrt{3}}{2}-\sqrt{2}\right)$

$\qquad =6\sqrt{6}-8$

따라서 $a=6$, $b=-8$이므로

$a^2+b^2=6^2+(-8)^2=100$

---

2 2019학년도 6월 평가원 가 29 [정답률 17%] 변형 | 정답 **32**

출제영역 평면벡터의 내적의 최대, 최소+두 원의 위치 관계

두 원의 위치 관계를 이용하여 평면벡터의 내적의 최댓값과 최솟값을 구할 수 있는지를 묻는 문제이다.

> 좌표평면 위의 두 원 O_1, O_2가 다음 조건을 만족시킨다.
>
> ㈎ 두 원 O_1, O_2의 중심은 각각 A(0, 3), B(4, 0)이다. ❶
> ㈏ 두 원 O_1, O_2의 반지름의 길이의 합은 4보다 작다. ❶
>
> 원 O_1 위의 점 P와 원 O_2 위의 점 Q에 대하여 $\overrightarrow{PQ}\cdot\overrightarrow{OB}$ 의 최댓값을 M, 최솟값을 m이라 할 때, $M+m$의 값을 구하시오. 32 ❷
> (단, O는 원점이다.)

킬러코드 $\overrightarrow{PQ}\cdot\overrightarrow{OB}$ 의 값을 두 원의 반지름의 길이에 대한 식으로 나타내기

❶ 두 원의 반지름의 길이의 합이 중심 사이의 거리보다 작다.
❷ 두 점 P, Q에서 직선 OB에 수선의 발을 각각 내려 벡터의 내적의 기하적 의미에 따라 $\overrightarrow{PQ}\cdot\overrightarrow{OB}$ 의 값이 최대 또는 최소가 될 조건을 찾는다.

해설 | **1단계** | 두 원 O_1, O_2의 위치 관계 파악하기

$\overline{AB}=\sqrt{(4-0)^2+(0-3)^2}=5$이므로 두 원 O_1, O_2의 반지름의 길이를 각각 r_1, r_2라 하면 조건 ㈏에서

$r_1+r_2<4<\overline{AB}$

즉, 두 원 O_1, O_2는 서로 만나지 않는다. **why? ❶**

또, $r_1<4-r_2$이므로 두 원 O_1, O_2는 다음 그림과 같다. **why? ❷**

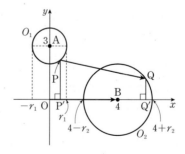

2단계 $\overrightarrow{PQ}\cdot\overrightarrow{OB}$ 의 값이 최대 또는 최소가 될 조건 찾기

두 벡터 $\overrightarrow{PQ}$, $\overrightarrow{OB}$ 가 이루는 각의 크기를 θ라 하면 $0°<\theta<90°$이므로

$\overrightarrow{PQ}\cdot\overrightarrow{OB}=|\overrightarrow{PQ}||\overrightarrow{OB}|\cos\theta$

$\qquad =4|\overrightarrow{PQ}|\cos\theta$

$\qquad =4\overline{PQ}\cos\theta$

이때 두 점 P, Q에서 x축에 내린 수선의 발을 각각 P′, Q′이라 하면

$\overline{P'Q'}=\overline{PQ}\cos\theta$이므로 **why? ❸** ⌐ 직선 OB

$\overrightarrow{PQ}\cdot\overrightarrow{OB}=4\overline{PQ}\cos\theta=4\overline{P'Q'}$

즉, $\overrightarrow{PQ} \cdot \overrightarrow{OB}$의 값은 $\overline{P'Q'}$의 길이가 최대일 때 최대, 최소일 때 최소이다.

|3단계| $\overrightarrow{PQ} \cdot \overrightarrow{OB}$의 최댓값과 최솟값 구하기

$\overline{P'Q'}$의 길이가 최대가 되는 것은 $P(-r_1, 3)$, $Q(4+r_2, 0)$일 때이므로
$$\overline{P'Q'} = 4 + r_2 - (-r_1) = 4 + r_2 + r_1$$
$\lfloor P'(-r_1, 0), Q'(4+r_2, 0) \rfloor$

따라서 $\overrightarrow{PQ} \cdot \overrightarrow{OB}$의 최댓값은
$$\overrightarrow{PQ} \cdot \overrightarrow{OB} = 4\overline{P'Q'} = 4(4 + r_2 + r_1)$$

$\overline{P'Q'}$의 길이가 최소가 되는 것은 $P(r_1, 3)$, $Q(4-r_2, 0)$일 때이므로
$$\overline{P'Q'} = (4 - r_2) - r_1 = 4 - r_2 - r_1$$
$\lfloor P'(r_1, 0), Q'(4-r_2, 0) \rfloor$

따라서 $\overrightarrow{PQ} \cdot \overrightarrow{OB}$의 최솟값은
$$\overrightarrow{PQ} \cdot \overrightarrow{OB} = 4\overline{P'Q'} = 4(4 - r_2 - r_1)$$

즉, $M = 4(4 + r_2 + r_1)$, $m = 4(4 - r_2 - r_1)$이므로
$$M + m = 4(4 + r_2 + r_1) + 4(4 - r_2 - r_1) = 32$$

해설 특강

why? ❶ 두 원의 반지름의 길이를 r_1, r_2, 중심 사이의 거리를 d라 할 때

만나지 않는다.	두 점에서 만난다.
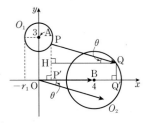	
$r_1 + r_2 < d$	$|r_1 - r_2| < d < r_1 + r_2$

➡ 두 원 O_1, O_2의 중심 사이의 거리는 $\overline{AB} = 5$이고, $r_1 + r_2 < 4 < 5$이므로 두 원 O_1, O_2는 서로 만나지 않는다.

why? ❷ 원 O_1 위의 점 P의 x좌표의 범위는
$$-r_1 \le x \le r_1$$
원 O_2 위의 점 Q의 x좌표의 범위는
$$4 - r_2 \le x \le 4 + r_2$$
이때 $r_1 < 4 - r_2$이므로 x축 위의 점 $(r_1, 0)$은 점 $(4-r_2, 0)$보다 왼쪽에 위치한다.

why? ❸

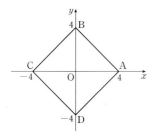

두 벡터 $\overrightarrow{PQ}$, $\overrightarrow{OB}$가 이루는 각의 크기가 θ이므로 점 Q에서 선분 PP'에 내린 수선의 발을 H라 하면
$$\angle PQH = \theta$$
직각삼각형 PHQ에서
$$\overline{HQ} = \overline{PQ} \cos \theta$$
$$\therefore \overline{P'Q'} = \overline{HQ} = \overline{PQ} \cos \theta$$

출제영역 평면벡터의 연산＋평면벡터의 내적의 최대, 최소

주어진 조건을 이용하여 벡터의 종점이 존재하는 영역을 찾고, 두 벡터의 내적이 최대 또는 최소가 될 조건을 찾을 수 있는지를 묻는 문제이다.

네 점 $A(4, 0)$, $B(0, 4)$, $C(-4, 0)$, $D(0, -4)$를 꼭짓점으로 하는 사각형 ABCD가 있다. 네 점 P, Q, R, S가 각각 네 선분 AB, BC, CD, DA 위의 점일 때,
$$8\overrightarrow{OT} = 3\overrightarrow{OP} + \overrightarrow{OQ} + \overrightarrow{OR} + 3\overrightarrow{OS} \text{ ❶}$$
를 만족시키는 점 T에 대하여 $\overrightarrow{OA} \cdot \overrightarrow{OT}$의 최댓값을 M, 최솟값을 m이라 하자. $M + m$의 값을 구하시오. ❷   8

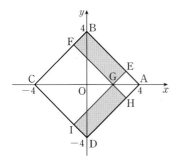

킬러코드 벡터 $3\overrightarrow{OP} + \overrightarrow{OQ} + \overrightarrow{OR} + 3\overrightarrow{OS}$의 종점이 존재하는 영역 찾기

❶ 네 점 P, Q, R, S를 각각 한 점에 고정시키고 나머지 한 점을 이동하면서 두 벡터 $\dfrac{3\overrightarrow{OP} + \overrightarrow{OQ}}{4}$, $\dfrac{\overrightarrow{OR} + 3\overrightarrow{OS}}{4}$의 종점이 존재하는 영역을 파악한다.

❷ 직선 OA는 x축에 평행하므로 점 T에서 x축에 내린 수선의 발을 T'이라 하면 $|\overrightarrow{OA}| = 4$이므로 $\overrightarrow{OA} \cdot \overrightarrow{OT} = \pm 4|\overrightarrow{OT'}|$임을 이용한다.

해설 **|1단계|** 두 벡터 $\dfrac{3\overrightarrow{OP} + \overrightarrow{OQ}}{4}$, $\dfrac{\overrightarrow{OR} + 3\overrightarrow{OS}}{4}$의 종점이 존재하는 영역 파악하기

$8\overrightarrow{OT} = 3\overrightarrow{OP} + \overrightarrow{OQ} + \overrightarrow{OR} + 3\overrightarrow{OS}$에서
$$\overrightarrow{OT} = \frac{3\overrightarrow{OP} + \overrightarrow{OQ} + \overrightarrow{OR} + 3\overrightarrow{OS}}{8} = \frac{\dfrac{3\overrightarrow{OP} + \overrightarrow{OQ}}{4} + \dfrac{\overrightarrow{OR} + 3\overrightarrow{OS}}{4}}{2}$$

$\overrightarrow{OX} = \dfrac{3\overrightarrow{OP} + \overrightarrow{OQ}}{4}$, $\overrightarrow{OY} = \dfrac{\overrightarrow{OR} + 3\overrightarrow{OS}}{4}$라 하면 점 X와 점 Y는 각각 선분 PQ, RS를 1：3, 3：1로 내분하는 점이다.

위의 그림과 같이 두 선분 AB, BC를 1：3으로 내분하는 점을 각각 E, F라 하고 두 선분 CD, DA를 3：1로 내분하는 점을 각각 I, H라 하자.

또, 선분 AC를 1：3으로 내분하는 점을 G라 하자.

(i) 벡터 $\overrightarrow{OX}$의 종점이 존재하는 영역

점 Q가 C에 있을 때, 점 P를 점 A에서 B로 이동하면 점 X는 점 G에서 F로 이동한다.

같은 방법으로 하면 점 P가 A에 있을 때, 점 Q를 점 C에서 B로 이동하면 점 X는 점 G에서 E로 이동한다.

즉, 점 Q를 점 C에서 B로 이동하면서 각각의 점을 고정시켰을 때, 점 P를 점 A에서 B로 이동하면 점 X는 직사각형 GEBF의 내부(경계선 포함)에 존재한다.

(ii) 벡터 $\overrightarrow{OY}$의 종점이 존재하는 영역

　　(i)과 같은 방법으로 하면 점 Y는 직사각형 GHDI의 내부(경계선 포함)에 존재한다.

|2단계| 벡터 $\overrightarrow{OT}=\dfrac{\overrightarrow{OX}+\overrightarrow{OY}}{2}$의 종점이 존재하는 영역 파악하기

두 점 X, Y에 대하여 $\overrightarrow{OT}=\dfrac{\overrightarrow{OX}+\overrightarrow{OY}}{2}$를 만족시키는 점 T가 존재하는 영역을 찾자.

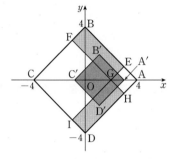

위의 그림과 같이 네 선분 EH, BG, FI, DG의 중점을 각각 A′, B′, C′, D′이라 하자.

점 X가 직사각형 GEBF의 둘레 위에 있을 때, 점 Y를 직사각형 GHDI의 둘레 위를 따라 이동하면 점 T가 나타내는 도형은 사각형 A′B′C′D′의 둘레 위에 있다.

또, 점 X가 직사각형 GEBF의 내부에 있을 때, 점 Y를 직사각형 GHDI의 내부에서 이동하면 점 T가 나타내는 도형은 사각형 A′B′C′D′의 내부에 있다.

|3단계| $\overrightarrow{OA} \cdot \overrightarrow{OT}$의 최댓값과 최솟값 구하기

E(3, 1), H(3, −1)이므로 A′(3, 0)

B(0, 4), G(2, 0)이므로 B′(1, 2)

F(−1, 3), I(−1, −3)이므로 C′(−1, 0)

D(0, −4), G(2, 0)이므로 D′(1, −2)

두 벡터 $\overrightarrow{OA}$, $\overrightarrow{OT}$가 이루는 각의 크기를 θ라 하고, 점 T에서 x축에 내린 수선의 발을 T′이라 하자.

(iii) 점 T의 x좌표가 양수 또는 0일 때

　　$\overrightarrow{OA} \cdot \overrightarrow{OT}=|\overrightarrow{OA}||\overrightarrow{OT}|\cos\theta=4\overrightarrow{OT'}$ **why? ❶**

　　이때 T′의 x좌표는 $0 \le x \le 3$이므로

　　$0 \le \overrightarrow{OA} \cdot \overrightarrow{OT} \le 12$

(iv) 점 R의 x좌표가 음수일 때

　　$\overrightarrow{OA} \cdot \overrightarrow{OT}=|\overrightarrow{OA}||\overrightarrow{OT}|\cos\theta=-4\overrightarrow{OT'}$ **why? ❶**

　　이때 T′의 x좌표는 $-1 \le x < 0$이므로

　　$-4 \le \overrightarrow{OA} \cdot \overrightarrow{OT} < 0$

(iii), (iv)에 의하여 $M=12$, $m=-4$이므로

$M+m=12+(-4)=8$

---

why? ❶ 점 T의 x좌표가 양수 또는 0이면 두 벡터 $\overrightarrow{OA}$, $\overrightarrow{OT}$가 이루는 각의 크기 θ의 범위가 $0 < \theta \le \dfrac{\pi}{2}$이므로

$|\overrightarrow{OT}|\cos\theta=|\overrightarrow{OT'}|$

점 T의 x좌표가 음수이면 두 벡터 $\overrightarrow{OA}$, $\overrightarrow{OT}$가 이루는 각의 크기 θ의 범위가 $\dfrac{\pi}{2} < \theta \le \pi$이므로

$|\overrightarrow{OT}|\cos\theta=-|\overrightarrow{OT'}|$

참고 점 T가 나타내는 도형은 사각형 A′B′C′D′의 내부이므로 $\overrightarrow{OA} \cdot \overrightarrow{OT}$의 값은 점 T가 A′일 때 최소이고, 점 T가 C′일 때 최대이다.

4

출제영역 평면벡터의 내적의 최대, 최소

정삼각형에서 한 꼭짓점을 시점으로 하고, 그 꼭짓점을 포함하는 두 변에 접하는 원 위의 점과 나머지 한 변 위에 있는 점을 각각 종점으로 하는 두 벡터의 내적의 최댓값과 최솟값의 곱을 구할 수 있는지를 묻는 문제이다.

그림과 같이 한 변의 길이가 4인 정삼각형 ABC의 내부에 선분 AB와 선분 AC에 모두 접하고 반지름의 길이가 1인 원이 있다. 이 원 위의 점 P와 선분 BC 위의 점 Q에 대하여 $\overrightarrow{AP} \cdot \overrightarrow{AQ}$의 최댓값을 M, 최솟값을 m이라 할 때, Mm의 값을 구하시오. 32

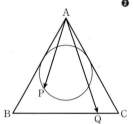

킬러코드 정삼각형의 한 꼭짓점을 시점으로, 원 위의 점을 종점으로 하는 벡터를 원의 중심을 이용하여 나타내기

❶ 원의 중심을 O라 하면 $\overrightarrow{AP}=\overrightarrow{AO}+\overrightarrow{OP}$로 나타낼 수 있다.

❷ 내적의 기하적 의미에 의하여 $\overrightarrow{AO} \cdot \overrightarrow{AQ}$의 값은 상수이므로 $\overrightarrow{OP} \cdot \overrightarrow{AQ}$의 값의 범위를 구한다.

해설 |1단계| $\overrightarrow{AP} \cdot \overrightarrow{AQ}$를 원의 중심에 대한 식으로 나타내기

원의 중심을 O라 하면

$\overrightarrow{AP} \cdot \overrightarrow{AQ}=(\overrightarrow{AO}+\overrightarrow{OP}) \cdot \overrightarrow{AQ}$

$\qquad\qquad=\overrightarrow{AO} \cdot \overrightarrow{AQ}+\overrightarrow{OP} \cdot \overrightarrow{AQ}$　……㉠

|2단계| $\overrightarrow{AO} \cdot \overrightarrow{AQ}$의 값 구하기

두 벡터 $\overrightarrow{AO}$, $\overrightarrow{AQ}$가 이루는 각의 크기를 θ, 선분 BC의 중점을 M이라 하면 $0° \le \theta < 90°$이므로

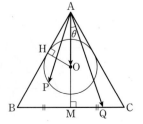

$\overrightarrow{AO} \cdot \overrightarrow{AQ}=|\overrightarrow{AO}||\overrightarrow{AQ}|\cos\theta$

$\qquad\qquad=\overline{AO}\times\overline{AQ}\times\dfrac{\overline{AM}}{\overline{AQ}}$

$\qquad\qquad=\overline{AO}\times\overline{AM}$

이때 원과 선분 AB의 접점을 H라 하면 직각삼각형 AHO에서

$\angle OAH = 30°$이므로

$$\overline{AO} = \frac{\overline{OH}}{\sin 30°} = \frac{1}{\frac{1}{2}} = 2$$

또, $\overline{AM} = \frac{\sqrt{3}}{2} \times 4 = 2\sqrt{3}$이므로

└─ 정삼각형 ABC의 한 변의 길이

$$\overline{AO} \cdot \overline{AQ} = \overline{AO} \times \overline{AM}$$
$$= 2 \times 2\sqrt{3} = 4\sqrt{3} \leftarrow 상수 \quad \cdots\cdots ㉡$$

|3단계| $\overrightarrow{OP} \cdot \overrightarrow{AQ}$의 값의 범위 구하기

점 P는 원 위의 점이고 $|\overrightarrow{OP}| = \overline{OP} = 1$로 일정하므로 벡터 $\overrightarrow{AQ}$를 고정했을 때 $\overrightarrow{OP} \cdot \overrightarrow{AQ}$의 값은 두 벡터 $\overrightarrow{OP}$, $\overrightarrow{AQ}$가 서로 같은 방향일 때 최대이고, 서로 반대 방향일 때 최소이다. **why? ❶**

즉, $\overrightarrow{OP} \cdot \overrightarrow{AQ}$의 최댓값은

$$\overrightarrow{OP} \cdot \overrightarrow{AQ} = |\overrightarrow{OP}||\overrightarrow{AQ}| = |\overrightarrow{AQ}| = \overline{AQ}$$

$\overrightarrow{OP} \cdot \overrightarrow{AQ}$의 최솟값은

$$\overrightarrow{OP} \cdot \overrightarrow{AQ} = -|\overrightarrow{OP}||\overrightarrow{AQ}| = -|\overrightarrow{AQ}| = -\overline{AQ}$$

이므로

$$-\overline{AQ} \leq \overrightarrow{OP} \cdot \overrightarrow{AQ} \leq \overline{AQ}$$

이때 $\overline{AM} \leq \overline{AQ} \leq \overline{AC}$, 즉 $2\sqrt{3} \leq \overline{AQ} \leq 4$이므로

$$-4 \leq \overrightarrow{OP} \cdot \overrightarrow{AQ} \leq 4 \quad \cdots\cdots ㉢$$

|4단계| $\overrightarrow{AO} \cdot \overrightarrow{AQ}$의 최댓값과 최솟값의 곱 구하기

㉡, ㉢에서

$$4\sqrt{3} - 4 \leq \overrightarrow{AO} \cdot \overrightarrow{AQ} + \overrightarrow{OP} \cdot \overrightarrow{AQ} \leq 4\sqrt{3} + 4$$

즉, ㉠에서 $4\sqrt{3} - 4 \leq \overrightarrow{AP} \cdot \overrightarrow{AQ} \leq 4\sqrt{3} + 4$이므로

$M = 4\sqrt{3} + 4$, $m = 4\sqrt{3} - 4$

$$\therefore Mm = (4\sqrt{3} + 4)(4\sqrt{3} - 4) = 16(\sqrt{3} + 1)(\sqrt{3} - 1) = 32$$

해설특강 ✏️

why? ❶ 두 벡터 $\overrightarrow{OP}$, $\overrightarrow{AQ}$가 이루는 각의 크기를 α라 하면

$$\overrightarrow{OP} \cdot \overrightarrow{AQ} = \begin{cases} |\overrightarrow{OP}||\overrightarrow{AQ}|\cos\alpha & (0° \leq \alpha \leq 90°) \\ -|\overrightarrow{OP}||\overrightarrow{AQ}|\cos(180° - \alpha) & (90° < \alpha \leq 180°) \end{cases}$$

이때 두 점 O, P에서 직선 AQ에 내린 수선의 발을 각각 O′, P′이라 하면

$$\overline{O'P'} = \begin{cases} |\overrightarrow{OP}|\cos\alpha & (0° \leq \alpha \leq 90°) \\ -|\overrightarrow{OP}|\cos(180° - \alpha) & (90° < \alpha \leq 180°) \end{cases}$$

이므로

$$\overrightarrow{OP} \cdot \overrightarrow{AQ} = \begin{cases} \overline{AQ} \times \overline{O'P'} & (0° \leq \alpha \leq 90°) \\ -\overline{AQ} \times \overline{O'P'} & (90° < \alpha \leq 180°) \end{cases}$$

$\overline{O'P'}$의 길이의 최댓값은 $\overline{OP} /\!/ \overline{AQ}$일 때 1이므로 $\overrightarrow{OP} \cdot \overrightarrow{AQ}$는 두 벡터 $\overrightarrow{OP}$, $\overrightarrow{AQ}$가 같은 방향일 때 최댓값 $\overline{AQ}$, 반대 방향일 때 최솟값 $-\overline{AQ}$를 갖는다.

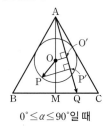

$0° \leq \alpha \leq 90°$일 때

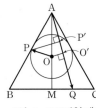

$90° < \alpha \leq 180°$일 때

---

5 |정답 ③

평면벡터의 내적과 타원의 성질을 이용하여 내적의 최댓값이 주어졌을 때 타원의 장축의 길이를 구할 수 있는지를 묻는 문제이다.

두 초점이 각각 F, F′인 타원 $\dfrac{x^2}{a^2+1} + \dfrac{y^2}{a^2} = 1$ $(a > 0)$ ❶ 위의 점 P에 대하여 $\overrightarrow{PF} \cdot \overrightarrow{PF'}$의 최댓값이 6일 때, 이 타원의 장축의 길이는? ❷

(단, 점 F의 x좌표는 양수이고, a는 상수이다.)

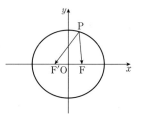

① $\sqrt{26}$ ② $3\sqrt{3}$ ✓③ $2\sqrt{7}$

④ $\sqrt{29}$ ⑤ $\sqrt{30}$

킬러코드 타원의 초점을 연결한 선분의 중점을 이용하여 $\overrightarrow{PF} \cdot \overrightarrow{PF'}$을 간단히 나타내기

❶ 타원의 초점의 좌표를 구한다.
❷ 주어진 벡터를 타원의 중심을 시점으로 하는 벡터에 대한 식으로 변형하여 내적이 최댓값 6을 갖도록 하는 점 P의 위치를 파악한다.

해설 **|1단계|** 타원의 초점의 좌표 구하기

타원 $\dfrac{x^2}{a^2+1} + \dfrac{y^2}{a^2} = 1$에서 $\sqrt{(a^2+1) - a^2} = 1$이므로

$F(1, 0)$, $F'(-1, 0)$

|2단계| $\overrightarrow{PF} \cdot \overrightarrow{PF'}$을 타원의 중심을 시점으로 하는 벡터에 대한 식으로 변형하기

$$\overrightarrow{PF} \cdot \overrightarrow{PF'} = (\overrightarrow{OF} - \overrightarrow{OP}) \cdot (\overrightarrow{OF'} - \overrightarrow{OP})$$
$$= \overrightarrow{OF} \cdot \overrightarrow{OF'} - (\overrightarrow{OF} + \overrightarrow{OF'}) \cdot \overrightarrow{OP} + |\overrightarrow{OP}|^2$$

이때 $\overrightarrow{OF} + \overrightarrow{OF'} = \vec{0}$, $\overrightarrow{OF} \cdot \overrightarrow{OF'} = -1$이므로 **why? ❶**

$$\overrightarrow{PF} \cdot \overrightarrow{PF'} = |\overrightarrow{OP}|^2 - 1$$

|3단계| $\overrightarrow{PF} \cdot \overrightarrow{PF'}$의 값이 최대일 조건 찾기

$\overrightarrow{PF} \cdot \overrightarrow{PF'}$의 값은 선분 OP의 길이가 최대일 때 최대이고, 선분 OP의 길이는 점 P가 타원의 장축의 양 끝 점 중 하나일 때 최대이므로 선분 OP의 길이의 최댓값은 $\sqrt{a^2+1}$

└─ $(\sqrt{a^2+1}, 0)$, $(-\sqrt{a^2+1}, 0)$

이때 $\overrightarrow{PF} \cdot \overrightarrow{PF'}$의 최댓값이 6이므로

$$(\sqrt{a^2+1})^2 - 1 = 6$$
$$a^2 + 1 = 7$$
$$a^2 = 6$$
$$\therefore a = \sqrt{6} \ (\because a > 0)$$

따라서 타원의 장축의 길이는

$$2\sqrt{a^2+1} = 2\sqrt{7}$$

다른 풀이 타원 $\dfrac{x^2}{a^2+1} + \dfrac{y^2}{a^2} = 1$에서 $\sqrt{(a^2+1) - a^2} = 1$이므로

$F(1, 0)$, $F'(-1, 0)$

타원 위의 점 P에 대하여 $P(x, y)$라 하면

$$\overrightarrow{PF} = (1 - x, -y), \quad \overrightarrow{PF'} = (-1 - x, -y)$$

이므로

$$\overrightarrow{PF} \cdot \overrightarrow{PF'} = (1-x, -y) \cdot (-1-x, -y)$$
$$= (1-x)(-1-x) + (-y)^2$$
$$= x^2 - 1 + y^2$$

이때 $\overrightarrow{PF} \cdot \overrightarrow{PF'}$의 최댓값이 6이므로

$$x^2 - 1 + y^2 \leq 6$$
$$x^2 + y^2 \leq 7$$
$$\therefore \sqrt{x^2 + y^2} \leq \sqrt{7}$$

즉, $\sqrt{x^2 + y^2}$의 최댓값은 $\sqrt{7}$이다.

한편, $\sqrt{x^2 + y^2} = \overline{OP}$ (O는 원점)이고, $\overline{OP}$의 길이가 최대가 되는 것은 다음 그림과 같이 점 P가 타원의 장축의 양 끝 점 중 하나일 때이다.

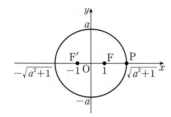

즉, $\sqrt{x^2 + y^2}$의 최댓값은
$$\overline{OP} = \sqrt{a^2 + 1} = \sqrt{7}$$

따라서 타원의 장축의 길이는 $2\sqrt{7}$이다.

해설 특강 ✎

why? ❶ $\overrightarrow{OF'} = -\overrightarrow{OF}$이므로
$$\overrightarrow{OF} + \overrightarrow{OF'} = \vec{0},$$
$$\overrightarrow{OF} \cdot \overrightarrow{OF'} = \overrightarrow{OF} \cdot (-\overrightarrow{OF})$$
$$= -|\overrightarrow{OF}|^2$$
$$= -1$$

핵심 개념 **타원의 방정식**

두 초점 $F(c, 0)$, $F'(-c, 0)$으로부터의 거리의 합
이 $2a$ $(a > c > 0)$인 타원의 방정식은
$$\frac{x^2}{a^2} + \frac{y^2}{b^2} = 1 \text{ (단, } b^2 = a^2 - c^2, b > 0)$$
이때 두 초점은 $F(\sqrt{a^2 - b^2}, 0)$, $F'(-\sqrt{a^2 - b^2}, 0)$
이고, 장축의 길이는 $2a$, 단축의 길이는 $2b$이다.

6 　　　　　　　　　　　　　　　|정답 ⑤

출제영역 **벡터의 내적**

삼각형의 넓이와 벡터의 내적을 이용하여 보기의 참, 거짓을 판별할 수 있는지를 묻는 문제이다.

그림과 같이 $\overline{AB} = 4$, $\overline{AC} = 6$인 삼각형 ABC에서 선분 AC를 2 : 1로 내분하는 점을 D라 하고, 선분 BC 위의 한 점을 E라 하자. ❶
〈보기〉에서 옳은 것만을 있는 대로 고른 것은?

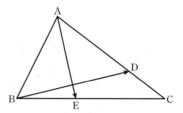

┤ 보기 ├

ㄱ. 삼각형 ABD의 넓이가 6이면 $\sin(\angle CAB) = \dfrac{3}{4}$이다.

ㄴ. $\overrightarrow{AE} \cdot \overrightarrow{BD} = 0$일 때, $\overline{AB} : \overline{AC} = \overline{DE} : \overline{CE}$이다. ❷

ㄷ. 점 E가 선분 BC를 1 : 2로 내분하는 점이면
$-\dfrac{16}{3} < \overrightarrow{AE} \cdot \overrightarrow{BD} < 0$이다. ❸

① ㄱ 　　② ㄴ 　　③ ㄱ, ㄴ
④ ㄴ, ㄷ 　✔⑤ ㄱ, ㄴ, ㄷ

킬러코드 **삼각형의 성질과 내분점의 위치벡터를 이용하여 내적 구하기**

❶ $\overrightarrow{AD} = \dfrac{2}{3}\overrightarrow{AC} = \dfrac{2}{3} \times 6 = 4$이므로 삼각형 ABD는 $\overline{AB} = \overline{AD}$인 이등변삼각형임을 알 수 있다.

❷ 두 벡터의 내적이 0이므로 $\overrightarrow{AE} \perp \overrightarrow{BD}$임을 알 수 있다.

❸ 두 벡터 $\overrightarrow{AE}$, $\overrightarrow{BD}$를 $\overrightarrow{AB} = \vec{a}$, $\overrightarrow{AC} = \vec{b}$에 대한 식으로 나타낸다.

해설 |**1단계**| **ㄱ의 참, 거짓 판별하기**

ㄱ. 점 D는 선분 AC를 2 : 1로 내분하는 점이므로
$$\overrightarrow{AD} = \frac{2}{3}\overrightarrow{AC} = \frac{2}{3} \times 6 = 4$$

삼각형 ABD의 넓이가 6이므로
$$\triangle ABD = \frac{1}{2} \times \overrightarrow{AB} \times \overrightarrow{AD} \times \sin(\angle CAB)$$
$$= \frac{1}{2} \times 4 \times 4 \times \sin(\angle CAB)$$
$$= 8\sin(\angle CAB) = 6$$
$$\therefore \sin(\angle CAB) = \frac{3}{4} \text{ (참)}$$

|**2단계**| **ㄴ의 참, 거짓 판별하기**

ㄴ. 삼각형 ABD는 $\overline{AB} = \overline{AD} = 4$
인 이등변삼각형이다.
$\overrightarrow{AE} \cdot \overrightarrow{BD} = 0$에서 $\overrightarrow{AE} \perp \overrightarrow{BD}$
이므로
$$\angle BAE = \angle CAE$$

따라서 선분 AE는 $\angle CAB$의 이등분선이므로
$$\overline{AB} : \overline{AC} = \overline{BE} : \overline{CE}$$

선분 AE는 선분 BD의 수직이등분선이므로

$$\overline{BE}=\overline{DE} \text{ why? } \mathbf{0}$$

$$\therefore \overline{AB}:\overline{AC}=\overline{DE}:\overline{CE} \text{ (참)}$$

|3단계| ㄷ의 참, 거짓 판별하기

ㄷ. $\overrightarrow{AB}=\vec{a}$, $\overrightarrow{AC}=\vec{b}$라 하면 점 E는 선분 BC를 $1:2$로 내분하는 점이므로

$$\overrightarrow{AE}=\frac{\overrightarrow{AC}+2\overrightarrow{AB}}{1+2}=\frac{2}{3}\vec{a}+\frac{1}{3}\vec{b}$$

점 D는 선분 AC를 $2:1$로 내분하는 점이므로

$$\overrightarrow{AD}=\frac{2}{3}\overrightarrow{AC}=\frac{2}{3}\vec{b}$$

$$\therefore \overrightarrow{BD}=\overrightarrow{AD}-\overrightarrow{AB}=\frac{2}{3}\vec{b}-\vec{a}$$

$|\vec{a}|=4$, $|\vec{b}|=6$이므로

$$\overrightarrow{AE}\cdot\overrightarrow{BD}=\left(\frac{2}{3}\vec{a}+\frac{1}{3}\vec{b}\right)\cdot\left(\frac{2}{3}\vec{b}-\vec{a}\right)$$

$$=-\frac{2}{3}|\vec{a}|^2+\frac{1}{9}\vec{a}\cdot\vec{b}+\frac{2}{9}|\vec{b}|^2$$

$$=-\frac{2}{3}\times16+\frac{1}{9}\vec{a}\cdot\vec{b}+\frac{2}{9}\times36$$

$$=\frac{1}{9}\vec{a}\cdot\vec{b}-\frac{8}{3}$$

이때 $-24<\vec{a}\cdot\vec{b}<24$이므로 **why? $\mathbf{0}$**

$$\frac{1}{9}\times(-24)-\frac{8}{3}<\frac{1}{9}\vec{a}\cdot\vec{b}-\frac{8}{3}<\frac{1}{9}\times24-\frac{8}{3}$$

$$\therefore -\frac{16}{3}<\overrightarrow{AE}\cdot\overrightarrow{BD}<0 \text{ (참)}$$

따라서 ㄱ, ㄴ, ㄷ 모두 옳다.

해설특강 ✏️

why? $\mathbf{0}$ 두 선분 AE, BD의 교점을 F라 하면 두 직각삼각형 BFE, DFE에서
$\angle BFE=\angle DFE=90°$, $\overline{BF}=\overline{DF}$, $\overline{EF}$는 공통이므로
$\triangle BFE\equiv\triangle DFE$ (SAS 합동)
$\therefore \overline{BE}=\overline{DE}$

why? $\mathbf{0}$ $|\vec{a}|=4$, $|\vec{b}|=6$으로 크기가 정해져 있으므로 $\vec{a}\cdot\vec{b}$의 값은 두 벡터 $\vec{a}$, $\vec{b}$가 같은 방향일 때 최대, 반대 방향일 때 최소이다.
$\vec{a}\cdot\vec{b}$의 최댓값은
$|\vec{a}||\vec{b}|\cos0°=4\times6\times1=24$
$\vec{a}\cdot\vec{b}$의 최솟값은
$-|\vec{a}||\vec{b}|\cos(180°-180°)=-4\times6\times1=-24$
그런데 두 벡터 $\vec{a}$, $\vec{b}$는 한 직선 위에 있지 않으므로
$-24<\vec{a}\cdot\vec{b}<24$

핵심 개념 각의 이등분선의 정리 (중등 수학)

오른쪽 그림과 같이 삼각형 ABC에서 각 CAB의 이등분선이 변 BC와 만나는 점을 D라 하고, 점 C를 지나고 직선 AD와 평행한 직선이 선분 AB의 연장선과 만나는 점을 E라 하자.
$\overline{AD}\|\overline{EC}$이므로 동위각과 엇각의 성질에 의하여
$\angle BAD=\angle CAD=\angle AEC=\angle ACE$
따라서 삼각형 ACE는 이등변삼각형이므로
$\overline{AC}=\overline{AE}$
또, $\overline{AD}\|\overline{EC}$이므로 $\overline{AB}:\overline{AE}=\overline{BD}:\overline{CD}$
즉, $\overline{AB}:\overline{AC}=\overline{BD}:\overline{CD}$

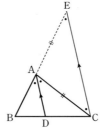

7

출제영역 평면벡터의 내적의 최대, 최소
내적으로 주어진 관계식을 만족시키는 점이 나타내는 도형의 길이를 구할 수 있는지를 묻는 문제이다.

좌표평면에서 반원의 호 $C:(x+2)^2+y^2=1 \ (y\geq0)$ 위의 점 P에 대하여
$$\overrightarrow{OQ}\cdot\overrightarrow{PQ}=4, \ \overrightarrow{OQ}\cdot\overrightarrow{OP}=0$$ **$\mathbf{0}$**
을 만족시키고 y좌표가 양수인 점을 Q라 하자. 점 A(1, 0)에 대 **$\mathbf{0}$**
하여 부등식
$$\frac{1}{2}\leq\overrightarrow{OA}\cdot\overrightarrow{OQ}\leq1$$ **$\mathbf{0}$**
을 만족시키는 점 P가 나타내는 도형의 길이가 $\frac{q}{p}\pi$일 때, $p+q$의 값을 구하시오. 5
(단, O는 원점이고, p와 q는 서로소인 자연수이다.)

킬러코드 내적으로 주어진 관계식의 기하적 의미 파악하기
$\mathbf{0}$ 두 벡터의 내적이 0이면 두 벡터는 수직이므로 $\angle POQ=90°$임을 알 수 있다.
$\mathbf{0}$ 점 A는 x축 위의 점이고 $\overline{OA}=1$이므로 내적 $\overrightarrow{OA}\cdot\overrightarrow{OQ}$의 값은 점 Q의 x좌표와 같음을 알 수 있다.

해설 **|1단계|** 점 Q가 나타내는 도형 파악하기
$\overrightarrow{OQ}\cdot\overrightarrow{PQ}=4$에서
$$\overrightarrow{OQ}\cdot\overrightarrow{PQ}=\overrightarrow{OQ}\cdot(\overrightarrow{OQ}-\overrightarrow{OP})$$
$$=|\overrightarrow{OQ}|^2-\overrightarrow{OQ}\cdot\overrightarrow{OP}$$
$$=|\overrightarrow{OQ}|^2 \ (\because \overrightarrow{OQ}\cdot\overrightarrow{OP}=0)$$
$$=4$$
$$\therefore |\overrightarrow{OQ}|=2$$
즉, 점 Q는 중심이 원점 O이고 반지름의 길이가 2인 원 위의 점이다. **why? $\mathbf{0}$**

|2단계| 점 P와 Q의 관계를 파악하여 점 Q가 나타내는 도형이 존재하는 범위 구하기
$\overrightarrow{OQ}\cdot\overrightarrow{OP}=0$에서 $\overrightarrow{OP}\perp\overrightarrow{OQ}$
즉, $\angle POQ=90°$이므로 다음 그림과 같이 원점 O에서 반원의 호 $C:(x+2)^2+y^2=1 \ (y\geq0)$에 그은 접선의 접점을 P_1이라 하고, 이때 조건을 만족시키는 점 Q를 Q_1이라 하자.

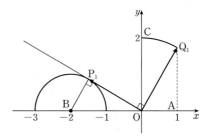

반원의 호 C의 중심을 B라 하면 $B(-2, 0)$
$\angle BP_1O=90°$, $\overline{BP_1}=1$, $\overline{BO}=2$이므로
$\angle BOP_1=30°$
$C(0, 2)$라 하면
$\angle P_1OC=90°-30°=60°$

이때 $\angle P_1OQ_1=90°$이므로

$\angle COQ_1=90°-60°=30°$

따라서 점 Q는 위의 그림과 같이 반지름의 길이가 2이고 중심각의 크기가 30°인 부채꼴의 호 CQ_1 위의 점이고, 호의 양 끝 점의 좌표는 $(0, 2)$, $(1, \sqrt{3})$이다. **how? ❷**

|3단계| 점 P가 나타내는 도형 파악하기

점 Q는 원 $x^2+y^2=4 \, (y>0)$ 위의 점이므로 $Q(a, \sqrt{4-a^2})$이라 하면

$\overrightarrow{OA} \cdot \overrightarrow{OQ}=(1, 0) \cdot (a, \sqrt{4-a^2})=a$

이므로 $\dfrac{1}{2} \le \overrightarrow{OA} \cdot \overrightarrow{OQ} \le 1$에서

$\dfrac{1}{2} \le a \le 1$

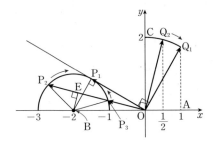

위의 그림과 같이 점 Q가 Q_2에 있을 때 조건을 만족시키는 점 P를 P_2, P_3이라 하자.

$\dfrac{1}{2} \le a \le 1$이므로 점 Q는 Q_2에서 Q_1로 이동할 때, 점 P는 두 점 P_2, P_3에서 P_1로 이동한다.

즉, $\dfrac{1}{2} \le \overrightarrow{OA} \cdot \overrightarrow{OQ} \le 1$을 만족시키는 점 P가 나타내는 도형은 부채꼴의 호 P_2P_3이다.

|4단계| 점 P가 나타내는 도형의 길이 구하기

$\angle Q_2OA=\theta$라 하면

$\overline{OQ_2}\cos\theta=\dfrac{1}{2}$, $2\cos\theta=\dfrac{1}{2}$

$\therefore \cos\theta=\dfrac{1}{4}$

또, $\angle P_2OB+\theta=90°$에서 $\angle P_2OB=90°-\theta$이므로 점 B에서 선분 P_2P_3에 내린 수선의 발을 E라 하면 직각삼각형 BOE에서

$\overline{BE}=\overline{OB}\sin(\angle EOB)$

$\quad=2\sin(90°-\theta)$

$\quad=2\cos\theta$

$\quad=2 \times \dfrac{1}{4}=\dfrac{1}{2}$ **why? ❸**

$\angle EBP_3=\alpha$라 하면 직각삼각형 EBP_3에서

$\cos\alpha=\dfrac{\overline{BE}}{\overline{BP_3}}=\dfrac{\dfrac{1}{2}}{1}=\dfrac{1}{2}$

$\therefore \alpha=60°$

따라서 $\angle P_2BP_3=2 \times 60°=120°$이므로 호 P_2P_3의 길이는

$1 \times \dfrac{2}{3}\pi=\dfrac{2}{3}\pi$

즉, $p=3$, $q=2$이므로

$p+q=3+2=5$

why? ❶ 점 Q의 좌표를 (x, y)라 하면 $|\overrightarrow{OQ}|=2$에서

$\sqrt{x^2+y^2}=2$

$\therefore x^2+y^2=4$

따라서 점 Q는 중심이 원점이고 반지름의 길이가 2인 원 위의 점이다.

how? ❷ $\angle POB$의 크기는 점 P가 x축 위에 있을 때 최소이고, 점 P가 점 P_1의 위치일 때 최대이다.

$\angle COQ_1=\angle BOP_1=30°$이므로

$\angle Q_1OA=90°-30°=60°$

점 $Q_1(x_1, y_1)$에서 x축에 내린 수선의 발을 $H_1(x_1, 0)$이라 하면

$\cos 60°=\dfrac{\overline{OH}}{\overline{OQ_1}}=\dfrac{x_1}{2}=\dfrac{1}{2}$

$\therefore x_1=1$

또, 점 Q는 원 $x^2+y^2=4$ 위의 점이므로

$1+y_1^2=4$

$\therefore y_1=\sqrt{3} \, (\because y_1>0)$

따라서 점 Q는 반지름의 길이가 2이고 중심각의 크기가 30°인 부채꼴의 호 CQ_1 위의 점이고, 호의 양 끝 점의 좌표는 $(0, 2)$, $(1, \sqrt{3})$이다.

why? ❸ 오른쪽 그림과 같은 직각삼각형 ABC에서

$\cos\theta=\sin(90°-\theta)=\dfrac{\overline{BC}}{\overline{AB}}$

$\sin\theta=\cos(90°-\theta)=\dfrac{\overline{AC}}{\overline{AB}}$

05 삼수선의 정리

본문 31쪽

기출예시 1 | 정답 ②

$\overline{PH}\perp\alpha$, $\overline{PQ}\perp\overline{AB}$이므로 삼수선의 정리
에 의하여
$\overline{HQ}\perp\overline{AB}$

점 H가 삼각형 ABC의 무게중심이므로

$\triangle ABH=\dfrac{1}{3}\triangle ABC=\dfrac{1}{3}\times24=8$

즉, $\dfrac{1}{2}\times\overline{AB}\times\overline{HQ}=\dfrac{1}{2}\times8\times\overline{HQ}=8$이므로 $\overline{HQ}=2$

따라서 직각삼각형 PQH에서

$\overline{PQ}=\sqrt{\overline{PH}^2+\overline{HQ}^2}=\sqrt{4^2+2^2}=2\sqrt{5}$

1등급 완성 3단계 문제연습

본문 32~35쪽

1 ③	**2** 12	**3** ②	**4** ③
5 61	**6** 3	**7** ①	**8** ③

---

1 2019학년도 수능 가 19 [정답률 59%] | 정답 ③

출제영역 삼수선의 정리

삼수선의 정리를 이용하여 선분의 길이를 구할 수 있는지를 묻는 문제이다.

한 변의 길이가 12인 정삼각형 BCD를 한 면으로 하는 사면체 ABCD의 꼭짓점 A에서 평면 BCD에 내린 수선의 발을 H라 할 때, 점 H는 삼각형 BCD의 내부에 놓여 있다. ❸ 삼각형 CDH의 넓이는 삼각형 BCH의 넓이의 3배, 삼각형 DBH의 넓이는 삼각형 BCH의 넓이의 2배이고 $\overline{AH}=3$이다. 선분 BD의 중점을 M, 점 A에서 선분 CM에 내린 수선의 발을 Q라 할 때, 선분 AQ의 길이는? ❷

① $\sqrt{11}$ ② $2\sqrt{3}$ ✓③ $\sqrt{13}$
④ $\sqrt{14}$ ⑤ $\sqrt{15}$

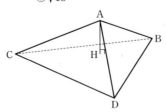

출제코드 삼수선의 정리와 피타고라스 정리 이용하기

❶ △BCH : △CDH : △DBH를 구한다.
❷ 두 삼각형 CMH, DHM의 넓이가 같음을 이용하여 선분 HM의 길이를 구한다.
❸ $\overline{AH}\perp$(평면 BCD), $\overline{AQ}\perp\overline{CM}$이므로 삼수선의 정리에 의하여 $\overline{HQ}\perp\overline{CM}$이다.

해설 |**1단계**| 점 H에서 $\overline{BC}$, $\overline{CD}$, $\overline{DB}$에 내린 수선의 발을 각각 E, F, G라 하고 세 선분 HE, HF, HG의 길이 구하기

오른쪽 그림과 같이 점 H에서 $\overline{BC}$, $\overline{CD}$, $\overline{DB}$에 내린 수선의 발을 각각 E, F, G 라 하면

$\triangle BCH : \triangle CDH : \triangle DBH$
$=\triangle BCH : 3\triangle BCH : 2\triangle BCH$
$=1:3:2$

이때 $\overline{BC}=\overline{CD}=\overline{DB}$이므로 $\overline{HE}=k$라 하면

$\overline{HF}=3k$, $\overline{HG}=2k$ **how?** ❶

따라서 정삼각형 BCD의 넓이에서

$\dfrac{1}{2}\times\overline{BC}\times\overline{HE}+\dfrac{1}{2}\times\overline{CD}\times\overline{HF}+\dfrac{1}{2}\times\overline{DB}\times\overline{HG}=\dfrac{\sqrt{3}}{4}\times12^2$

$\dfrac{1}{2}\times12\times(k+3k+2k)=36\sqrt{3}$

$36k=36\sqrt{3}$ $\therefore k=\sqrt{3}$

$\therefore \overline{HE}=\sqrt{3}$, $\overline{HF}=3\sqrt{3}$, $\overline{HG}=2\sqrt{3}$

|**2단계**| 두 삼각형 CMH, DHM의 넓이가 서로 같음을 이용하여 선분 HM의 길이 구하기

정삼각형 BCD에서 점 M은 선분 BD의 중점이므로

$\angle CMD=90°$

점 M에서 $\overline{CD}$에 내린 수선의 발을 I라 하면 직각삼각형 MCD에서

$\overline{MC}\times\overline{MD}=\overline{MI}\times\overline{CD}$

$\overline{MC}=\dfrac{\sqrt{3}}{2}\times12=6\sqrt{3}$, $\overline{MD}=\dfrac{1}{2}\times12=6$이므로

$6\sqrt{3}\times6=\overline{MI}\times12$

$\therefore \overline{MI}=3\sqrt{3}$

이때 $\overline{HF}=\overline{MI}=3\sqrt{3}$이므로 사각형 HFIM은 직사각형이다.

$\therefore \overline{HM}/\!/\overline{CD}$

따라서 두 삼각형 CMH, DHM의 밑변의 길이는 $\overline{HM}$, 높이는 $\overline{HF}$로 같으므로

$\triangle CMH=\triangle DHM$

즉, $\dfrac{1}{2}\times\overline{HM}\times\overline{HF}=\dfrac{1}{2}\times\overline{MD}\times\overline{HG}$이므로

$\dfrac{1}{2}\times\overline{HM}\times3\sqrt{3}=\dfrac{1}{2}\times6\times2\sqrt{3}$

$\therefore \overline{HM}=4$

|**3단계**| 삼수선의 정리와 피타고라스 정리를 이용하여 선분 AQ의 길이 구하기

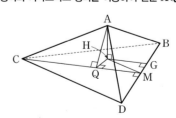

$\overline{AH}\perp$(평면 BCD), $\overline{AQ}\perp\overline{CM}$이므로 삼수선의 정리에 의하여

$\overline{HQ}\perp\overline{CM}$

이때 사각형 HQMG는 직사각형이므로

$\overline{QM}=\overline{HG}=2\sqrt{3}$

직각삼각형 HQM에서

$\overline{HQ}=\sqrt{\overline{HM}^2-\overline{QM}^2}=\sqrt{4^2-(2\sqrt{3})^2}=2$

따라서 직각삼각형 AQH에서

$\overline{AQ}=\sqrt{\overline{AH}^2+\overline{HQ}^2}=\sqrt{3^2+2^2}=\sqrt{13}$

해설특강 ✎

how?❶ $\overline{HE}=k$라 하면 $\triangle CDH=3\triangle BCH$에서

$\dfrac{1}{2}\times12\times\overline{HF}=3\times\left(\dfrac{1}{2}\times12\times k\right)$　　∴ $\overline{HF}=3k$

또, $\triangle DBH=2\triangle BCH$에서

$\dfrac{1}{2}\times12\times\overline{HG}=2\times\left(\dfrac{1}{2}\times12\times k\right)$　　∴ $\overline{HG}=2k$

---

2 2017학년도 9월 평가원 가 29 [정답률 48%]　　　|정답 **12**

출제영역 삼수선의 정리 + 두 평면이 이루는 각의 크기

이면각의 크기를 이용하여 선분의 길이를 구한 후, 사면체의 부피를 구할 수 있는지를 묻는 문제이다.

그림과 같이 직선 l을 교선으로 하고 이루는 각의 크기가 $\dfrac{\pi}{4}$인 두 평면 α와 β❶가 있고, 평면 α 위의 점 A와 평면 β 위의 점 B가 있다. 두 점 A, B에서 직선 l에 내린 수선의 발을 각각 C, D라 하자. $\overline{AB}=2$, $\overline{AD}=\sqrt{3}$이고 직선 AB와 평면 β가 이루는 각의 크기가 $\dfrac{\pi}{6}$❷일 때, 사면체 ABCD의 부피는 $a+b\sqrt{2}$이다. $36(a+b)$의 값을 구하시오. (단, a, b는 유리수이다.) 12

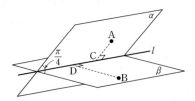

출제코드 이면각의 크기를 이용하여 사면체 ABCD의 높이 구하기

❶ 두 평면 α, β가 이루는 각의 크기는 선분 AC와 평면 β가 이루는 각의 크기와 같다.

❷ 점 A에서 평면 β에 내린 수선의 발을 H라 하면 (직선 AB와 평면 β가 이루는 각의 크기)= ∠ABH

해설 |1단계| 사면체 ABCD의 높이 구하기

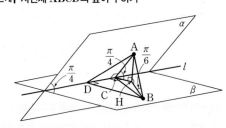

위의 그림과 같이 점 A에서 평면 β에 내린 수선의 발을 H라 하면

$\overline{AH}\perp\beta$, $\overline{AC}\perp l$

이므로 삼수선의 정리에 의하여 $\overline{CH}\perp l$

따라서 두 평면 α, β가 이루는 각의 크기는 ∠ACH의 크기와 같으므로

$\angle ACH=\dfrac{\pi}{4}$

한편, $\overline{AH}\perp\beta$이므로 평면 β 위의 직선 BH에 대하여

$\overline{AH}\perp\overline{BH}$

따라서 직선 AB와 평면 β가 이루는 각의 크기는 ∠ABH의 크기와 같으므로

$\angle ABH=\dfrac{\pi}{6}$

이때 직각삼각형 ABH에서

$\overline{BH}=\overline{AB}\cos\dfrac{\pi}{6}=2\times\dfrac{\sqrt{3}}{2}=\sqrt{3}$,

$\overline{AH}=\overline{AB}\sin\dfrac{\pi}{6}=2\times\dfrac{1}{2}=1$

|2단계| 사면체 ABCD의 밑면 BCD의 넓이 구하기

삼각형 ACH는 직각이등변삼각형이므로

$\overline{CH}=\overline{AH}=1$, $\overline{AC}=\sqrt{2}$

또, 직각삼각형 ACD에서

$\overline{CD}=\sqrt{\overline{AD}^2-\overline{AC}^2}$

　　$=\sqrt{(\sqrt{3})^2-(\sqrt{2})^2}=1$

즉, 평면 β 위의 사각형 BHCD는 오른쪽 그림과 같다. **why?❶**

점 H에서 선분 BD에 내린 수선의 발을 E라 하면 $\overline{HE}=\overline{CD}=1$이므로

직각삼각형 BHE에서

$\overline{BE}=\sqrt{\overline{BH}^2-\overline{HE}^2}$

　　$=\sqrt{(\sqrt{3})^2-1^2}=\sqrt{2}$

∴ $\overline{BD}=\overline{DE}+\overline{BE}=1+\sqrt{2}$

∴ $\triangle BCD=\dfrac{1}{2}\times\overline{BD}\times\overline{CD}$

　　　$=\dfrac{1}{2}\times(1+\sqrt{2})\times1$

　　　$=\dfrac{1+\sqrt{2}}{2}$

|3단계| 사면체 ABCD의 부피 구하기

사면체 ABCD의 부피는

$\dfrac{1}{3}\times\triangle BCD\times\overline{AH}=\dfrac{1}{3}\times\dfrac{1+\sqrt{2}}{2}\times1$

　　　　　　　　　$=\dfrac{1}{6}+\dfrac{\sqrt{2}}{6}$

따라서 $a=\dfrac{1}{6}$, $b=\dfrac{1}{6}$이므로

$36(a+b)=36\times\left(\dfrac{1}{6}+\dfrac{1}{6}\right)=12$

해설특강 ✎

why?❶ $\overline{CH}\perp l$, $\overline{DB}\perp l$이고 두 선분 CH, DB는 평면 β 위에 있으므로 $\overline{CH}\,/\!/\,\overline{DB}$

따라서 사각형 BHCD는 $\overline{CH}\,/\!/\,\overline{DB}$인 사다리꼴이다.

직각삼각형 PAH′에서

$$\overline{AH'}=\sqrt{\overline{PA}^2-\overline{PH'}^2}$$
$$=\sqrt{4^2-(2\sqrt{2})^2}$$
$$=2\sqrt{2}$$
$$\therefore \overline{H'B}=\overline{AB}-\overline{AH'}$$
$$=6\sqrt{2}-2\sqrt{2}$$
$$=4\sqrt{2}$$

따라서 직각삼각형 PH′B에서

$$\overline{PB}=\sqrt{\overline{PH'}^2+\overline{H'B}^2}$$
$$=\sqrt{(2\sqrt{2})^2+(4\sqrt{2})^2}$$
$$=2\sqrt{10}$$

해설특강 ✎

why? ❶ ∠PAB<90°이므로 주어진 그림과 같이 점 H에서 선분 AB에 수선의 발을 내릴 수 있다.
∠PAB>90°이면 점 H에서 직선 AB에 내린 수선의 발은 선분 AB의 외부에 있게 된다.

---

3 2016학년도 수능 B 27 [정답률 84%] 변형　　|정답 ②

출제영역 삼수선의 정리 + 두 평면이 이루는 각의 크기

직선과 평면이 이루는 각의 크기, 두 평면이 이루는 각의 크기와 삼수선의 정리를 이용하여 선분의 길이를 구할 수 있는지를 묻는 문제이다.

평면 α 위의 두 점 A, B에 대하여 $\overline{AB}=6\sqrt{2}$이다. 평면 α 위에 있지 않은 점 P와 평면 α 사이의 거리는 2이고 ∠PAB<90°이다. ❶ 직선 PA와 평면 α가 이루는 각의 크기가 30°이고 ❷ 평면 PAB와 평면 α가 이루는 각의 크기가 45°일 때, 선분 PB의 길이는? ❸

① 6　　　　✓② $2\sqrt{10}$　　　　③ $2\sqrt{11}$
④ $4\sqrt{3}$　　　　⑤ $2\sqrt{13}$

출제코드 점 P에서 평면 α에 내린 수선의 발에서 선분 AB에 수선을 그어 각 선분의 길이 구하기

❶ 점 P에서 평면 α에 내린 수선의 발을 H라 하면 $\overline{PH}=2$이다.
❷ ∠PAH=30°이다.
❸ 점 H에서 선분 AB에 수선을 그은 후 삼수선의 정리를 이용하여 크기가 45°인 각을 찾는다.

해설 | 1단계 | 점 P에서 평면 α에 수선의 발을 내리고 직선과 평면이 이루는 각의 크기를 이용하여 선분 PA의 길이 구하기

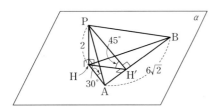

위의 그림과 같이 점 P에서 평면 α에 내린 수선의 발을 H라 하면

$$\overline{PH}=2$$

$\overline{PH}\perp\alpha$이므로

$$\overline{PH}\perp\overline{HA}$$

직선 PA와 평면 α가 이루는 각의 크기가 30°이므로

$$\angle PAH=30°$$

따라서 직각삼각형 PHA에서

$$\overline{PA}=\frac{\overline{PH}}{\sin 30°}=\frac{2}{\frac{1}{2}}=4$$

| 2단계 | 점 H에서 선분 AB에 내린 수선의 발을 H′이라 할 때, 삼수선의 정리와 두 평면이 이루는 각의 크기를 이용하여 선분 PH′의 길이 구하기

$\overline{PH}\perp\alpha$이고 점 H에서 선분 AB에 내린 수선의 발을 H′이라 하면

why? ❶

$\overline{HH'}\perp\overline{AB}$이므로 삼수선의 정리에 의하여

$$\overline{PH'}\perp\overline{AB}$$

따라서 평면 PAB와 평면 α가 이루는 각의 크기는 ∠PH′H의 크기와 같으므로

$$\angle PH'H=45°$$

직각삼각형 PHH′에서

$$\overline{PH'}=\frac{\overline{PH}}{\sin 45°}=\frac{2}{\frac{\sqrt{2}}{2}}=2\sqrt{2}$$

---

4 2022학년도 수능 예시 문항 기하 25 변형　　|정답 ③

출제영역 삼수선의 정리

삼수선의 정리를 이용하여 직각삼각형을 찾고 사면체와 사각뿔의 부피를 비교하여 선분의 길이를 구할 수 있는지를 묻는 문제이다.

좌표공간에서 수직으로 만나는 두 평면 α, β의 교선을 l이라 하자. 평면 α 위의 직선 m과 평면 β 위의 직선 n은 각각 직선 l과 평행하다. 직선 m 위의 $\overline{AP}=3$인 두 점 A, P에 대하여 점 P에서 직선 l에 내린 수선의 발을 Q, 점 Q에서 직선 n에 내린 수선의 발을 B라 하면 $\overline{PQ}=2$, $\overline{AB}=5$이다. ❶ 점 A에서 직선 l에 내린 수선의 발을 H라 할 때, 점 B가 아닌 직선 n 위의 점 C에 대하여 ❷ 사면체 AHBC의 부피가 사각뿔 B-APQH의 부피의 2배일 때, 선분 AC의 길이는? (단, 0°<∠HBC<90°) ❸

① $\sqrt{93}$　　　　② $\sqrt{95}$　　　　✓③ $\sqrt{97}$
④ $3\sqrt{11}$　　　　⑤ $\sqrt{101}$

출제코드 삼수선의 정리를 이용하여 사면체, 사각뿔의 부피 구하기

❶ 삼수선의 정리에 의하여 삼각형 APB가 직각삼각형임을 알 수 있다.
❷ 점 H에서 직선 n에 수선의 발 H′을 내린 후 삼수선의 정리를 이용한다.
❸ $\frac{1}{3}\times\overline{AH}\times\triangle HBC=2\times\left(\frac{1}{3}\times\overline{QB}\times\square APQH\right)$

$\overline{BQ}\perp\alpha$, $\overline{PQ}\perp m$이므로 삼수선의 정리에 의하여

$\overline{BP}\perp m$

따라서 직각삼각형 APB에서

$\overline{PB}=\sqrt{\overline{AB}^2-\overline{AP}^2}$

$\quad=\sqrt{5^2-3^2}=4$

또, 직각삼각형 PQB에서

$\overline{QB}=\sqrt{\overline{PB}^2-\overline{PQ}^2}$

$\quad=\sqrt{4^2-2^2}=2\sqrt{3}$

|2단계| 점 H에서 직선 n에 내린 수선의 발을 H′이라 할 때, 삼수선의 정리를 이용하여 선분 AH′의 길이를 구하고, 사면체와 사각뿔의 부피를 이용하여 선분 BC의 길이 구하기

$\overline{AH}\perp\beta$이고 점 H에서 직선 n에 내린 수선의 발을 H′이라 하면

$\overline{HH'}\perp n$이므로 삼수선의 정리에 의하여

$\overline{AH'}\perp n$

$\therefore \overline{AH'}=\overline{PB}=4$

사면체 AHBC의 부피를 V라 하면

$V=\dfrac{1}{3}\times\overline{AH}\times\triangle HBC$

$\quad=\dfrac{1}{3}\times\overline{AH}\times\left(\dfrac{1}{2}\times\overline{BC}\times\overline{HH'}\right)$

$\quad=\dfrac{1}{3}\times2\times\left(\dfrac{1}{2}\times\overline{BC}\times2\sqrt{3}\right)(\because \overline{AH}=\overline{PQ}=2, \overline{HH'}=\overline{QB}=2\sqrt{3})$

$\quad=\dfrac{2\sqrt{3}}{3}\overline{BC}$

사각뿔 B-APQH의 부피를 W라 하면

$W=\dfrac{1}{3}\times\overline{QB}\times\square APQH$

$\quad=\dfrac{1}{3}\times\overline{QB}\times(\overline{PA}\times\overline{PQ})$

$\quad=\dfrac{1}{3}\times2\sqrt{3}\times(3\times2)$

$\quad=4\sqrt{3}$

이때 $V=2W$이므로

$\dfrac{2\sqrt{3}}{3}\overline{BC}=2\times4\sqrt{3}$

$\therefore \overline{BC}=12$

|3단계| 선분 AC의 길이 구하기

$\overline{H'C}=\overline{BC}-\overline{BH'}$

$\quad=12-3 (\because \overline{BH'}=\overline{PA}=3)$

$\quad=9$

이므로 직각삼각형 AH′C에서

$\overline{AC}=\sqrt{\overline{AH'}^2+\overline{H'C}^2}$

$\quad=\sqrt{4^2+9^2}=\sqrt{97}$

출제영역 삼수선의 정리

원과 접선의 위치 관계 및 삼수선의 정리를 이용하여 점과 직선 사이의 거리를 구할 수 있는지를 묻는 문제이다.

평면 α 위에 $\overline{AB}=5$인 두 점 A, B와 중심이 B이고 반지름의 길이가 3인 원이 있다. 점 A에서 이 원에 그은 한 접선의 접점을 C라 하자. 이 접선 위의 한 점 D에 대하여 $\overline{AC}=\overline{CD}$이고, 점 D를 지나고 평면 α와 수직인 직선 위의 한 점 P에 대하여 $\overline{PD}=4$일 때, 점 B와 직선 AP 사이의 거리를 k라 하자. $5k^2$의 값을 구하시오. 61 (단, 두 점 A, D는 일치하지 않는다.)

출제코드 직선과 평면의 위치 관계, 원의 중심과 접점을 이은 선분과 접선의 위치 관계를 이용하여 직선 BC와 평면 APD의 위치 관계 파악하기

❶ $\overline{AC}\perp\overline{BC}$이다.
❷ 직선 PD는 평면 α와 수직이므로 평면 α 위의 모든 직선과 수직이다.
❸ 점 B에서 직선 AP에 내린 수선의 발을 H라 하면 $\overline{BH}=k$이다.

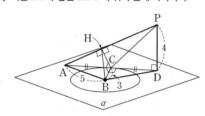

$\overline{PD}\perp\alpha$이므로

$\overline{BC}\perp\overline{PD}$ ······ ㉠

직선 AD는 원의 접선이므로

$\overline{BC}\perp\overline{AD}$ ······ ㉡

㉠, ㉡에서 $\overline{BC}$는 평면 APD 위의 평행하지 않은 두 직선 PD, AD와 수직이므로

$\overline{BC}\perp$ (평면 APD)

|2단계| 점 C에서 직선 AP에 수선의 발 H를 내리고 삼수선의 정리를 이용하여 두 직선 BH, AP가 수직임을 알기

$\overline{BC}\perp$ (평면 APD)이고 점 C에서 직선 AP에 내린 수선의 발을 H라 하면 $\overline{CH}\perp\overline{AP}$이므로 삼수선의 정리에 의하여

$\overline{BH}\perp\overline{AP}$

|3단계| 점 B와 직선 AP 사이의 거리 구하기

직각삼각형 ABC에서

$\overline{AC}=\sqrt{\overline{AB}^2-\overline{BC}^2}=\sqrt{5^2-3^2}=4$

$\therefore \overline{AD}=2\overline{AC}=2\times4=8$

직각삼각형 PAD에서

$\overline{AP}=\sqrt{\overline{AD}^2+\overline{PD}^2}=\sqrt{8^2+4^2}=4\sqrt{5}$

삼각형 ACP의 넓이에서

$\dfrac{1}{2}\times\overline{AC}\times\overline{PD}=\dfrac{1}{2}\times\overline{AP}\times\overline{CH}$

$\dfrac{1}{2}\times4\times4=\dfrac{1}{2}\times4\sqrt{5}\times\overline{CH}$

$\therefore \overline{CH}=\dfrac{4\sqrt{5}}{5}$

따라서 직각삼각형 HBC에서

$$\overline{BH}=\sqrt{\overline{CH}^2+\overline{BC}^2}=\sqrt{\left(\frac{4\sqrt5}{5}\right)^2+3^2}=\sqrt{\frac{61}{5}}$$

이고, 점 B와 직선 AP 사이의 거리는 선분 BH의 길이와 같으므로

$$k=\sqrt{\frac{61}{5}}$$

$$\therefore 5k^2=5\times\frac{61}{5}=61$$

다른 풀이 |3단계| 두 삼각형 CAH, PAD에서

∠CAH=∠PAD (공통), ∠CHA=∠PDA=90°

이므로 △CAH∽△PAD (AA 닮음)

즉, $\overline{AC}:\overline{CH}=\overline{AP}:\overline{PD}$이므로

$$4:\overline{CH}=4\sqrt5:4 \qquad \therefore \overline{CH}=\frac{4\sqrt5}{5}$$

---

6 2022학년도 9월 평가원 기하 29 [정답률 28%] 변형 |정답**3**

출제영역 삼수선의 정리＋두 평면이 이루는 각의 크기
삼수선의 정리를 이용하여 두 평면이 이루는 각의 크기를 구할 수 있는지를 묻는 문제이다.

그림과 같이 반지름의 길이가 10인 원 모양의 종이가 있다. 이 원에 내접하는 정삼각형 ABC가 있고 호 AB와 호 AC를 이등분하는 점을 각각 P, Q라 하자. 이 종이에서 선분 AB를 접는 선으로 하여 활꼴을 접어 올리고 선분 AC를 접는 선으로 하여 반대 방향으로 활꼴을 접어 내렸을 때, 두 점 P, Q에서 평면 ABC에 내린 수선의 발을 각각 H_1, H_2라 하면 두 점 H_1, H_2는 정삼각형 ABC의 내부에 놓여 있고, $\overline{PH_1}=4$, $\overline{QH_2}=4$이다. ❶ 두 평면 APQ와 ABC가 이루는 각의 크기가 θ일 때, $19\cos^2\theta$의 값을 구하시오. **3** ❷
(단, 종이의 두께는 고려하지 않는다.)

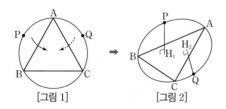

[그림 1]   →   [그림 2]

출제코드 삼수선의 정리를 이용하여 점 H_1, H_2의 위치를 파악한 후 두 평면이 이루는 각의 크기 구하기
❶ 두 점 P, Q에서 선분 AB, AC에 수선의 발을 내린 후 삼수선의 정리를 이용하여 두 점 H_1, H_2의 위치를 파악한다.
❷ 두 평면 APQ와 ABC가 만나는 직선을 파악한 후 그 직선과 각 평면에 수직인 직선을 찾는다.

해설 |1단계| 삼수선의 정리를 이용하여 평면 ABC 위의 두 점 H_1, H_2의 위치 파악하기

점 P에서 선분 AB에 내린 수선의 발을 H_1', 점 Q에서 선분 AC에 내린 수선의 발을 H_2'이라 하면 두 점 H_1', H_2'은 각각 두 선분 AB, AC의 중점이다. **why?** ❶

[그림 2]에서 $\overline{PH_1}\perp$(평면 ABC),
$\overline{PH_1}\perp\overline{AB}$이므로 삼수선의 정리에 의하여
$\overline{H_1'H_1}\perp\overline{AB}$

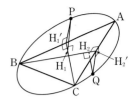

따라서 세 점 H_1', H_1, C는 한 직선 위에 있다.

또, $\overline{QH_2}\perp$(평면 ABC), $\overline{QH_2'}\perp\overline{AC}$이므로 삼수선의 정리에 의하여
$\overline{H_2'H_2}\perp\overline{AC}$

따라서 세 점 H_2', H_2, B는 한 직선 위에 있다.

|2단계| 선분 H_1H_2의 길이 구하기

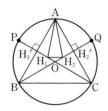

두 직선 BH_2', CH_1'이 만나는 점을 O라 하면 점 O는 주어진 원의 중심이고 삼각형 ABC의 무게중심이므로 **why?** ❷

$$\overline{OH_1'}=\overline{OH_2'}=\frac{1}{2}\times10=5$$

$\overline{OP}=\overline{OQ}=10$이므로

$$\overline{PH_1'}=\overline{QH_2'}=5$$

직각삼각형 $PH_1'H_1$에서

$$\overline{H_1'H_1}=\sqrt{\overline{PH_1'}^2-\overline{PH_1}^2}=\sqrt{5^2-4^2}=3$$

또, 직각삼각형 $QH_2'H_2$에서

$$\overline{H_2'H_2}=\sqrt{\overline{QH_2'}^2-\overline{QH_2}^2}=\sqrt{5^2-4^2}=3$$

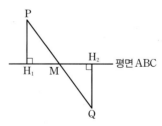

따라서

$$\overline{OH_1}=\overline{OH_1'}-\overline{H_1'H_1}=5-3=2,$$
$$\overline{OH_2}=\overline{OH_2'}-\overline{H_2'H_2}=5-3=2$$

이고, 삼각형 OH_1H_2에서 $\angle H_1OH_2=\frac{2}{3}\pi$이므로 코사인법칙에 의하여

$$\overline{H_1H_2}^2=\overline{OH_1}^2+\overline{OH_2}^2-2\times\overline{OH_1}\times\overline{OH_2}\times\cos\frac{2}{3}\pi$$
$$=2^2+2^2-2\times2\times2\times\left(-\frac{1}{2}\right)=12$$

$$\therefore \overline{H_1H_2}=2\sqrt3 \ (\because \overline{H_1H_2}>0)$$

|3단계| 두 평면 APQ와 ABC가 이루는 각의 크기 θ에 대하여 $19\cos^2\theta$의 값 구하기

위의 그림과 같이 직선 PQ와 평면 ABC가 만나는 점은 선분 H_1H_2의 중점이므로 두 평면 APQ와 ABC의 교선은 직선 AO이다.

선분 H_1H_2의 중점을 M이라 하면

$\overline{AO}\perp\overline{MH_1}$, $\overline{AO}\perp\overline{PM}$

이므로 $\theta=\angle PMH_1$

$$\therefore \overline{PM}=\sqrt{\overline{MH_1}^2+\overline{PH_1}^2}$$
$$=\sqrt{(\sqrt{3})^2+4^2}\left(\because \overline{MH_1}=\frac{1}{2}\overline{H_1H_2}=\sqrt{3}\right)$$
$$=\sqrt{19}$$

따라서 직각삼각형 PMH_1에서
$$\cos\theta=\frac{\overline{MH_1}}{\overline{PM}}=\frac{\sqrt{3}}{\sqrt{19}}=\frac{\sqrt{57}}{19}$$
$$\therefore 19\cos^2\theta=19\times\left(\frac{\sqrt{57}}{19}\right)^2=3$$

해설특강 🖍

why? ❶ $\overline{PA}=\overline{PB}$이므로 삼각형 PAB는 이등변삼각형이다.
따라서 직선 $PH_1{}'$은 선분 AB의 수직이등분선이므로 점 $H_1{}'$은 선분 AB의 중점이다. 마찬가지로 점 $H_2{}'$은 선분 AC의 중점이다.

why? ❷ 정삼각형의 외심은 무게중심과 일치한다.

핵심 개념 | **코사인법칙 (수학 Ⅰ)**

삼각형 ABC에서
$$a^2=b^2+c^2-2bc\cos A$$
$$b^2=c^2+a^2-2ca\cos B$$
$$c^2=a^2+b^2-2ab\cos C$$

7
|정답①

출제영역 | 삼수선의 정리 ＋ 두 평면이 이루는 각의 크기
두 평면이 이루는 각의 크기와 삼수선의 정리를 이용하여 선분의 길이를 구할 수 있는지를 묻는 문제이다.

> 두 평면 α, β가 이루는 각의 크기를 θ라 할 때, $\cos\theta=\dfrac{2}{5}$이다. 두 ❶ 평면 α, β의 교선을 l이라 할 때, 평면 α 위의 서로 다른 네 점 A, B, C, D가 다음 조건을 만족시킨다.
>
> ⑺ 점 A는 직선 l 위에 있다.
> ⑻ $\overline{BD}=4$이고, 직선 BD는 직선 l과 평행하다.
> ⑼ 세 점 B, C, D에서 평면 β에 내린 수선의 발을 각각 B', C', D'이라 할 때, 사각형 $AB'C'D'$은 한 변의 길이가 3인 마름모 ❷ 이다.

선분 BC의 길이는?

✓① $\dfrac{\sqrt{141}}{2}$　　② $\dfrac{\sqrt{142}}{2}$　　③ $\dfrac{\sqrt{143}}{2}$

④ 6　　⑤ $\dfrac{\sqrt{145}}{2}$

출제코드 | 이면각의 정의를 이용하여 두 평면이 이루는 각의 크기가 $\angle CAC'$의 크기와 같음을 알기
❶ 삼수선의 정리를 이용하여 크기가 θ인 각을 찾는다.
❷ 마름모의 두 대각선은 서로 수직이므로 $\overline{C'A}\perp\overline{B'D'}$이다.

해설 | **1단계** | 두 평면 α, β가 이루는 각의 크기가 $\angle CAC'$의 크기와 같음을 알기

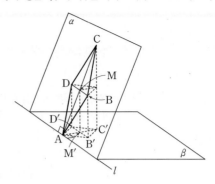

$\overline{BD}\parallel l$이므로 $\overline{B'D'}\parallel l$
마름모 $AB'C'D'$의 두 대각선은 서로 수직이므로
$\overline{C'A}\perp\overline{B'D'}$, 즉 $\overline{C'A}\perp l$
이때 $\overline{CC'}\perp\beta$이므로 삼수선의 정리에 의하여
$\overline{CA}\perp l$
$$\therefore \angle CAC'=\theta$$

2단계 | 두 선분 BD, $B'D'$의 중점을 각각 M, M'이라 하고 선분 CM의 길이 구하기

두 선분 BD, $B'D'$의 중점을 각각 M, M'이라 하면
$$\overline{B'M'}=\frac{1}{2}\overline{B'D'}=\frac{1}{2}\times4=2\,(\because \overline{B'D'}=\overline{BD}=4)$$

직각삼각형 $C'M'B'$에서
$$\overline{C'M'}=\sqrt{\overline{B'C'}^2-\overline{B'M'}^2}=\sqrt{3^2-2^2}=\sqrt{5}$$

또, 직각삼각형 CAC'에서
$$\cos\theta=\frac{\overline{AC'}}{\overline{AC}}=\frac{2\overline{C'M'}}{2\overline{CM}}=\frac{\overline{C'M'}}{\overline{CM}}=\frac{\sqrt{5}}{\overline{CM}}=\frac{2}{5}$$
$$\therefore \overline{CM}=\frac{5\sqrt{5}}{2}$$

3단계 | 직각삼각형을 찾아 선분 BC의 길이 구하기

직각삼각형 CMB에서
$$\overline{BC}=\sqrt{\overline{BM}^2+\overline{CM}^2}$$
$$=\sqrt{2^2+\left(\frac{5\sqrt{5}}{2}\right)^2}\,(\because \overline{BM}=\overline{B'M'}=2)$$
$$=\frac{\sqrt{141}}{2}$$

참고 | 점 M은 선분 BD의 중점이므로 $\overline{BM}=\overline{DM}$
또, $\overline{AM'}=\overline{AM}\cos\theta$이므로
$$\overline{AM}=\frac{\overline{AM'}}{\cos\theta}=\frac{5}{2}\overline{AM'}$$
$\overline{C'M'}=\overline{CM}\cos\theta$이므로
$$\overline{CM}=\frac{\overline{C'M'}}{\cos\theta}=\frac{5}{2}\overline{C'M'}$$
이때 $\overline{AM'}=\overline{C'M'}$이므로 $\overline{AM}=\overline{CM}$
즉, 두 선분 AC, BD는 서로를 이등분한다.
한편, $\overline{BD}\parallel l$, $\overline{AC}\perp l$이므로 $\overline{BD}\perp\overline{AC}$
따라서 두 선분 AC, BD는 서로를 수직이등분하므로 사각형 $ABCD$는 마름모이다.

8

출제영역 삼수선의 정리

네 직선이 평행할 때 삼수선의 정리를 이용하여 선분의 길이를 구할 수 있는지를 묻는 문제이다.

좌표공간에서 수직으로 만나는 두 평면 α, β의 교선을 l이라 하자. 평면 α 위의 직선 k와 평면 β 위의 두 직선 m, n에 대하여 세 직선 k, m, n은 모두 직선 l과 평행하다. 직선 k 위의 서로 다른 두 점 A, B에 대하여 점 A에서 직선 l에 내린 수선의 발을 P라 하고, 점 P에서 직선 m에 내린 수선의 발을 C라 하자. 점 B에서 직선 l에 내린 수선의 발을 Q라 하고, 점 Q에서 직선 n에 내린 수선의 발을 D라 하자. 점 A, B, C, D, P, Q가 다음 조건을 만족시킨다.❶

> (가) $\overline{AP}=4$, $\overline{PC}=3$, $\overline{QD}=4$
> (나) 삼각형 BCD의 넓이는 6이다.❷

선분 CD의 길이는?❸

(단, 평면 β 위의 두 직선 m, n은 직선 l을 기준으로 같은 쪽에 있다.)

① $\sqrt{3}$　　　　② 2　　　　✓③ $\sqrt{5}$
④ $\sqrt{6}$　　　　⑤ $\sqrt{7}$

출제코드 점 C에서 선분 BD에 내린 수선의 발을 H, 직선 m과 선분 DQ의 교점을 E라 할 때, 삼각형 BDE의 넓이를 이용하여 선분 EH의 길이 구하기

❶ 직선 m과 선분 DQ의 교점을 E라 하고, 삼수선의 정리를 이용하여 선분 EH의 길이를 구한다.

❷ 점 C에서 선분 BD에 내린 수선의 발을 H라 하면 $\frac{1}{2}\times\overline{BD}\times\overline{CH}=6$이다.

❸ 직각삼각형 CDE에서 $\overline{CD}=\sqrt{\overline{CE}^2+\overline{ED}^2}$ 이다.

해설 |1단계| 점 C에서 선분 BD에 내린 수선의 발을 H라 할 때, 선분 CH의 길이 구하기

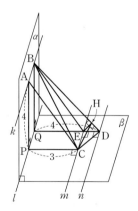

직각삼각형 BQD에서

$$\overline{BD}=\sqrt{\overline{BQ}^2+\overline{QD}^2}$$
$$=\sqrt{4^2+4^2}\ (\because \overline{BQ}=\overline{AP}=4)$$
$$=4\sqrt{2}$$

점 C에서 선분 BD에 내린 수선의 발을 H라 하면 삼각형 BCD의 넓이가 6이므로

$$\frac{1}{2}\times\overline{BD}\times\overline{CH}=\frac{1}{2}\times4\sqrt{2}\times\overline{CH}=6$$

$$\therefore \overline{CH}=\frac{3\sqrt{2}}{2}$$

|2단계| 삼수선의 정리를 이용하여 선분 EH의 길이 구하기

직선 m과 선분 DQ의 교점을 E라 하면 $m\perp\overline{DQ}$, $m\perp\overline{BQ}$이므로

$m\perp(\text{평면 BQD})$

즉, $\overline{CE}\perp(\text{평면 BQD})$이고, $\overline{CH}\perp\overline{BD}$이므로 삼수선의 정리에 의하여

$\overline{EH}\perp\overline{BD}$

$$\overline{ED}=\overline{QD}-\overline{QE}$$
$$=4-3\ (\because \overline{QE}=\overline{PC}=3)$$
$$=1$$

이므로 삼각형 BDE의 넓이에서

$$\frac{1}{2}\times\overline{ED}\times\overline{BQ}=\frac{1}{2}\times\overline{BD}\times\overline{EH}$$

$$\frac{1}{2}\times1\times4=\frac{1}{2}\times4\sqrt{2}\times\overline{EH}$$

$$\therefore \overline{EH}=\frac{\sqrt{2}}{2}$$

|3단계| 직각삼각형을 찾아 선분 CD의 길이 구하기

$\overline{CE}\perp(\text{평면 BQD})$이므로

$\overline{CE}\perp\overline{EH}$

직각삼각형 CEH에서

$$\overline{CE}=\sqrt{\overline{CH}^2-\overline{EH}^2}$$
$$=\sqrt{\left(\frac{3\sqrt{2}}{2}\right)^2-\left(\frac{\sqrt{2}}{2}\right)^2}=2$$

따라서 직각삼각형 CDE에서

$$\overline{CD}=\sqrt{\overline{CE}^2+\overline{ED}^2}$$
$$=\sqrt{2^2+1^2}=\sqrt{5}$$

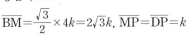

THEME 06 정사영

본문 36쪽

기출예시 1 | 정답 ②

$\overline{DP}=k\,(k>0)$라 하면 $\overline{PC}=3k$이고 정사면체의 한 모서리의 길이는 $4k$이다.

오른쪽 그림과 같이 점 B에서 선분 CD에 내린 수선의 발을 M이라 하면 점 M은 선분 CD의 중점이므로

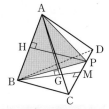

$$\overline{BM}=\frac{\sqrt{3}}{2}\times 4k=2\sqrt{3}k,\ \overline{MP}=\overline{DP}=k$$

직각삼각형 BMP에서

$$\overline{BP}=\sqrt{\overline{BM}^2+\overline{MP}^2}=\sqrt{(2\sqrt{3}k)^2+k^2}=\sqrt{13}k$$

두 삼각형 APD, BPD는 서로 합동이므로 $\overline{AP}=\overline{BP}=\sqrt{13}k$

따라서 삼각형 ABP는 이등변삼각형이므로 점 P에서 선분 AB에 내린 수선의 발을 H라 하면

$$\overline{AH}=\overline{BH}=2k$$

직각삼각형 BPH에서

$$\overline{PH}=\sqrt{\overline{BP}^2-\overline{BH}^2}=\sqrt{(\sqrt{13}k)^2-(2k)^2}=3k$$

$$\therefore \triangle ABP=\frac{1}{2}\times\overline{AB}\times\overline{PH}=\frac{1}{2}\times 4k\times 3k=6k^2$$

한편, 점 A에서 평면 BCD에 내린 수선의 발을 G라 하면 삼각형 ABP의 평면 BCD 위로의 정사영은 삼각형 GBP이고, 점 G는 정삼각형 BCD의 무게중심이므로 선분 BM을 2 : 1로 내분한다.

$$\therefore \triangle GBP=\frac{2}{3}\triangle PBM=\frac{2}{3}\times\frac{1}{4}\triangle BCD$$
$$=\frac{2}{3}\times\frac{1}{4}\times\left\{\frac{\sqrt{3}}{4}\times(4k)^2\right\}=\frac{2\sqrt{3}}{3}k^2$$

$$\therefore \cos\theta=\frac{\triangle GBP}{\triangle ABP}=\frac{\frac{2\sqrt{3}}{3}k^2}{6k^2}=\frac{\sqrt{3}}{9}$$

 TRAINING

본문 37쪽

TRAINING 문제 1 | 정답 (1) $\frac{3}{5}$ (2) $\frac{\sqrt{3}}{3}$

(1) 두 평면 ABC, DEF는 서로 평행하므로 직선 EM과 평면 DEF가 이루는 각의 크기는 직선 EM과 평면 ABC가 이루는 각의 크기와 같다.

선분 EM의 평면 ABC 위로의 정사영은 선분 BM이므로 정삼각형 ABC에서

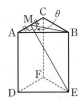

$$\overline{BM}=\frac{\sqrt{3}}{2}\times 3=\frac{3\sqrt{3}}{2}$$

$\overline{EB}\perp$(평면 ABC)에서 $\overline{BM}\perp\overline{EB}$이므로 직각삼각형 EBM에서

$$\overline{EM}=\sqrt{\overline{BM}^2+\overline{BE}^2}=\sqrt{\left(\frac{3\sqrt{3}}{2}\right)^2+(2\sqrt{3})^2}=\frac{5\sqrt{3}}{2}$$

$$\therefore \cos\theta=\frac{\overline{BM}}{\overline{EM}}=\frac{\frac{3\sqrt{3}}{2}}{\frac{5\sqrt{3}}{2}}=\frac{3}{5}$$

(2) 주어진 정육면체의 한 모서리의 길이를 $k\,(k>0)$라 하면

$$\overline{BD}=\sqrt{2}k,\ \overline{CM}=\overline{BM}=\frac{1}{2}\overline{BD}=\frac{1}{2}\times\sqrt{2}k=\frac{\sqrt{2}}{2}k$$

오른쪽 그림과 같이 점 C에서 평면 BGD에 내린 수선의 발을 K라 하면 선분 CM의 평면 BGD 위로의 정사영은 선분 KM이고, 점 K는 정삼각형 BGD의 무게중심이다.

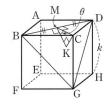

$\overline{CK}\perp$(평면 BGD), $\overline{CM}\perp\overline{BD}$이므로 삼수선의 정리에 의하여

$$\overline{KM}\perp\overline{BD}$$

정삼각형 BGD의 높이는

$$\overline{MG}=\frac{\sqrt{3}}{2}\overline{BD}=\frac{\sqrt{3}}{2}\times\sqrt{2}k=\frac{\sqrt{6}}{2}k$$

이므로

$$\overline{KM}=\frac{1}{3}\overline{MG}=\frac{1}{3}\times\frac{\sqrt{6}}{2}k=\frac{\sqrt{6}}{6}k$$

$$\therefore \cos\theta=\frac{\overline{KM}}{\overline{CM}}=\frac{\frac{\sqrt{6}}{6}k}{\frac{\sqrt{2}}{2}k}=\frac{\sqrt{3}}{3}$$

TRAINING 문제 2 | 정답 (1) $\frac{6}{7}$ (2) $\frac{\sqrt{6}}{3}$

(1) 두 평면 ABCD, EFGH는 서로 평행하므로 두 평면 AFM, EFGH가 이루는 각의 크기는 두 평면 AFM, ABCD가 이루는 각의 크기와 같다.

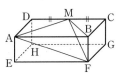

삼각형 AFM의 평면 ABCD 위로의 정사영은 삼각형 ABM이고

$$\triangle ABM=\frac{1}{2}\square ABCD=\frac{1}{2}\times 3\times 1=\frac{3}{2}$$

한편, 직각삼각형 AFB에서

$$\overline{AF}=\sqrt{\overline{AB}^2+\overline{BF}^2}=\sqrt{3^2+1^2}=\sqrt{10}$$

$$\overline{DM}=\frac{1}{2}\overline{CD}=\frac{1}{2}\times 3=\frac{3}{2}$$이므로 직각삼각형 AMD에서

$$\overline{AM}=\sqrt{\overline{AD}^2+\overline{DM}^2}=\sqrt{1^2+\left(\frac{3}{2}\right)^2}=\frac{\sqrt{13}}{2}$$

또, $\overline{BM}=\overline{AM}=\frac{\sqrt{13}}{2}$이고, $\overline{BF}\perp$(평면 ABCD)에서

$\overline{BF}\perp\overline{BM}$이므로 직각삼각형 BMF에서

$$\overline{MF}=\sqrt{\overline{BM}^2+\overline{BF}^2}=\sqrt{\left(\frac{\sqrt{13}}{2}\right)^2+1^2}=\frac{\sqrt{17}}{2}$$

오른쪽 그림과 같이 점 M에서 선분 AF에 내린 수선의 발을 N이라 하고 $\overline{MN}=x,\ \overline{AN}=y\,(x>0,\ y>0)$라 하면

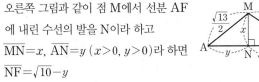

$$\overline{NF}=\sqrt{10}-y$$

06. 정사영 **47**

두 직각삼각형 ANM, MNF에서

$$x^2+y^2=\frac{13}{4} \qquad \cdots\cdots\;\text{㉠}$$

$$x^2+(\sqrt{10}-y)^2=\frac{17}{4} \qquad \cdots\cdots\;\text{㉡}$$

㉡−㉠을 하면

$$-2\sqrt{10}\,y+10=1 \qquad \therefore y=\frac{9\sqrt{10}}{20}$$

이를 ㉠에 대입하면

$$x^2+\frac{81}{40}=\frac{13}{4},\;x^2=\frac{49}{40} \qquad \therefore x=\frac{7\sqrt{10}}{20}\;(\because x>0)$$

$$\therefore \triangle\text{AFM}=\frac{1}{2}\times\overline{\text{AF}}\times\overline{\text{MN}}=\frac{1}{2}\times\sqrt{10}\times\frac{7\sqrt{10}}{20}=\frac{7}{4}$$

$$\therefore \cos\theta=\frac{\triangle\text{ABM}}{\triangle\text{AFM}}=\frac{\dfrac{3}{2}}{\dfrac{7}{4}}=\frac{6}{7}$$

(2) 네 점 A, P, Q, R의 평면 BCD 위로의 정사영을 각각 A′, P′, Q′, R′이라 하면 삼각형 PQR의 평면 BCD 위로의 정사영은 삼각형 P′Q′R′이다.

$\overline{\text{AQ}}:\overline{\text{AC}}=\overline{\text{AR}}:\overline{\text{AD}}=2:3$이므로 $\overline{\text{QR}}\,/\!/\,\overline{\text{CD}}$

즉, $\overline{\text{QR}}:\overline{\text{CD}}=2:3$이므로

$$\overline{\text{QR}}:6=2:3,\;3\overline{\text{QR}}=12$$

$$\therefore \overline{\text{QR}}=4$$

또, 삼각형 APQ에서

$$\overline{\text{AP}}=\frac{1}{3}\overline{\text{AB}}=\frac{1}{3}\times6=2,$$

$$\overline{\text{AQ}}=\frac{2}{3}\overline{\text{AC}}=\frac{2}{3}\times6=4$$

이고 ∠QAP=60°이므로 삼각형 APQ는
∠APQ=90°인 직각삼각형이다.

$$\therefore \overline{\text{PQ}}=\sqrt{\overline{\text{AQ}}^2-\overline{\text{AP}}^2}=\sqrt{4^2-2^2}=2\sqrt{3}$$

$\overline{\text{PQ}}=\overline{\text{PR}}=2\sqrt{3}$이므로 점 P에서 선분 QR에 내린 수선의 발을 S라 하면

$$\overline{\text{QS}}=\frac{1}{2}\overline{\text{QR}}=\frac{1}{2}\times4=2$$

직각삼각형 PQS에서

$$\overline{\text{PS}}=\sqrt{\overline{\text{PQ}}^2-\overline{\text{QS}}^2}=\sqrt{(2\sqrt{3})^2-2^2}=2\sqrt{2}$$

$$\therefore \triangle\text{PQR}=\frac{1}{2}\times\overline{\text{QR}}\times\overline{\text{PS}}=\frac{1}{2}\times4\times2\sqrt{2}=4\sqrt{2}$$

한편, 점 A′은 정삼각형 BCD의 무게중심이고, 모서리 AB의 평면 BCD 위로의 정사영은 선분 A′B이므로 점 P′은 선분 A′B를 1 : 2로 내분한다.
모서리 AC의 평면 BCD 위로의 정사영은 선분 A′C이므로 점 Q′은 선분 A′C를 2 : 1로 내분한다.
모서리 AD의 평면 BCD 위로의 정사영은 선분 A′D이므로 점 R′은 선분 A′D를 2 : 1로 내분한다.
두 삼각형 A′Q′R′, A′CD가 서로 닮음이고 닮음비가 2 : 3이므로 넓이의 비는 4 : 9이다. 즉,

$\overline{\text{A′Q′}}:\overline{\text{A′C}}=\overline{\text{A′R′}}:\overline{\text{A′D}}=2:3,$
∠Q′A′R′은 공통

$$\triangle\text{A′Q′R′}=\frac{4}{9}\triangle\text{A′CD}=\frac{4}{9}\times\frac{1}{3}\triangle\text{DBC}$$

$$=\frac{4}{9}\times\frac{1}{3}\times\left(\frac{\sqrt{3}}{4}\times6^2\right)=\frac{4\sqrt{3}}{3}$$

$$\triangle\text{A′R′P′}=\triangle\text{A′P′Q′}=\frac{1}{2}\triangle\text{A′Q′R′}=\frac{2\sqrt{3}}{3}$$

$$\therefore \triangle\text{P′Q′R′}=\triangle\text{A′P′Q′}+\triangle\text{A′Q′R′}+\triangle\text{A′R′P′}$$

$$=\frac{2\sqrt{3}}{3}+\frac{4\sqrt{3}}{3}+\frac{2\sqrt{3}}{3}=\frac{8\sqrt{3}}{3}$$

$$\therefore \cos\theta=\frac{\triangle\text{P′Q′R′}}{\triangle\text{PQR}}=\frac{\dfrac{8\sqrt{3}}{3}}{4\sqrt{2}}=\frac{\sqrt{6}}{3}$$

1등급 완성 3단계 문제연습
본문 38~41쪽

1 10	**2** 13	**3** 25	**4** 15
5 51	**6** 52	**7** 17	

1 2014학년도 수능 예비 시행 B 30 [정답률 16%]　　　| 정답 **10**

[출제영역] **두 평면이 이루는 각의 크기 + 정사영의 넓이**
정사영을 이용하여 두 평면이 이루는 각의 코사인 값을 구할 수 있는지를 묻는 문제이다.

반지름의 길이가 2인 구의 중심 O를 지나는 평면을 α라 하고, 평면 α와 이루는 각이 45°인 평면을 β라 하자. 평면 α와 구가 만나서 생기는 원을 C_1, 평면 β와 구가 만나서 생기는 원을 C_2라 하자. 원 $C_2$❶의 중심 A와 평면 α 사이의 거리가 $\dfrac{\sqrt{6}}{2}$❸일 때, 그림과 같이 다음 조건을 만족하도록 원 C_1 위에 점 P, 원 C_2 위에 두 점 Q, R를 잡는다.

(가) ∠QAR=90°
(나) 직선 OP와 직선 AQ는 서로 평행하다.

평면 PQR와 평면 AQPO가 이루는 각을 θ라 할 때, $\cos^2\theta=\dfrac{q}{p}$❷이다. $p+q$의 값을 구하시오. (단, p와 q는 서로소인 자연수이다.)

10

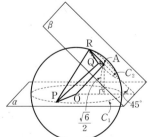

[킬러코드] **삼각형 PQR의 평면 AQPO 위로의 정사영이 삼각형 PQA임을 이용하기**
❶ $\overline{\text{OA}}\perp\beta$이므로 $\overline{\text{OA}}\perp\overline{\text{RA}}$이다.
❷ 삼각형 PQR의 평면 AQPO 위로의 정사영은 삼각형 PQA이다.
❸ 점 A에서 평면 α에 내린 수선의 발을 H라 하면 $\triangle\text{OHA}$는 직각이등변삼각형이므로 선분 OA의 길이를 구할 수 있다.

|1단계| 삼각형 PQR의 평면 AQPO 위로의 정사영 찾기

$\overline{OA} \perp \beta$이고 선분 RA는 평면 β 위에 있으므로

$\overline{OA} \perp \overline{RA}$

또, $\overline{RA} \perp \overline{QA}$이므로

$\overline{RA} \perp$ (평면 AQPO) **why? ❶**

따라서 삼각형 PQR의 평면 AQPO 위로의 정사영은 삼각형 PQA
이다.

|2단계| 삼각형 PQA의 넓이 구하기

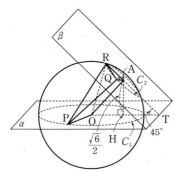

위의 그림과 같이 점 A에서 평면 α에 내린 수선의 발을 H, 두 직선
RA, OH의 교점을 T라 하면

직각삼각형 OTA에서

$\angle AOT = 90° - 45° = 45°$ ← 즉, $\triangle OHA$는 직각이등변삼각형이다.

직각삼각형 OHA에서

$\angle OAH = 90° - \angle AOH = 90° - 45° = 45°$

이므로

$\overline{OH} = \overline{AH} = \dfrac{\sqrt{6}}{2}$

$\overline{OA} = \sqrt{2}\,\overline{OH} = \sqrt{2} \times \dfrac{\sqrt{6}}{2} = \sqrt{3}$

직각삼각형 OAR에서

$\overline{RA} = \sqrt{\overline{OR}^2 - \overline{OA}^2} = \sqrt{2^2 - (\sqrt{3})^2} = 1$

따라서 원 C_2의 반지름의 길이는 1이므로 직각삼각형 QAR에서

$\overline{QA} = \overline{RA} = 1$, $\overline{RQ} = \sqrt{2}$

$\therefore \triangle PQA = \dfrac{1}{2} \times \overline{QA} \times \overline{OA}$

$\qquad = \dfrac{1}{2} \times 1 \times \sqrt{3} = \dfrac{\sqrt{3}}{2}$ **why? ❷**

|3단계| 삼각형 PQR의 넓이 구하기

오른쪽 그림과 같이 사다리꼴 AQPO의 꼭짓점
Q에서 $\overline{OP}$에 내린 수선의 발을 H'이라 하면

$\overline{PH'} = \overline{PO} - \overline{H'O} = 2 - 1 = 1\ (\because \overline{H'O} = \overline{QA} = 1)$,

$\overline{QH'} = \overline{AO} = \sqrt{3}$이므로

직각삼각형 QPH'에서

$\overline{PQ} = \sqrt{\overline{PH'}^2 + \overline{QH'}^2} = \sqrt{1^2 + (\sqrt{3})^2} = 2$

직각삼각형 APO에서

$\overline{AP} = \sqrt{\overline{PO}^2 + \overline{OA}^2} = \sqrt{2^2 + (\sqrt{3})^2} = \sqrt{7}$

직각삼각형 PAR에서

$\overline{RP} = \sqrt{\overline{AP}^2 + \overline{RA}^2} = \sqrt{(\sqrt{7})^2 + 1^2} = 2\sqrt{2}$

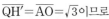

오른쪽 그림과 같이 점 Q에서 직선 RP에 내린 수선
의 발을 Z라 하고,

$\overline{RZ} = x$, $\overline{PZ} = y$, $\overline{QZ} = h\ (x>0,\ y>0,\ h>0)$라 하
면 두 직각삼각형 RZQ, PQZ에서

$h^2 = 2 - x^2$, $h^2 = 4 - y^2$

이므로

$2 - x^2 = 4 - y^2$

$x^2 - y^2 = -2$

$\therefore (x+y)(x-y) = -2$

이때 $x + y = \overline{RP} = 2\sqrt{2}$이므로

$2\sqrt{2}(x-y) = -2$

$\therefore x - y = -\dfrac{\sqrt{2}}{2}$ $\quad$ ...... ㉠

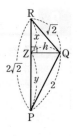

㉠과 $x + y = 2\sqrt{2}$를 연립하여 풀면

$x = \dfrac{3\sqrt{2}}{4}$, $y = \dfrac{5\sqrt{2}}{4}$

$\therefore \overline{QZ} = h = \sqrt{2 - x^2} = \sqrt{2 - \left(\dfrac{3\sqrt{2}}{4}\right)^2} = \dfrac{\sqrt{14}}{4}$

$\therefore \triangle PQR = \dfrac{1}{2} \times \overline{RP} \times \overline{QZ}$

$\qquad = \dfrac{1}{2} \times 2\sqrt{2} \times \dfrac{\sqrt{14}}{4}$

$\qquad = \dfrac{\sqrt{7}}{2}$

|4단계| $\cos\theta$의 값 구하기

$\cos\theta = \dfrac{\triangle PQA}{\triangle PQR} = \dfrac{\dfrac{\sqrt{3}}{2}}{\dfrac{\sqrt{7}}{2}} = \dfrac{\sqrt{3}}{\sqrt{7}}$이므로

$\cos^2\theta = \left(\dfrac{\sqrt{3}}{\sqrt{7}}\right)^2 = \dfrac{3}{7}$

따라서 $p = 7$, $q = 3$이므로

$p + q = 7 + 3 = 10$

why? ❶ $\overline{OA}$, $\overline{QA}$는 평면 AQPO 위의 평행하지 않은 두 선분이므로
$\overline{RA} \perp \overline{OA}$, $\overline{RA} \perp \overline{QA}$이면 $\overline{RA}$는 평면 AQPO에 수직이다.

why? ❷ $\overline{OP} /\!/ \overline{AQ}$, $\overline{OA} \perp \beta$이므로
$\overline{OP} \perp \overline{OA}$
따라서 삼각형 PQA에서 $\overline{QA}$를 밑변으로 생각하면 높이는 $\overline{OA}$이다.

출제영역 정사영의 넓이 + 삼수선의 정리

두 평면이 이루는 각의 크기가 주어졌을 때 삼각형의 정사영의 넓이를 구할 수 있는지를 묻는 문제이다.

그림과 같이 합동인 두 직각삼각형의 빗변을 붙여 만든 사각형 ABCD 모양의 종이가 있다. 선분 AC를 접는 선으로 하여 두 직각삼각형 ABC, ADC가 이루는 각의 크기가 120°가 되도록 종이를 접어 사면체 ABCD를 만들었다. $\overline{AB}=\overline{AD}=2$, $\overline{BC}=\overline{DC}=\sqrt{2}$ ❶ 일 때, 사면체 ABCD에서 삼각형 ABC의 평면 ABD 위로의 정사영의 넓이는 $\frac{q}{p}\sqrt{3}$이다. p^2+q^2의 값을 구하시오. (단, 종이의 두 ❷ 께는 고려하지 않으며, p와 q는 서로소인 자연수이다.) 13

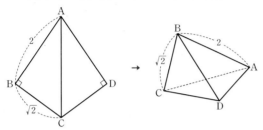

킬러코드 두 평면 ABC, ABD가 이루는 각의 크기 구하기

❶ 선분 BD의 길이는 두 점 B, D에서 선분 AC에 각각 수선의 발을 내려 구할 수 있다.

❷ 두 선분 AB, AC의 중점을 각각 M, E라 하면 $\overline{EM}\perp\overline{AB}$, $\overline{DM}\perp\overline{AB}$이 므로 두 평면 ABC, ABD가 이루는 각의 크기는 ∠EMD의 크기와 같다.

해설 |1단계| 선분 BD의 길이 구하기

오른쪽 그림과 같이 두 점 B, D에서 두 평면 ABC, ADC의 교선 AC에 내린 수선의 발을 H라 하면 **why? ❶**

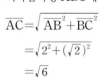

∠BHD=120°

직각삼각형 ABC에서

$\overline{AC}=\sqrt{\overline{AB}^2+\overline{BC}^2}$
$=\sqrt{2^2+(\sqrt{2})^2}$
$=\sqrt{6}$

삼각형 ABC의 넓이에서

$\frac{1}{2}\times\overline{AB}\times\overline{BC}=\frac{1}{2}\times\overline{AC}\times\overline{BH}$

$\frac{1}{2}\times2\times\sqrt{2}=\frac{1}{2}\times\sqrt{6}\times\overline{BH}$

$\therefore \overline{BH}=\frac{2\sqrt{3}}{3}$

이때 $\overline{BH}=\overline{DH}$이므로 삼각형 BHD는 이등변삼각형이고, 점 H에서 선분 BD에 내린 수선의 발을 H'이라 하면

$\angle BHH'=\frac{1}{2}\angle BHD=\frac{1}{2}\times120°=60°$

따라서 직각삼각형 BHH'에서

$\overline{BH'}=\overline{BH}\sin 60°$
$=\frac{2\sqrt{3}}{3}\times\frac{\sqrt{3}}{2}=1$

이므로

$\overline{BD}=2\overline{BH'}=2\times1=2$

|2단계| 두 평면 ABC, ABD가 이루는 각의 코사인 값 구하기

두 평면 ABC, ABD가 이루는 각의 크기를 θ라 하자.

두 평면의 교선은 직선 AB이므로 오른쪽 그림과 같이 선분 AB의 중점을 M, 점 M 을 지나고 선분 BC와 평행한 직선이 선분 AC와 만나는 점을 E라 하면

∠AME=∠ABC=90° (동위각)

$\overline{AB}=\overline{BD}=\overline{DA}=2$이므로 삼각형 ABD는 정삼각형이다.

즉, $\overline{AB}\perp\overline{DM}$이므로

∠EMD=θ

점 E에서 평면 ABD에 내린 수선의 발을 G라 하면 점 G는 정삼각형 ABD의 무게중심이므로 점 G는 선분 DM 위에 있다. **why? ❸**

$\overline{EM}=\frac{1}{2}\overline{BC}=\frac{1}{2}\times\sqrt{2}=\frac{\sqrt{2}}{2}$

$\overline{DM}=\frac{\sqrt{3}}{2}\times2=\sqrt{3}$

$\overline{GM}=\frac{1}{3}\overline{DM}=\frac{1}{3}\times\sqrt{3}=\frac{\sqrt{3}}{3}$

$\therefore \cos\theta=\frac{\overline{GM}}{\overline{EM}}=\frac{\frac{\sqrt{3}}{3}}{\frac{\sqrt{2}}{2}}=\frac{\sqrt{6}}{3}$

|3단계| 삼각형 ABC의 평면 ABD 위로의 정사영의 넓이 구하기

삼각형 ABC의 넓이는

$\frac{1}{2}\times\overline{AB}\times\overline{BC}=\frac{1}{2}\times2\times\sqrt{2}=\sqrt{2}$

이므로 삼각형 ABC의 평면 ABD 위로의 정사영의 넓이는

$\sqrt{2}\cos\theta=\sqrt{2}\times\frac{\sqrt{6}}{3}=\frac{2\sqrt{3}}{3}$

따라서 $p=3$, $q=2$이므로

$p^2+q^2=3^2+2^2=13$

참고 ∠MED≠90°이므로 $\frac{\overline{EM}}{\overline{DM}}\neq\cos\theta$이다.

다른 풀이 |1단계|에서 $\overline{BD}=2$이므로

$\overline{AB}=\overline{BD}=\overline{DA}=2$

즉, 삼각형 ABD는 정삼각형이므로

∠BAD=60°

오른쪽 그림과 같이 점 C에서 삼각형 ABD를 포함하는 평면에 내린 수선의 발을 K라 하자.

$\overline{CB}\perp\overline{AB}$, $\overline{CK}\perp$(평면 ABD)이므로 삼수선의 정리에 의하여

$\overline{KB}\perp\overline{AB}$

$\overline{CD}\perp\overline{AD}$, $\overline{CK}\perp$(평면 ABD)이므로 삼수선의 정리에 의하여

$\overline{KD}\perp\overline{AD}$

따라서 두 직각삼각형 ABK, ADK는 서로 합동이므로 $\overline{BK}=\overline{DK}$이고 $\overline{AK}\perp\overline{BD}$이다. **why? ❸**

직각삼각형 ABK에서

$$\angle BAK = \frac{1}{2} \times \angle BAD$$
$$= \frac{1}{2} \times 60° = 30°$$

이므로

$$\overline{BK} = \overline{AB} \tan 30°$$
$$= 2 \times \frac{\sqrt{3}}{3} = \frac{2\sqrt{3}}{3}$$

이때 두 평면 ABC, ABD가 이루는 각의 크기를 θ라 하면

$$\angle CBK = \theta$$

이므로

$$\cos \theta = \frac{\overline{BK}}{\overline{BC}} = \frac{\frac{2\sqrt{3}}{3}}{\sqrt{2}} = \frac{\sqrt{6}}{3}$$

해설특강

why? ❶ △ABC≡△ADC이므로 점 B에서 선분 AC에 내린 수선의 발과 점 D에서 선분 AC에 내린 수선의 발은 일치한다.

why? ❷ 점 E는 선분 AC의 중점이고 두 직각삼각형 ACB, ACD는 서로 합동이므로

$$\overline{BE} = \overline{AE} = \overline{DE}$$

따라서 세 직각삼각형 EAG, EBG, EDG는 빗변의 길이가 모두 같고 변 EG를 공유하므로 모두 합동이다.

$$\therefore \overline{BG} = \overline{DG} = \overline{AG}$$

즉, 점 G는 정삼각형 ABD의 무게중심이다.

why? ❸ 두 직각삼각형 ABK, ADK에서

$$\angle ABK = \angle ADK = 90°, \ \overline{AK}는 공통, \ \overline{AB} = \overline{AD} = 2$$

이므로 △ABK≡△ADK (RHS 합동)

$$\therefore \overline{BK} = \overline{DK}, \ \overline{AK} \perp \overline{BD}$$

출제영역 정사영의 길이

서로 다른 두 평면 위에 있는 두 원과 각 원의 반지름의 길이가 주어져 있을 때, 두 점을 이은 선분의 정사영의 길이를 구할 수 있는지를 묻는 문제이다.

평면 α 위에 중심이 O이고 반지름의 길이가 $3\sqrt{3}$인 원 C가 있다. 원 C 위의 점 A와 평면 α 위에 있지 않은 점 B에 대하여 $\overline{AB} = 10$이고, 선분 AB를 지름으로 하는 원 D가 다음 조건을 만족시킨다.

> (가) 점 B의 평면 α 위로의 정사영을 B′이라 할 때, $\overline{BB'} = 5$이고 $\angle B'OA = 180°$이다. ❶
>
> (나) 점 O에서 원 D를 포함하는 평면에 내린 수선의 발 H는 선분 AB 위에 있다.

평면 α 위의 점 P가 원 D 위의 임의의 점과 같은 거리에 있을 때, ❷ 선분 PH의 평면 α 위로의 정사영의 길이는 $\frac{q}{p}\sqrt{3}$이다. $p+q$의 값을 구하시오. (단, p와 q는 서로소인 자연수이다.) 25

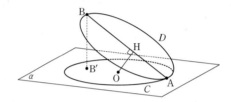

킬러코드 한 직선 위에 있는 점들의 한 평면 위로의 정사영들은 한 직선 위에 있음을 이용하기

❶ 직각삼각형 ABB′에서 삼각비를 이용하여 ∠BAB′의 크기를 구한다.

❷ 점 P는 원 D를 포함하는 평면에 수직이면서 원 D의 중심을 지나는 직선 위에 있다.

해설 |1단계| 점 P의 위치 찾기

평면 α 위의 점 P가 원 D 위의 임의의 점과 같은 거리에 있으므로 원 D의 중심을 M이라 하면 점 P는 원 D를 포함하는 평면에 수직이면서 점 M을 지나는 직선과 평면 α의 교점이다.

또, 조건 (나)에서 세 점 A, B, H는 한 직선 위에 있고 점 M은 선분 AB의 중점이므로 네 점 A, H, M, B는 한 직선 위에 있다.

|2단계| 선분 AH의 길이 구하기

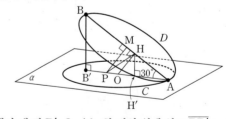

조건 (가)에서 세 점 B′, O, A는 한 직선 위에 있고 $\overline{BB'} \perp \alpha$이므로

$$\overline{BB'} \perp \overline{B'A}$$

직각삼각형 ABB′에서

$$\sin(\angle BAB') = \frac{\overline{BB'}}{\overline{AB}} = \frac{5}{10} = \frac{1}{2}$$

이므로 ∠BAB′ = 30°

원 D를 포함하는 평면을 β라 하면 $\overline{OH} \perp \beta$이므로

$$\overline{OH} \perp \overline{AB}$$

직각삼각형 AHO에서

$$\overline{\mathrm{AH}}=\overline{\mathrm{OA}}\cos 30°=3\sqrt{3}\times\dfrac{\sqrt{3}}{2}=\dfrac{9}{2}$$

|3단계| **선분 PH의 평면 α 위로의 정사영의 길이 구하기**

점 H의 평면 α 위로의 정사영을 H′이
라 하면 선분 PH의 평면 α 위로의 정
사영은 선분 PH′이다.

$$\overline{\mathrm{AM}}=\dfrac{1}{2}\overline{\mathrm{AB}}=\dfrac{1}{2}\times 10=5$$

이므로 직각삼각형 AMP에서

$$\overline{\mathrm{AP}}=\dfrac{\overline{\mathrm{AM}}}{\cos 30°}=\dfrac{5}{\dfrac{\sqrt{3}}{2}}=\dfrac{10\sqrt{3}}{3}$$

직각삼각형 AHH′에서

$$\overline{\mathrm{AH'}}=\overline{\mathrm{AH}}\cos 30°=\dfrac{9}{2}\times\dfrac{\sqrt{3}}{2}=\dfrac{9\sqrt{3}}{4}$$

따라서 선분 PH의 평면 α 위로의 정사영의 길이는

$$\overline{\mathrm{PH'}}=\overline{\mathrm{AP}}-\overline{\mathrm{AH'}}=\dfrac{10\sqrt{3}}{3}-\dfrac{9\sqrt{3}}{4}=\dfrac{13\sqrt{3}}{12}$$

즉, $p=12$, $q=13$이므로

$$p+q=12+13=25$$

---

4 2015학년도 9월 평가원 B 29 [정답률 25%] 변형 　**|정답 15**

출제영역 정사영의 넓이

공간도형의 성질을 이용하여 두 평면이 이루는 각의 크기와 정사영의 넓이를 구할 수 있는지를 묻는 문제이다.

그림과 같이 평면 α 위에 놓여 있는 서로 다른 세 구 S_1, S_2, S_3이 다음 조건을 만족시킨다.

> (가) 구 S_1의 반지름의 길이는 3이고, 두 구 S_2와 S_3의 반지름의 길 이는 각각 1이다. ❷
>
> (나) 두 구 S_1과 S_2가 접하고, 두 구 S_1과 S_3이 접한다. ❷

세 구 S_1, S_2, S_3의 중심을 각각 O_1, O_2, O_3, 세 구 S_1, S_2, S_3과 평면 α가 만나는 점을 각각 P_1, P_2, P_3이라 하자. 또, 두 점 O_2, O_3을 지나고 평면 α와 평행한 평면을 β, 평면 β와 구 S_1이 만나서 생기는 단면을 D라 하자. 삼각형 $P_1P_2P_3$이 $\angle P_2P_1P_3=90°$인 직각삼각형일 때, 단면 D의 평면 $O_1O_2O_3$ 위로의 정사영의 넓이는 S이다. ❸ $\left(\dfrac{S}{\pi}\right)^2$의 값을 구하시오. 15

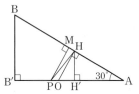

킬러코드 세 구의 위치 관계를 이용하여 두 평면이 이루는 각의 코사인 값 구하기

❶ 구와 평면이 만나서 생기는 도형은 원이다. 이때 구의 중심에서 평면에 내린 수선의 발은 구와 평면이 만나서 생기는 원의 중심이다.

❷ 선분 O_1O_2의 길이는 두 구 S_1, S_2의 반지름의 길이의 합과 같고, 선분 O_1O_3의 길이는 두 구 S_1, S_3의 반지름의 길이의 합과 같다.

❸ 점 O_1에서 평면 β와 평면 $O_1O_2O_3$의 교선 위, 평면 β에 각각 수선의 발을 내려 평면 β와 평면 $O_1O_2O_3$이 이루는 각의 코사인 값을 구한다.

해설 **|1단계|** **단면 D의 넓이 구하기**

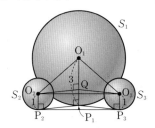

$\overline{O_1P_1}=3$, $\overline{O_2P_2}=\overline{O_3P_3}=1$이므로 위의 그림과 같이 점 O_2에서 선분 O_1P_1에 내린 수선의 발을 Q라 하면

$$\overline{O_1Q}=\overline{O_1P_1}-\overline{QP_1}=3-1=2\ (\because\ \overline{QP_1}=\overline{O_2P_2}=1)$$

즉, 점 O_1과 평면 β 사이의 거리는 2이다.

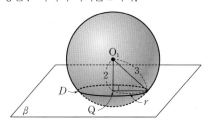

평면 β와 구 S_1이 만나서 생기는 단면 D는 원이고 이 원의 반지름의 길이를 r라 하면

$$r=\sqrt{3^2-2^2}=\sqrt{5}$$

따라서 단면 D의 넓이는

$$\pi\times(\sqrt{5})^2=5\pi$$

|2단계| **평면 β와 평면 $O_1O_2O_3$이 이루는 각의 코사인 값 구하기**

두 구 S_1과 S_2가 접하고, 두 구 S_1과 S_3이 접하므로

$$\overline{O_1O_2}=3+1=4,\ \overline{O_1O_3}=3+1=4\ \textbf{why? ❶}$$

직각삼각형 O_1O_2Q에서

$$\overline{O_2Q}=\sqrt{\overline{O_1O_2}^2-\overline{O_1Q}^2}=\sqrt{4^2-2^2}=2\sqrt{3}$$

직각삼각형 O_1O_3Q에서

$$\overline{O_3Q}=\sqrt{\overline{O_1O_3}^2-\overline{O_1Q}^2}=\sqrt{4^2-2^2}=2\sqrt{3}$$

한편, 삼각형 QO_2O_3은 직각삼각형 $P_1P_2P_3$과 합동이므로

$$\angle O_2QO_3=90°$$이다. **why? ❷**

$$\therefore\ \overline{O_2O_3}=\sqrt{\overline{O_2Q}^2+\overline{O_3Q}^2}=\sqrt{(2\sqrt{3})^2+(2\sqrt{3})^2}=2\sqrt{6}$$

오른쪽 그림과 같이 선분 O_2O_3의 중점을 M
이라 하면 두 삼각형 $O_1O_2O_3$, QO_2O_3이 모
두 이등변삼각형이므로

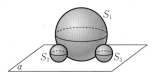

$$\overline{O_1M}\perp\overline{O_2O_3},\ \overline{QM}\perp\overline{O_2O_3},$$
$$\overline{O_1Q}\perp\overline{QM}$$

따라서 평면 β와 평면 $O_1O_2O_3$이 이루는 각
의 크기를 θ라 하면 직각삼각형 O_1MQ에서

$$\angle O_1MQ=\theta$$

직각삼각형 O_1O_2M에서

$$\overline{O_2M}=\dfrac{1}{2}\overline{O_2O_3}=\dfrac{1}{2}\times 2\sqrt{6}=\sqrt{6}$$

$$\therefore\ \overline{O_1M}=\sqrt{\overline{O_1O_2}^2-\overline{O_2M}^2}=\sqrt{4^2-(\sqrt{6})^2}=\sqrt{10}$$

직각삼각형 O_2MQ에서

$$\overline{QM}=\sqrt{\overline{O_2Q}^2-\overline{O_2M}^2}=\sqrt{(2\sqrt{3})^2-(\sqrt{6})^2}=\sqrt{6}$$

$$\therefore \cos\theta = \frac{\overline{QM}}{\overline{O_1M}} = \frac{\sqrt{6}}{\sqrt{10}} = \frac{\sqrt{15}}{5}$$

|3단계| 정사영의 넓이 구하기

따라서 단면 D의 평면 $O_1O_2O_3$ 위로의 정사영의 넓이 S는

$$S = 5\pi\cos\theta = 5\pi \times \frac{\sqrt{15}}{5} = \sqrt{15}\pi$$

$$\therefore \left(\frac{S}{\pi}\right)^2 = \left(\frac{\sqrt{15}\pi}{\pi}\right)^2 = 15$$

해설특강 ✎

why? ❶ 두 구가 외접하면 두 구의 중심 사이의 거리는 구의 반지름의 길이의 합과 같다. 즉,
$$\overline{O_1O_2} = 3+1 = 4$$
$$\overline{O_1O_3} = 3+1 = 4$$

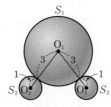

why? ❷ $\overline{QO_2} = \overline{P_1P_2}$, $\overline{QO_3} = \overline{P_1P_3}$, $\overline{O_2O_3} = \overline{P_2P_3}$이므로
$\triangle QO_2O_3 \equiv \triangle P_1P_2P_3$ (SSS 합동)
$$\therefore \angle O_2QO_3 = \angle P_2P_1P_3 = 90°$$

---

5 2013학년도 수능 가 28 [정답률 37%] 변형 　　　　**|정답 51|**

출제영역 정사영의 넓이 + 두 평면이 이루는 각의 크기

정사영의 넓이를 이용하여 두 평면이 이루는 각의 크기를 구할 수 있는지를 묻는 문제이다.

그림과 같이 $\overline{AB} = 13$, $\overline{AD} = 5$인 직사각형 모양의 종이를 선분 AB 위의 점 E와 선분 DC 위의 점 F를 연결하는 선을 접는 선으로 하여 접었다. 점 B의 평면 AEFD 위로의 정사영을 점 P, 점 P에서 두 선분 AD, CD에 내린 수선의 발을 각각 Q, R라 하면 $\overline{AE} = 5$, $\overline{PQ} = 1$, $\overline{PR} = 2$이다. 두 평면 AEFD와 EFCB가 이루는 각의 크기를 θ ❶ ($0° < \theta < 90°$)라 할 때, $\cos\theta = \dfrac{q}{p}$이다. $p+q$의 값을 구하 ❷ 시오. (단, $\overline{DF} > \overline{AE}$이고, p와 q는 서로소인 자연수이며 종이의 두께는 고려하지 않는다.) 51

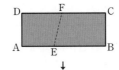

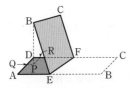

킬러코드 점 P를 지나고 $\overline{AB}$, $\overline{AD}$에 각각 평행한 선분으로 사각형 ABCD 를 자른 후 정사영의 넓이를 이용하여 코사인 값 구하기

❶ 각 선분의 길이를 구한다.
❷ 직선 PQ와 선분 EF의 교점을 F′이라 하고 삼각형 BEF′의 평면 AEFD 위로의 정사영의 넓이를 구한다.

해설 **|1단계|** 선분 $\overline{PF'}$의 길이 구하기

직선 PR와 선분 AB가 만나는 점을 A′, 직선 PQ와 두 선분 BC, EF가 만나는 점을 각각 C′, F′이라 하면

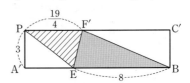

$$\overline{A'E} = \overline{AE} - \underbrace{\overline{AA'}}_{= \overline{PQ}=1} = 5-1 = 4$$

$$\overline{BE} = \overline{AB} - \overline{AE} = 13-5 = 8$$

$$\overline{A'P} = \underbrace{\overline{A'R}}_{= \overline{AD}=5} - \overline{PR} = 5-2 = 3$$

또, $\overline{PF'} = x$라 하면 $\overline{C'F'} = 12-x$

직각삼각형 A′EP에서
$$\overline{PE} = \sqrt{\overline{A'E}^2 + \overline{A'P}^2} = \sqrt{4^2 + 3^2} = 5$$

직각삼각형 BPE에서
$$\overline{BP} = \sqrt{\overline{BE}^2 - \overline{PE}^2} = \sqrt{8^2 - 5^2} = \sqrt{39}$$

이므로 직각삼각형 BPF′에서
$$\overline{BF'} = \sqrt{\overline{BP}^2 + \overline{PF'}^2} = \sqrt{(\sqrt{39})^2 + x^2} = \sqrt{x^2 + 39} \quad \cdots\cdots ㉠$$

한편, 직각삼각형 BF′C′에서
$$\overline{BF'} = \sqrt{\overline{C'F'}^2 + \underbrace{\overline{BC'}^2}_{= \overline{A'P}=3}} = \sqrt{(12-x)^2 + 3^2} = \sqrt{x^2 - 24x + 153} \quad \cdots\cdots ㉡$$

㉠, ㉡에서
$$\sqrt{x^2 + 39} = \sqrt{x^2 - 24x + 153}$$

양변을 제곱하면
$$x^2 + 39 = x^2 - 24x + 153,\ 24x = 114$$

$$\therefore x = \frac{19}{4}$$

|2단계| $\cos\theta$의 값 구하기

삼각형 BEF′의 평면 A′EF′P 위로의 정사영은 삼각형 PEF′이므로
$$\cos\theta = \frac{\triangle PEF'}{\triangle BEF'}$$

접은 부분을 다시 펼치면 $\triangle PEF'$, $\triangle BEF'$은 다음 그림과 같으므로
$$\triangle PEF' = \frac{1}{2} \times \frac{19}{4} \times 3 = \frac{57}{8},\ \triangle BEF' = \frac{1}{2} \times 8 \times 3 = 12$$

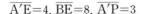
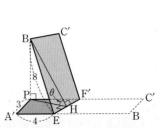

$$\therefore \cos\theta = \frac{\triangle PEF'}{\triangle BEF'} = \frac{\frac{57}{8}}{12} = \frac{19}{32}$$

따라서 $p = 32$, $q = 19$이므로
$$p+q = 32+19 = 51$$

다른 풀이 직선 PR와 선분 AB가 만나는 점을 A′, 직선 PQ와 두 선분 BC, EF가 만나는 점을 각각 C′, F′이라 하면

$$\overline{A'E} = 4,\ \overline{BE} = 8,\ \overline{A'P} = 3$$

점 P에서 선분 EF′에 내린 수선의 발을 H라 하면
$$\overline{PH} \perp \overline{EF'},\ \overline{BP} \perp (평면\ A'EF'P)$$

이므로 삼수선의 정리에 의하여 $\overline{BH} \perp \overline{EF'}$

$\therefore \theta = \angle BHP$

따라서 직각삼각형 BHP에서 $\cos\theta = \dfrac{\overline{PH}}{\overline{BH}}$

한편, 접은 부분을 다시 펼치면 다음 그림과 같다.

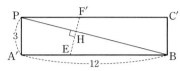

직각삼각형 BPA′에서

$\overline{BP} = \sqrt{\overline{PA'}^2 + \overline{A'B}^2} = \sqrt{3^2 + 12^2} = \sqrt{153}$

이때 두 삼각형 BPA′, BEH는 서로 닮음이므로 **why? ❶**

$\overline{BP} : \overline{BE} = \overline{BA'} : \overline{BH}$

$\sqrt{153} : 8 = 12 : \overline{BH}$ $\therefore \overline{BH} = \dfrac{96}{\sqrt{153}}$

$\therefore \overline{PH} = \overline{BP} - \overline{BH} = \sqrt{153} - \dfrac{96}{\sqrt{153}} = \dfrac{57}{\sqrt{153}}$

$\therefore \cos\theta = \dfrac{\overline{PH}}{\overline{BH}} = \dfrac{\frac{57}{\sqrt{153}}}{\frac{96}{\sqrt{153}}} = \dfrac{19}{32}$

해설 특강

why? ❶ 두 삼각형 BPA′, BEH에서
　　　　$\angle BA'P = \angle BHE = 90°$, $\angle HBE$는 공통
　　　　이므로 △BPA′ ∽ △BEH (AA 닮음)

6
|정답 52

출제영역 정사영의 넓이 + 삼수선의 정리
삼수선의 정리와 직각삼각형의 성질을 이용하여 정사영의 넓이를 구할 수 있는지를 묻는 문제이다.

그림과 같이 평면 α 위에 길이가 4인 선분 AB를 지름으로 하는 원❶이 있다. 이 원 위의 한 점 C를 지나고 평면 α에 수직인 직선 위의 점 D에서 직선 AB에 내린 수선의 발을 H라 하자.❷ $\overline{CD} = 6$이고, 삼각형 ABC의 넓이가 $2\sqrt{3}$일 때, 삼각형 AHC의 평면 AHD 위로의 정사영의 넓이는 S이다. $\dfrac{3}{S^2}$의 값을 구하시오. (단, $\overline{AC} < \overline{BC}$)

〔52〕

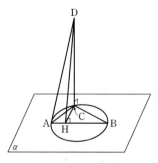

킬러코드 원주각과 삼각형의 넓이를 이용하여 선분의 길이 구하기
❶ 원의 지름에 대한 원주각은 직각이므로 $\angle ACB = 90°$이다.
❷ 직선 CD와 평면 α의 위치 관계, 두 직선 DH와 AB의 위치 관계를 파악하여 삼수선의 정리를 이용한다.

해설 **|1단계|** 삼수선의 정리를 이용하여 평면 AHD와 평면 α가 이루는 각의 코사인 값 구하기

$\overline{CD} \perp \alpha$, $\overline{DH} \perp \overline{AB}$이므로 삼수선의 정리에 의하여
$\overline{CH} \perp \overline{AB}$

즉, 삼각형 AHD와 평면 α가 이루는 각의 크기는 $\angle DHC$의 크기와 같다.

삼각형 ABC의 넓이가 $2\sqrt{3}$이므로

$\dfrac{1}{2} \times \overline{AB} \times \overline{CH} = \dfrac{1}{2} \times 4 \times \overline{CH} = 2\sqrt{3}$

$\therefore \overline{CH} = \sqrt{3}$

직각삼각형 DCH에서

$\overline{DH} = \sqrt{\overline{CH}^2 + \overline{CD}^2}$
　　　$= \sqrt{(\sqrt{3})^2 + 6^2} = \sqrt{39}$

$\therefore \cos(\angle DHC) = \dfrac{\overline{CH}}{\overline{DH}} = \dfrac{\sqrt{3}}{\sqrt{39}} = \dfrac{\sqrt{13}}{13}$

|2단계| 삼각형 AHC의 평면 AHD 위로의 정사영의 넓이 구하기

$\angle ACB = 90°$이므로 **why? ❶**

직각삼각형 ABC에서 $\overline{AH} = x$라 하면 $\overline{BH} = 4 - x$이고

$\overline{CH}^2 = \overline{AH} \times \overline{BH}$

$(\sqrt{3})^2 = x(4-x)$

$x^2 - 4x + 3 = 0$, $(x-1)(x-3) = 0$

$\therefore x = 1$ (∵ $\overline{AC} < \overline{BC}$에서 $\overline{AH} < \overline{BH}$) **why? ❷**

$\therefore \triangle AHC = \dfrac{1}{2} \times \overline{AH} \times \overline{CH}$
　　　　　$= \dfrac{1}{2} \times 1 \times \sqrt{3}$
　　　　　$= \dfrac{\sqrt{3}}{2}$

따라서 삼각형 AHC의 평면 AHD 위로의 정사영의 넓이 S는

$S = \triangle AHC \cos(\angle DHC)$
　$= \dfrac{\sqrt{3}}{2} \times \dfrac{\sqrt{13}}{13}$
　$= \dfrac{\sqrt{39}}{26}$

$\therefore \dfrac{3}{S^2} = 3 \times \left(\dfrac{26}{\sqrt{39}}\right)^2 = 52$

해설 특강

why? ❶ 원의 지름 AB에 대한 원주각의 크기는 90°이므로
　　　　$\angle ACB = 90°$

why? ❷ $x = 1$이면 $\overline{BH} = 4 - 1 = 3$이므로 $\overline{AH} < \overline{BH}$
　　　　$x = 3$이면 $\overline{BH} = 4 - 3 = 1$이므로 $\overline{AH} > \overline{BH}$

핵심 개념 직각삼각형의 성질 (중등 수학)

오른쪽 그림과 같이 $\angle BAC = 90°$인 직각삼각형 ABC에서 $\overline{AH} \perp \overline{BC}$이면
$\overline{AB}^2 = \overline{BH} \times \overline{BC}$,
$\overline{AC}^2 = \overline{CH} \times \overline{CB}$,
$\overline{AH}^2 = \overline{BH} \times \overline{CH}$

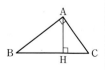

7

정답 **17**

출제영역 정사영의 넓이＋삼수선의 정리

정사영의 넓이와 삼수선의 정리를 이용하여 선분의 길이를 구할 수 있는지를 묻는 문제이다.

그림과 같이 높이가 $\dfrac{\sqrt{13}}{2}$인 원기둥의 두 밑면 중 한 밑면의 둘레 위의 한 점 A와 다른 밑면의 둘레 위의 서로 다른 두 점 B, C에 대하여 $\overline{AB}=\overline{AC}$, $\overline{BC}=2$이다. 점 A에서 원기둥의 다른 밑면에 내린 수선의 발을 H, 선분 BC에 내린 수선의 발을 D라 할 때, 삼각형 HBC의 평면 ABC 위로의 정사영은 정삼각형이고 $\overline{AD}=\dfrac{a+b\sqrt{3}}{2}$ 이다. a^2+b^2의 값을 구하시오. (단, a, b는 자연수이다.) 17

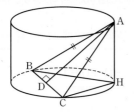

킬러코드 평면 ABC와 삼각형 HBC의 교선이 정사영의 한 변임을 이용하기

❶ 선분 AH와 평면 HBC, 선분 AD와 선분 BC의 위치 관계를 파악하여 삼수선의 정리를 이용한다.
❷ 평면 ABC와 삼각형 HBC의 교선이 선분 BC이고, 선분 BC의 길이가 주어져 있으므로 정사영인 정삼각형의 한 변의 길이를 알 수 있다.

해설 |1단계| 두 평면 ABC와 HBC가 이루는 각의 코사인 값 구하기

$\overline{AH}\perp$(평면 HBC), $\overline{AD}\perp\overline{BC}$이므로

삼수선의 정리에 의하여

$\overline{HD}\perp\overline{BC}$

따라서 두 평면 ABC와 HBC가 이루는 각의 크기를 θ라 하면

$\angle ADH=\theta$

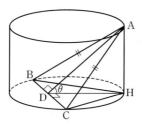

삼각형 HBC의 평면 ABC 위로의 정사영은 한 변의 길이가 $\overline{BC}=2$인 정삼각형이므로

$\triangle HBC\cos\theta=\dfrac{\sqrt{3}}{4}\times 2^2$

$\left(\dfrac{1}{2}\times\underset{=2}{\overline{BC}}\times\overline{HD}\right)\times\cos\theta=\sqrt{3}$

$\therefore \cos\theta=\dfrac{\sqrt{3}}{\overline{HD}}$

|2단계| 직각삼각형 ADH에서 선분 AD의 길이 구하기

한편, 직각삼각형 ADH에서 $\cos\theta=\dfrac{\overline{HD}}{\overline{AD}}$이므로

$\dfrac{\overline{HD}}{\overline{AD}}=\dfrac{\sqrt{3}}{\overline{HD}}$

$\therefore \overline{HD}^2=\sqrt{3}\,\overline{AD}$

이때 직각삼각형 ADH에서

$\overline{AD}^2=\overline{HD}^2+\overline{AH}^2$, $\overline{AH}=\dfrac{\sqrt{13}}{2}$

이므로

$\overline{AD}^2=\sqrt{3}\,\overline{AD}+\dfrac{13}{4}$

$\overline{AD}^2-\sqrt{3}\,\overline{AD}-\dfrac{13}{4}=0$

$\therefore \overline{AD}=\dfrac{4+\sqrt{3}}{2}$ ($\because \overline{AD}>0$) **how? ❶**

따라서 $a=4$, $b=1$이므로

$a^2+b^2=4^2+1^2=17$

해설특강

how? ❶ $\overline{AD}=x\,(x>0)$라 하면 $\overline{AD}^2-\sqrt{3}\,\overline{AD}-\dfrac{13}{4}=0$에서

$x^2-\sqrt{3}x-\dfrac{13}{4}=0$

$\therefore 4x^2-4\sqrt{3}x-13=0$

이차방정식의 근의 공식에 의하여

$x=\dfrac{2\sqrt{3}\pm\sqrt{(-2\sqrt{3})^2-4\times(-13)}}{4}=\dfrac{\sqrt{3}\pm 4}{2}$

그런데 $x>0$이므로

$x=\overline{AD}=\dfrac{4+\sqrt{3}}{2}$

본문 42쪽

기출예시 1 | 정답⑤

좌표공간의 점 A의 좌표를 (a, b, c)라 하면 $\overline{OA}=7$이므로
$a^2+b^2+c^2=49$ …… ㉠
구 S의 방정식은
$(x-a)^2+(y-b)^2+(z-c)^2=64$

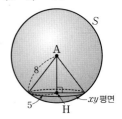

구 S와 xy평면이 만나서 생기는 원의 넓이는 25π이므로 이 원의 반지름의 길이는 5이다.
이때 점 A에서 xy평면에 내린 수선의 발을 H라 하면 $\overline{AH}=|c|$이므로
$8^2-5^2=c^2$ ∴ $c^2=39$
이를 ㉠에 대입하면
$a^2+b^2=49-39=10$

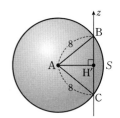

점 A에서 z축에 내린 수선의 발을 H′이라 하면 H′$(0, 0, c)$이므로
$\overline{AH'}=\sqrt{(a-0)^2+(b-0)^2+(c-c)^2}$
$\quad\quad =\sqrt{a^2+b^2}=\sqrt{10}$,
$\overline{AB}=\overline{AC}=8$
∴ $\overline{BH'}=\overline{CH'}=\sqrt{8^2-(\sqrt{10})^2}=3\sqrt{6}$
∴ $\overline{BC}=2\overline{BH'}=6\sqrt{6}$
따라서 선분 BC의 길이는 $6\sqrt{6}$이다.

1등급 완성 3단계 문제연습

본문 43~45쪽

출제영역 구의 방정식 + 두 구의 위치 관계

두 구의 위치 관계를 파악하고, 구와 평면이 만나서 생기는 단면의 넓이를 구할 수 있는지를 묻는 문제이다.

좌표공간에서 구
$$S: (x-1)^2+(y-1)^2+(z-1)^2=4 \quad ❶$$
위를 움직이는 점 P가 있다. 점 P에서 구 S에 접하는 평면이 구 ❷
$x^2+y^2+z^2=16$과 만나서 생기는 도형의 넓이의 최댓값은 ❶
$(a+b\sqrt{3})\pi$이다. $a+b$의 값을 구하시오. (단, a, b는 자연수이다.) 13

출제코드 구와 평면의 교선인 원을 그리고 두 구의 위치 관계 파악하기

❶ 두 구의 중심 사이의 거리와 반지름의 길이를 비교하면 두 구의 위치 관계를 파악할 수 있다.
❷ 구와 평면이 만나서 생기는 도형을 파악하고 그 넓이가 최대인 경우를 찾는다.

해설 | **1단계** | 두 구 $(x-1)^2+(y-1)^2+(z-1)^2=4$, $x^2+y^2+z^2=16$의 위치 관계 파악하기

구 $S: (x-1)^2+(y-1)^2+(z-1)^2=4$의 중심을 A, 반지름의 길이를 r_1이라 하면
A$(1, 1, 1)$, $r_1=2$
구 $O: x^2+y^2+z^2=16$이라 하고, 구 O의 중심을 O, 반지름의 길이를 r_2라 하면
O$(0, 0, 0)$, $r_2=4$
이때 두 구의 중심 사이의 거리는
$\overline{OA}=\sqrt{1^2+1^2+1^2}=\sqrt{3}$
따라서 $\overline{OA}<r_2-r_1$이므로 다음 그림과 같이 구 S는 구 O의 내부에 있다. **why? ❶**

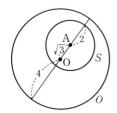

또, $r_1>\overline{OA}$이므로 점 O는 구 S의 내부에 있다.

2단계 | 구 S에 접하는 평면이 구 O와 만나서 생기는 도형의 넓이가 최대가 될 조건 찾기

점 P에서 구 S에 접하는 평면을 α라 하면 평면 α가 구 O와 만나서 생기는 도형은 원이다.
다음 그림과 같이 점 O에서 평면 α에 내린 수선의 발을 H라 하고, 직선 PH가 구 O와 만나는 두 점을 B, C라 하면 평면 α가 구 O와 만나서 생기는 도형은 중심이 H이고 선분 BC를 지름으로 하는 원이다.

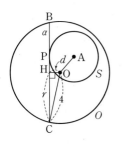

이때 $\overline{OH}=d$, $\overline{CH}=r$라 하면 직각삼각형 OHC에서 $\overline{OC}=4$이므로

$r^2+d^2=4^2$ $\therefore r^2=16-d^2$

따라서 평면 α가 구 O와 만나서 생기는 원의 넓이가 최대이려면 r가 최대이어야 하므로 d가 최소이어야 한다.

|3단계| 구 S에 접하는 평면이 구 O와 만나서 생기는 도형의 넓이의 최댓값 구하기

d가 최소가 되려면 다음 그림과 같이 세 점 A, O, H가 한 직선 위에 있어야 한다.

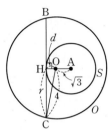

이때 $d=\overline{OH}=\overline{AH}-\overline{OA}=2-\sqrt{3}$이므로

$r^2=16-d^2=16-(2-\sqrt{3})^2=9+4\sqrt{3}$

따라서 평면 α가 구 O와 만나서 생기는 원의 넓이의 최댓값은

$\pi r^2=(9+4\sqrt{3})\pi$

이므로 $a=9$, $b=4$

$\therefore a+b=9+4=13$

해설특강 ✎

why? ❶ 두 구 S, S'의 반지름의 길이를 각각 r, r' $(r>r')$, 중심 사이의 거리를 d라 할 때, 두 구 S, S'의 위치 관계는 다음과 같다.

(1) $d>r+r'$ → 구 S'이 구 S의 외부에 있다.

(2) $d=r+r'$ → 두 구가 외접한다.

(3) $r-r'<d<r+r'$ → 두 구가 만나서 원이 생긴다.

(4) $d=r-r'$ → 두 구가 내접한다.

(5) $d<r-r'$ → 구 S'이 구 S의 내부에 있다.

---

2   2022학년도 수능 예시 문항 기하 30   **|정답 9**

출제영역 구의 방정식 + 정사영의 넓이

직선과 구의 위치 관계를 파악하고, 구 밖의 한 점과 구의 중심을 지름의 양 끝 점으로 하는 원의 정사영의 넓이의 최댓값을 구할 수 있는지를 묻는 문제이다.

좌표공간에서 점 A(0, 0, 1)을 지나는 직선이 중심이 C(3, 4, 5)이고 반지름의 길이가 1인 구와 한 점 P에서만 만난다. 세 점 A, C, P를 지나는 원의 xy평면 위로의 정사영의 넓이의 최댓값은 $\dfrac{q}{p}\sqrt{41}\pi$ 이다. $p+q$의 값을 구하시오. (단, p와 q는 서로소인 자연수이다.)   9

출제코드 직선과 평면이 이루는 각의 크기, 두 평면이 이루는 각의 크기를 이용하여 정사영의 넓이가 최대가 될 조건 찾기

❶ 직선이 구에 접하므로 $\angle APC=90°$이다.

❷ 두 선분 AC, PC의 길이를 이용하여 원의 반지름의 길이를 구한다.

❸ 정사영의 넓이가 최대일 때 원이 어떻게 그려지는지를 파악한다.

해설 **|1단계|** 세 점 A, C, P를 지나는 원의 넓이 구하기

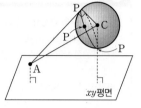

구 밖의 점 A(0, 0, 1)을 지나는 직선이 구와 한 점 P에서만 만나므로 이 직선은 구의 접선이고 점 P는 접점이다.

따라서 $\angle APC=90°$이고

$\overline{PC}=1$,

$\overline{AC}=\sqrt{(3-0)^2+(4-0)^2+(5-1)^2}$

     $=\sqrt{41}$

이므로 직각삼각형 ACP에서

$\overline{AP}=\sqrt{\overline{AC}^2-\overline{PC}^2}=\sqrt{(\sqrt{41})^2-1^2}=2\sqrt{10}$

또, $\angle APC=90°$이므로 $\overline{AC}$는 세 점 A, C, P를 지나는 원의 지름이다.

따라서 세 점 A, C, P를 지나는 원을 S라 하면 원 S의 넓이는

$\pi\times\left(\dfrac{\overline{AC}}{2}\right)^2=\pi\times\left(\dfrac{\sqrt{41}}{2}\right)^2=\dfrac{41}{4}\pi$

|2단계| 정사영의 넓이가 최대가 될 조건 찾기

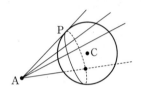

한편, 두 점 A, C는 고정된 점이고, 점 A에서 구에 그은 접선의 접점 P는 오른쪽 그림과 같이 원 위를 움직이는 점이므로 원 S는 접점 P의 위치에 따라 $\overline{AC}$를 축으로 하여 회전한다.

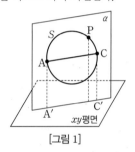 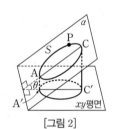

[그림 1]   [그림 2]

이때 원 S의 xy평면 위로의 정사영의 넓이가 최소인 경우는 [그림 1]과 같이 원 S가 xy평면과 수직일 때이고, 최대인 경우는 [그림 2]와 같이 원 S를 포함하는 평면과 xy평면이 이루는 각의 크기가 직선 AC와 xy평면이 이루는 각의 크기와 같을 때이다.

|3단계| 정사영의 넓이의 최댓값 구하기

[그림 2]에서 원 S를 포함하는 평면을 α라 하고 평면 α와 xy평면이 이루는 각의 크기를 θ라 하면 직선 AC와 xy평면이 이루는 각의 크기도 θ이다.

두 점 A, C의 xy평면 위로의 정사영을 각각 A', C'이라 하면

A'(0, 0, 0), C'(3, 4, 0)

이므로

$\overline{A'C'}=\sqrt{3^2+4^2}=5$

$\therefore \cos\theta=\dfrac{\overline{A'C'}}{\overline{AC}}=\dfrac{5}{\sqrt{41}}$

따라서 원 S의 xy평면 위로의 정사영의 넓이의 최댓값은

$\dfrac{41}{4}\pi\cos\theta=\dfrac{41}{4}\pi\times\dfrac{5}{\sqrt{41}}=\dfrac{5}{4}\sqrt{41}\pi$

이므로

$p=4$, $q=5$

$\therefore p+q=4+5=9$

3 2018학년도 9월 평가원 가 17 [정답률 75%] 변형 |정답 ④

출제영역 **구의 방정식 + 구와 평면의 위치 관계**

구에 접하는 두 평면의 위치 관계를 파악하여 원점에서 두 평면에 각각 내린 수선의 발과 원점 사이의 거리의 곱을 구할 수 있는지를 묻는 문제이다.

좌표공간에 구 $S: x^2+y^2+(z-1)^2=1$과 점 $A(0, 0, a)$가 있다. 점 A를 지나고 구 S에 접하는 서로 다른 두 평면 α, β에 대하여 평면 α와 xy평면의 교선을 l, 평면 β와 xy평면의 교선을 m이라 하고, 원점 O에서 두 평면 α, β에 내린 수선의 발을 각각 H_1, H_2라 하자. 두 직선 l, m이 서로 평행하고, 두 평면 α, β가 이루는 각의 크기가 $60°$일 때, $\overline{OH_1} \times \overline{OH_2}$의 값은? (단, $a>2$)

① $\dfrac{3}{2}$ ② $\dfrac{7}{4}$ ③ 2

✓④ $\dfrac{9}{4}$ ⑤ $\dfrac{5}{2}$

출제코드 구와 평면의 접점과 삼수선의 정리를 이용하여 구에 접하는 두 평면의 위치 관계 파악하기

❶ $a>2$이므로 점 $A(0, 0, a)$는 구 S 밖의 점이다.
❷ 구와 두 평면 α, β를 좌표공간 위에 나타내고 $\angle H_1 A H_2$의 크기를 구한다.

해설 |1단계| 두 평면 α, β가 이루는 각과 크기가 같은 각 찾기

평면 α와 xy평면의 교선 l과 평면 β와 xy평면의 교선 m이 서로 평행하므로 두 평면 α, β의 교선은 xy평면과 평행하다.

오른쪽 그림과 같이 두 직선 l, m이 모두 x축에 평행하다고 하자.

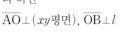

두 평면 α, β의 교선을 n이라 하고 두 직선 l, m과 y축의 교점을 각각 B, C라 하면
$\overline{AO} \perp (xy$평면), $\overline{OB} \perp l$
이므로 삼수선의 정리에 의하여
$\overline{AB} \perp l$
같은 방법으로 하면
$\overline{AC} \perp m$
이때 $l /\!/ m /\!/ n$이므로
$\overline{AB} \perp n$, $\overline{AC} \perp n$
$\therefore \angle BAC=60°$ ——— 두 평면 α, β가 이루는 각의 크기와 같다.

|2단계| 합동인 삼각형을 찾아 $\angle SAD$, $\angle SAE$의 크기 구하기

구 S의 중심을 S라 하고 두 평면 α, β와 구 S의 접점을 각각 D, E라 하면
$\angle ADS=\angle AES=90°$
두 직각삼각형 ADS, AES가 서로 합동이므로 **why? ❶**
$\angle SAD=\angle SAE=\dfrac{1}{2}\angle DAE=\dfrac{1}{2} \times 60°=30°$

|3단계| 삼각비를 이용하여 $\overline{OH_1} \times \overline{OH_2}$의 값 구하기

직각삼각형 ADS에서
$\overline{AS}=\dfrac{\overline{DS}}{\sin 30°}=\dfrac{1}{\dfrac{1}{2}}=2$

$\therefore \overline{AO}=\overline{AS}+\overline{SO}=2+1=3$

직각삼각형 AH_1O에서
$\overline{OH_1}=\overline{AO}\sin 30°=3 \times \dfrac{1}{2}=\dfrac{3}{2}$

같은 방법으로 하면 $\overline{OH_2}=\dfrac{3}{2}$

$\therefore \overline{OH_1} \times \overline{OH_2}=\dfrac{3}{2} \times \dfrac{3}{2}=\dfrac{9}{4}$

해설특강 ✏

why? ❶ 두 직각삼각형 ADS, AES에서
$\angle ADS=\angle AES=90°$, $\overline{AS}$는 공통, $\overline{DS}=\overline{ES}=1$이므로
$\triangle ADS \equiv \triangle AES$ (RHS 합동)

---

4 2022학년도 수능 기하 30 [정답률 8%] 변형 |정답 ②

출제영역 **구의 방정식 + 정사영의 넓이**

구 위의 점의 정사영의 위치를 파악한 후 두 평면이 이루는 각의 크기를 구하여 정사영의 넓이를 구할 수 있는지를 묻는 문제이다.

좌표공간에 구 $S: (x-3)^2+(y-4)^2+(z-5)^2=50$이 있다. 구 S 위의 z좌표가 10인 점 P와 구 S 위를 움직이는 점 Q에 대하여 두 점 P, Q의 xy평면 위로의 정사영을 각각 P_1, Q_1이라 하자. 선분 OP_1의 길이가 최대일 때 삼각형 OP_1Q_1의 넓이가 최대가 되도록 하는 두 점 P, Q와 점 $R(0, 0, 10)$에 대하여 삼각형 OP_1Q_1의 평면 PQR 위로의 정사영의 넓이는?
(단, O는 원점이고, 점 Q_1은 xy평면의 제2사분면 위의 점이다.)

① $\dfrac{49\sqrt{3}}{3}$ ✓② $\dfrac{50\sqrt{3}}{3}$ ③ $17\sqrt{3}$

④ $\dfrac{52\sqrt{3}}{3}$ ⑤ $\dfrac{53\sqrt{3}}{3}$

출제코드 정사영의 길이 또는 넓이가 최대가 되는 점을 찾은 후 두 평면이 이루는 각의 크기를 이용하여 정사영의 넓이 구하기

❶ 구의 방정식에 $z=10$을 대입하여 점 P가 나타내는 도형을 파악한다.
❷ xy평면 위의 원 $(x-3)^2+(y-4)^2=25$는 원점을 지나므로 선분 OP_1의 길이가 최대가 되도록 하는 점 P_1의 위치를 파악한다.
❸ 두 평면 OP_1Q_1, PQR가 이루는 각의 크기를 구한다.

해설 |1단계| 점 P의 xy평면 위로의 정사영의 위치를 파악하고 선분 OP_1의 길이가 최대일 때의 점 P_1의 좌표 구하기

구 $S: (x-3)^2+(y-4)^2+(z-5)^2=50$의 중심을 C라 하면
$C(3, 4, 5)$이고 구 S의 반지름의 길이는 $5\sqrt{2}$이다.
점 P의 좌표를 $(a, b, 10)$이라 하면
$(a-3)^2+(b-4)^2+(10-5)^2=50$
$\therefore (a-3)^2+(b-4)^2=25$
점 P_1은 점 P에서 xy평면에 내린 수선의 발이므로
$P_1(a, b, 0)$
점 C에서 xy평면에 내린 수선의 발을 C_1이라 하면 $C_1(3, 4, 0)$이고,
점 P_1은 xy평면 위에 있는 원 $(x-3)^2+(y-4)^2=25$ 위의 점이다.

why? ❶

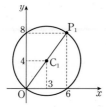

위의 그림과 같이 선분 OP_1의 길이가 최대가 되려면 점 P_1이 직선 OC_1과 원 $(x-3)^2+(y-4)^2=25$의 교점 중 원점이 아닌 점일 때이 므로 **why? ❷**

$P_1(6, 8, 0)$

|2단계| 점 Q의 xy평면 위로의 정사영의 위치를 파악하고 삼각형 OP_1Q_1의 넓이가 최대일 때의 점 Q_1의 위치 찾기

한편, 점 Q는 구 S 위의 점이므로 점 Q_1은 xy평면에 있는 원 $(x-3)^2+(y-4)^2=50$의 경계 또는 내부의 점이다.

따라서 삼각형 OP_1Q_1의 넓이가 최대가 되려면 점 Q_1이 점 C_1을 지나고 직선 OP_1과 수직인 직선과 원 $(x-3)^2+(y-4)^2=50$이 만나는 점 중 제2사분면에 있는 점일 때이므로 다음 그림과 같다.

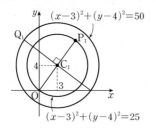

|3단계| 평면 OP_1Q_1과 평면 PQR가 이루는 각의 크기를 구하여 정사영의 넓이 구하기

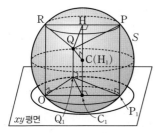

점 R의 xy평면 위로의 정사영은 원점이므로 삼각형 PQR의 xy평면 위로의 정사영은 삼각형 P_1Q_1O이고 두 점 P와 R의 z좌표가 모두 10 이므로 두 직선 PR, P_1O는 평행하다.

점 Q에서 직선 PR에 내린 수선의 발을 H라 하면

$H(3, 4, 10)$

또, 점 Q에서 직선 HC_1에 내린 수선의 발을 H_1이라 하면 점 Q의 z좌표가 5이므로 점 H_1은 점 $C(3, 4, 5)$와 일치한다. **why? ❸**

직각삼각형 QCH에서

$\overline{QH}=\sqrt{\overline{QC}^2+\overline{CH}^2}=\sqrt{(5\sqrt{2})^2+5^2}=5\sqrt{3}$

두 평면 OP_1Q_1, PQR가 이루는 각은 평면 PQR와 xy평면이 이루는 각과 같으므로 그 크기를 θ라 하면

$\cos\theta=\dfrac{\overline{QC}}{\overline{QH}}=\dfrac{5\sqrt{2}}{5\sqrt{3}}=\dfrac{\sqrt{6}}{3}$

삼각형 OP_1Q_1의 넓이는

$\dfrac{1}{2}\times\overline{OP_1}\times\overline{C_1Q_1}=\dfrac{1}{2}\times10\times5\sqrt{2}\ (\because\ \overline{C_1Q_1}=\overline{QC}=5\sqrt{2})$

$\qquad\qquad=25\sqrt{2}$

따라서 삼각형 OP_1Q_1의 평면 PQR 위로의 정사영의 넓이는

$\triangle OP_1Q_1\times\cos\theta=25\sqrt{2}\times\dfrac{\sqrt{6}}{3}=\dfrac{50\sqrt{3}}{3}$

해설특강 ✏

why? ❶ 점 P의 z좌표는 항상 10이므로 점 P가 이루는 도형은 xy평면과 평행한 평면 위에 있다. 이때 점 P가 이루는 도형은 원이므로 점 P를 xy평면에 내린 수선의 발 P_1이 이루는 도형도 원이다.

why? ❷ 중심이 C_1이고 반지름의 길이가 5인 원 위의 점 O와 원 위의 임의의 점 P_1에 대하여 선분 OP_1의 길이는 직선 OP_1이 원의 중심 C_1을 지날 때, 즉 $\overline{OP_1}=\overline{OC_1}+5$일 때 최대이고, $\overline{OP_1}=|\overline{OC_1}-5|$일 때 최소이다.

why? ❸ 점 Q_1이 원 $(x-3)^2+(y-4)^2=50$ 위에 있고 구 $(x-3)^2+(y-4)^2+(z-5)^2=50$의 중심의 z좌표가 5이므로 점 Q의 z좌표는 5이다.

---

5 ┃정답 ④

출제영역 구의 방정식 + 점과 구의 위치 관계

점과 구의 위치 관계를 이용하여 구의 접점과 평면 사이의 거리의 최솟값을 구할 수 있는지를 묻는 문제이다.

좌표공간에 점 $A(0, 4, 4)$와 구 $S: x^2+y^2+(z-2)^2=4$가 있다. ❶ 점 A에서 구 S에 그은 접선의 접점 P와 xy평면 사이의 거리의 최솟값은? ❷

① $\dfrac{1}{5}$ 　　② $\dfrac{2}{5}$ 　　③ $\dfrac{3}{5}$

✓④ $\dfrac{4}{5}$ 　　⑤ 1

출제코드 구 밖의 점과 구의 위치 관계 확인하기

❶ 구 S와 점 A를 좌표공간에 나타내어 위치 관계를 확인한다.

❷ 점 P가 나타내는 도형 위의 점 중 xy평면과의 거리가 가장 가까운 점을 찾는다.

해설 **|1단계|** 점 P가 나타내는 도형 파악하기

점 A에서 구 S에 그은 접선의 접점 P가 나타내는 도형은 원이다.

|2단계| 원 위의 점 중 xy평면과의 거리가 최소인 점의 위치 찾기

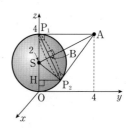

원 위의 점 P가 원과 yz평면의 교점일 때, 점 P와 xy평면 사이의 거리가 최대 또는 최소이다.

점 P와 xy평면 사이의 거리가 최대일 때 점 P의 위치를 P_1, 최소일 때의 점 P의 위치를 P_2라 하자.

|3단계| 점 P와 xy평면 사이의 거리의 최솟값 구하기

구 S의 중심을 S, 선분 AS와 선분 P_1P_2의 교점을 B라 하면 $\overline{AS} \perp \overline{P_1P_2}$이므로 삼각형 AP_1S의 넓이에서

$$\frac{1}{2} \times \overline{P_1A} \times \overline{P_1S} = \frac{1}{2} \times \overline{AS} \times \overline{P_1B}$$

이때 $\overline{AS} = \sqrt{(0-0)^2 + (4-0)^2 + (4-2)^2} = 2\sqrt{5}$이므로

$$\frac{1}{2} \times 4 \times 2 = \frac{1}{2} \times 2\sqrt{5} \times \overline{P_1B}$$

$$\therefore \overline{P_1B} = \frac{4\sqrt{5}}{5}$$

$$\therefore \overline{P_1P_2} = 2\overline{P_1B}$$

$$= 2 \times \frac{4\sqrt{5}}{5} = \frac{8\sqrt{5}}{5}$$

점 P_2에서 z축에 내린 수선의 발을 H라 하면 두 삼각형 P_1SB, P_1P_2H는 서로 닮음이므로 **why? ❶**

$$\overline{P_1B} : \overline{P_1H} = \overline{P_1S} : \overline{P_1P_2}$$

$$\frac{4\sqrt{5}}{5} : \overline{P_1H} = 2 : \frac{8\sqrt{5}}{5}$$

$$2\overline{P_1H} = \frac{32}{5}$$

$$\therefore \overline{P_1H} = \frac{16}{5}$$

따라서 점 P와 xy평면 사이의 거리의 최솟값은 점 P_2와 xy평면 사이의 거리와 같으므로

$$\overline{OH} = \overline{P_1O} - \overline{P_1H}$$

$$= 4 - \frac{16}{5} = \frac{4}{5}$$

해설특강

why? ❶ 두 삼각형 P_1SB, P_1P_2H에서
$\angle P_1BS = \angle P_1HP_2 = 90°$, $\angle SP_1B$는 공통
$\therefore \triangle P_1SB \backsim \triangle P_1P_2H$ (AA 닮음)

출제영역 두 구의 위치 관계

두 평면에 동시에 접하는 두 구의 중심 사이의 거리의 최솟값을 구할 수 있는지를 묻는 문제이다.

좌표공간에서 평면 α와 xy평면이 이루는 각의 크기가 60°일 때, 두 구 S, S'이 다음 조건을 만족시킨다.

> (가) 두 구 S, S'의 반지름의 길이는 모두 6이다.
> (나) 두 구 S, S'은 모두 xy평면과 접한다. ❶
> (다) 두 구 S, S'은 모두 평면 α와 접한다. ❶

두 구 S, S'의 중심을 각각 C, C'이라 할 때, $\overline{CC'}^2$의 최솟값을 구 ❷ 하시오. (단, 두 구 S, S'은 평면 α를 기준으로 반대편에 있고, 두 점 C, C'의 z좌표는 모두 양수이다.) ❶ 192

출제코드 두 평면에 동시에 접하는 구의 위치 관계 확인하기

❶ 구가 xy평면과 평면 α에 동시에 접하는 2가지 경우를 그림으로 나타낸다.
❷ 구와 두 평면의 접점에서 두 평면의 교선에 수선의 발을 내리고 선분 CC'의 길이가 최소인 경우를 찾는다.

해설 **|1단계|** xy평면과 평면 α에 동시에 접하는 두 구 찾기

평면 α와 xy평면이 이루는 각의 크기가 60°이므로 중심의 z좌표가 양수인 구가 xy평면과 평면 α에 동시에 접하는 경우는 다음 그림과 같이 두 가지가 있다.

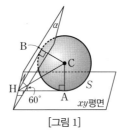 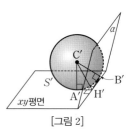

[그림 1]   [그림 2]

|2단계| 두 가지 경우에서 접점과 교선 사이의 거리 구하기

(i) [그림 1]의 경우

[그림 1]과 같이 xy평면과 평면 α에 동시에 접하고 반지름의 길이가 6인 구를 S라 하고, 구 S와 xy평면의 접점을 A, 구 S와 평면 α의 접점을 B라 하면

$$\overline{CA} = \overline{CB} = 6$$

점 A에서 xy평면과 평면 α의 교선에 내린 수선의 발을 H라 하면 네 점 A, C, B, H는 모두 한 평면 위에 있다.

xy평면과 평면 α가 이루는 각의 크기가 60°이므로

$$\angle BHA = 60°$$

두 직각삼각형 CAH, CBH는 합동이므로 **why? ❶**

$$\angle CHA = \angle CHB = \frac{1}{2} \times 60° = 30°$$

$$\therefore \overline{HA} = \frac{\overline{AC}}{\tan 30°} = \frac{6}{\frac{\sqrt{3}}{3}} = 6\sqrt{3}$$

(ii) [그림 2]의 경우

[그림 2]와 같이 xy평면과 평면 α에 동시에 접하고 반지름의 길이가 6인 구를 S'이라 하고, 구 S'과 xy평면의 접점을 A', 구 S'과

평면 α의 접점을 B′이라 하면

$\overline{C'A'}=\overline{C'B'}=6$

점 A′에서 xy평면과 평면 α의 교선에 내린 수선의 발을 H′이라

하면 네 점 A′, C′, B′, H′은 모두 한 평면 위에 있다.

xy평면과 평면 α가 이루는 각의 크기가 $60°$이므로

$\angle\text{B'H'A'}=120°$

두 직각삼각형 C′A′H′, C′B′H′은 합동이므로 **why? ❷**

$\angle\text{C'H'A'}=\angle\text{C'H'B'}=\dfrac{1}{2}\times120°=60°$

$\therefore \overline{A'H'}=\dfrac{\overline{A'C'}}{\tan 60°}=\dfrac{6}{\sqrt{3}}=2\sqrt{3}$

|3단계| $\overline{CC'}^2$의 최솟값 구하기

두 구 S, S'의 중심 사이의 거리가 최소이려면 다음 그림과 같이 두

점 H, H′이 일치해야 한다. **why? ❸**

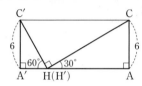

$\overline{CC'}=\overline{A'A}=\overline{A'H'}+\overline{HA}=2\sqrt{3}+6\sqrt{3}=8\sqrt{3}$

이므로 $\overline{CC'}^2$의 최솟값은

$\overline{CC'}^2=(8\sqrt{3})^2=192$

해설특강 ✏️

why? ❶ 두 직각삼각형 CAH, CBH에서

$\angle\text{CAH}=\angle\text{CBH}=90°$, $\overline{\text{CH}}$는 공통, $\overline{\text{AC}}=\overline{\text{BC}}=6$

$\therefore \triangle\text{CAH}\equiv\triangle\text{CBH}$ (RHS 합동)

why? ❷ 두 직각삼각형 C′A′H′, C′B′H′에서

$\angle\text{C'A'H'}=\angle\text{C'B'H'}=90°$, $\overline{\text{C'H'}}$은 공통, $\overline{\text{A'C'}}=\overline{\text{B'C'}}=6$

$\therefore \triangle\text{C'A'H'}\equiv\triangle\text{C'B'H'}$ (RHS 합동)

why? ❸ 두 점 H, H′이 일치하지 않으면 다음 그림과 같이 선분 HH′의 길이가

길어질수록 두 구의 중심 사이의 거리도 커진다.

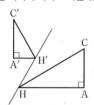

1회 • 고난도 미니 모의고사

본문 48~51쪽

1 ⑤	**2** ④	**3** ①	**4** ⑤	**5** ⑤	**6** 15
7 8	**8** ④				

1 정답 ⑤

포물선 $(y-a)^2=4px$의 초점이 F_1이므로

$F_1(p, a)$

포물선 $y^2=-4x$의 초점이 F_2이므로

$F_2(-1, 0)$

이때 $\overline{F_1F_2}=3$이므로

$\sqrt{(-1-p)^2+(0-a)^2}=3$

$\therefore (p+1)^2+a^2=9$ ...... ㉠

다음 그림과 같이 점 P를 지나고 x축에 수직인 직선과 점 Q를 지나

고 y축에 수직인 직선이 만나는 점을 R라 하자.

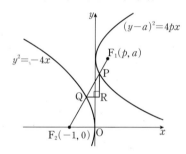

직선 PQ의 기울기는 직선 F_1F_2의 기울기와 같은 $\dfrac{a}{p+1}$이므로 직각

삼각형 PQR에서 양수 t에 대하여

$\overline{PR}=at$, $\overline{QR}=(p+1)t$

라 하자.

이때 $\overline{PQ}=1$이므로

$\overline{PR}^2+\overline{QR}^2=\overline{PQ}^2$에서

$a^2t^2+(p+1)^2t^2=1$

$t^2=\dfrac{1}{a^2+(p+1)^2}=\dfrac{1}{9}$ ($\because$ ㉠)

$\therefore t=\dfrac{1}{3}$ ($\because t>0$)

한편, 점 P의 x좌표를 x_1이라 하면 점 P에서 포물선 $(y-a)^2=4px$

의 준선 $x=-p$까지의 거리가 $p+x_1$이므로 포물선의 정의에 의하여

$\overline{PF_1}=p+x_1$

점 Q의 x좌표를 x_2라 하면 점 Q에서 포물선 $y^2=-4x$의 준선 $x=1$

까지의 거리가 $1-x_2$이므로 포물선의 정의에 의하여

$\overline{QF_2}=1-x_2$

$\overline{PF_1}+\overline{QF_2}=\overline{F_1F_2}-\overline{PQ}$에서

$(p+x_1)+(1-x_2)=3-1$

$\therefore x_1-x_2=1-p$

이때 $x_1-x_2=\overline{QR}=\dfrac{1}{3}(p+1)$이므로

$\dfrac{1}{3}(p+1)=1-p$

$p+1=3-3p$, $4p=2$

$\therefore p=\dfrac{1}{2}$

$p=\dfrac{1}{2}$을 ㉠에 대입하면

$\left(\dfrac{1}{2}+1\right)^2+a^2=9$

$a^2=\dfrac{27}{4}$　　$\therefore a=\dfrac{3\sqrt{3}}{2}$ $(\because a>0)$

따라서 $a=\dfrac{3\sqrt{3}}{2}$, $p=\dfrac{1}{2}$이므로

$a^2+p^2=\dfrac{27}{4}+\dfrac{1}{4}=7$

2 정답 ④

쌍곡선은 원점에 대하여 대칭이므로 두 점 P, Q는 원점에 대하여 대칭이다.

$\therefore \overline{PG}=\overline{QG'}$, $\overline{PF}=\overline{QF'}$

따라서 $\overline{PG}\times\overline{QG}=8$에서

$\overline{QG'}\times\overline{QG}=8$ ······ ㉠

두 점 G, G'을 초점으로 하는 쌍곡선의 주축의 길이가 2이므로 쌍곡선의 정의에 의하여

$\overline{QG}-\overline{QG'}=2$

즉, $\overline{QG'}=a$ $(a>0)$라 하면 $\overline{QG}=a+2$이므로 ㉠에서

$a(a+2)=8$, $a^2+2a-8=0$

$(a+4)(a-2)=0$　　$\therefore a=2$ $(\because a>0)$

$\therefore \overline{PG}=\overline{QG'}=2$, $\overline{QG}=4$

또, $\overline{PF}\times\overline{QF}=4$에서

$\overline{QF'}\times\overline{QF}=4$ ······ ㉡

두 점 F, F'을 초점으로 하는 쌍곡선의 주축의 길이가 2이므로 쌍곡선의 정의에 의하여

$\overline{QF}-\overline{QF'}=2$

즉, $\overline{QF'}=b$ $(b>0)$라 하면 $\overline{QF}=b+2$이므로 ㉡에서

$b(b+2)=4$, $b^2+2b-4=0$

$\therefore b=-1+\sqrt{5}$ $(\because b>0)$

$\therefore \overline{PF}=\overline{QF'}=-1+\sqrt{5}$, $\overline{QF}=1+\sqrt{5}$

따라서 사각형 PGQF의 둘레의 길이는

$\overline{PG}+\overline{GQ}+\overline{QF}+\overline{FP}=2+4+(1+\sqrt{5})+(-1+\sqrt{5})$
$\qquad\qquad=6+2\sqrt{5}$

3 정답 ①

두 점 F, F'은 타원 $\dfrac{x^2}{16}+\dfrac{y^2}{12}=1$의 초점이므로

$c=\sqrt{16-12}=2$

$\therefore$ F$(2, 0)$, F'$(-2, 0)$

또, 타원 $\dfrac{x^2}{16}+\dfrac{y^2}{12}=1$ 위의 점 P$(2, 3)$에서의 접선 l의 방정식은

$\dfrac{2x}{16}+\dfrac{3y}{12}=1$

$\therefore \dfrac{x}{8}+\dfrac{y}{4}=1$

직선 l과 x축이 만나는 점이 S이므로

S$(8, 0)$

이때 두 삼각형 F'FQ, F'SR는 서로 닮음이고, $\overline{F'F}=4$, $\overline{F'S}=10$이므로 두 삼각형 F'FQ, F'SR의 닮음비는

$4:10=2:5$

타원의 정의에 의하여 $\overline{QF}+\overline{QF'}=2\times4=8$이므로 삼각형 F'FQ의 둘레의 길이는

$\overline{FF'}+\overline{QF}+\overline{QF'}=4+8=12$

삼각형 SRF'의 둘레의 길이를 k라 하면

$12:k=2:5$

$2k=60$

$\therefore k=30$

따라서 삼각형 SRF'의 둘레의 길이는 30이다.

참고 두 삼각형 F'FQ, F'SR에서

∠FF'Q는 공통, ∠F'FQ=∠FSR (동위각)

이므로 △F'FQ∽△F'SR (AA 닮음)

4 정답 ⑤

ㄱ. $\overrightarrow{CA}=\overrightarrow{PA}-\overrightarrow{PC}$이므로

$\overrightarrow{PA}+\overrightarrow{PB}+\overrightarrow{PC}+\overrightarrow{PD}=\overrightarrow{PA}-\overrightarrow{PC}$

$\overrightarrow{PB}+\overrightarrow{PD}=-2\overrightarrow{PC}$

$\therefore \overrightarrow{PB}+\overrightarrow{PD}=2\overrightarrow{CP}$ (참)

ㄴ. ㄱ에서 $\overrightarrow{PB}+\overrightarrow{PD}=-2\overrightarrow{PC}$이므로

$\dfrac{\overrightarrow{PB}+\overrightarrow{PD}}{2}=-\overrightarrow{PC}$

이때 선분 BD의 중점을 M이라 하면

$\overrightarrow{PM}=-\overrightarrow{PC}$

즉, 점 P는 선분 MC의 중점이므로

$\overrightarrow{AP}=\dfrac{3}{4}\overrightarrow{AC}$ (참)

ㄷ. △ADP : △ACD=$\overline{AP}:\overline{AC}$
$\qquad\qquad\qquad=3:4$

이므로 △ADP=3이면

△ACD=4

$\therefore \square$ABCD=2△ACD
$\qquad\qquad=2\times4=8$ (참)

따라서 ㄱ, ㄴ, ㄷ 모두 옳다.

다른 풀이 ㄴ. $\overrightarrow{PA}+\overrightarrow{PB}+\overrightarrow{PC}+\overrightarrow{PD}=\overrightarrow{CA}$에서

$-\overrightarrow{AP}+(\overrightarrow{AB}-\overrightarrow{AP})+(\overrightarrow{AC}-\overrightarrow{AP})+(\overrightarrow{AD}-\overrightarrow{AP})=-\overrightarrow{AC}$

$\overrightarrow{AB}+2\overrightarrow{AC}+\overrightarrow{AD}=4\overrightarrow{AP}$

이때 $\overrightarrow{AB}+\overrightarrow{AD}=\overrightarrow{AC}$이므로

$$3\overrightarrow{AC}=4\overrightarrow{AP} \qquad \therefore \overrightarrow{AP}=\frac{3}{4}\overrightarrow{AC}\ (참)$$

5 정답 ⑤

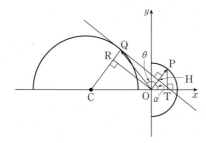

위의 그림과 같이 두 벡터 $\overrightarrow{OP}$, $\overrightarrow{OQ}$가 이루는 각의 크기를 θ라 하고 점 Q에서 반직선 OP에 내린 수선의 발을 H라 하면

$$\overline{OH}=\overline{OQ}\cos\theta=|\overrightarrow{OQ}|\cos\theta$$

이므로

$$\overrightarrow{OP}\cdot\overrightarrow{OQ}=|\overrightarrow{OP}||\overrightarrow{OQ}|\cos\theta$$
$$=2\overline{OH}\ (\because|\overrightarrow{OP}|=2)$$
$$=2$$

$$\therefore \overline{OH}=1$$

이를 만족시키는 점 Q가 하나뿐이려면 직선 QH와 반원의 호 $(x+5)^2+y^2=16\ (y\geq0)$의 교점이 1개뿐이어야 한다.

즉, 직선 QH가 반원의 호 $(x+5)^2+y^2=16\ (y\geq0)$에 접해야 한다.

점 P에서 x축에 내린 수선의 발을 T라 하고 직선 OP가 x축의 양의 방향과 이루는 각의 크기를 α라 하면 직각삼각형 POT에서

$$\overline{OT}=\overline{OP}\cos\alpha=2\cos\alpha,\ \overline{PT}=\overline{OP}\sin\alpha=2\sin\alpha$$

$$\therefore P(2\cos\alpha,\ 2\sin\alpha)\quad\cdots\cdots\ \bigcirc$$

또, 반원 $(x+5)^2+y^2=16\ (y\geq0)$의 중심을 C라 하고 원점 O에서 선분 CQ에 내린 수선의 발을 R라 하면

$$\overline{CR}=\overline{CQ}-\overline{RQ}$$
$$=4-1\ (\because \overline{RQ}=\overline{OH}=1)$$
$$=3$$

이므로 직각삼각형 COR에서

$$\overline{RO}=\sqrt{\overline{CO}^2-\overline{CR}^2}$$
$$=\sqrt{5^2-3^2}=4$$

$\overline{CQ}\,/\!/\,\overline{OP}$이므로

$$\angle RCO=\angle POT=\alpha\ (동위각)$$

$$\therefore \cos\alpha=\frac{\overline{CR}}{\overline{CO}}=\frac{3}{5},\ \sin\alpha=\frac{\overline{RO}}{\overline{CO}}=\frac{4}{5}$$

따라서 $\bigcirc$에서 $P\left(\dfrac{6}{5},\ \dfrac{8}{5}\right)$이므로

$$a=\frac{6}{5},\ b=\frac{8}{5}$$

$$\therefore a+b=\frac{6}{5}+\frac{8}{5}=\frac{14}{5}$$

6 정답 15

오른쪽 그림과 같이 점 P에서 평면 α에 내린 수선의 발을 H, 점 H에서 직선 AB에 내린 수선의 발을 H′이라 하면

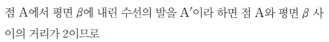

$$\overline{PH}\perp\alpha,\ \overline{HH'}\perp\overline{AB}$$

이므로 삼수선의 정리에 의하여

$$\overline{PH'}\perp\overline{AB}$$

점 A에서 평면 β에 내린 수선의 발을 A′이라 하면 점 A와 평면 β 사이의 거리가 2이므로

$$\overline{AA'}=2$$

$\overline{AB}\,/\!/\,\beta$이므로

$$\overline{H'H}=\overline{AA'}=2$$

또, 점 P와 평면 α 사이의 거리가 4이므로

$$\overline{PH}=4$$

직각삼각형 PH′H에서

$$\overline{PH'}=\sqrt{\overline{PH}^2+\overline{H'H}^2}=\sqrt{4^2+2^2}=2\sqrt{5}$$

따라서 삼각형 PAB의 넓이는

$$\frac{1}{2}\times\overline{AB}\times\overline{PH'}=\frac{1}{2}\times3\sqrt{5}\times2\sqrt{5}=15$$

7 정답 8

삼각형 ABD는 정삼각형이므로
$\overline{BD}=4$

$\overline{AB}=\overline{AD}$이고 $\angle BAD=\dfrac{\pi}{3}$이므로

$\angle ABD=\angle ADB=\dfrac{1}{2}\times\left(\pi-\dfrac{\pi}{3}\right)=\dfrac{\pi}{3}$

두 점 M, N이 각각 두 변 BC, CD의 중점이므로

$$\overline{MN}=\frac{1}{2}\overline{BD}=\frac{1}{2}\times4=2$$

오른쪽 그림과 같이 두 선분 MN, AC의 중점을 각각 E, F라 하면

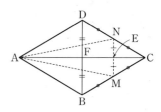

$$\overline{AF}=\frac{\sqrt{3}}{2}\times4=2\sqrt{3},$$
정삼각형 ABD의 높이

$$\overline{AE}=\frac{3}{2}\overline{AF}=\frac{3}{2}\times2\sqrt{3}=3\sqrt{3}$$

이므로

$$\triangle AMN=\frac{1}{2}\times\overline{MN}\times\overline{AE}=\frac{1}{2}\times2\times3\sqrt{3}=3\sqrt{3}$$

$\overline{ME}=\dfrac{1}{2}\overline{MN}=\dfrac{1}{2}\times2=1$이므로 직각삼각형 AME에서

$$\overline{AM}=\sqrt{\overline{AE}^2+\overline{ME}^2}=\sqrt{(3\sqrt{3})^2+1^2}=2\sqrt{7}$$

다음 그림과 같이 점 P에서 평면 AMN에 내린 수선의 발을 H, 선분 AM에 내린 수선의 발을 Q라 하면

$$\overline{PH}\perp(평면\ AMN),\ \overline{PQ}\perp\overline{AM}$$

이므로 삼수선의 정리에 의하여

$$\overline{HQ}\perp\overline{AM}$$

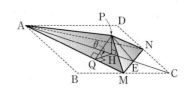

따라서 두 평면 AMN, PAM이 이루는 각의 크기를 $\theta \left(0<\theta<\dfrac{\pi}{2}\right)$ 라 하면

$$\cos\theta = \dfrac{\overline{\mathrm{QH}}}{\overline{\mathrm{PQ}}} \qquad \cdots\cdots \text{㉠}$$

한편, 삼각형 PAM에서 $\angle \mathrm{APM}=\angle \mathrm{ABM}=\dfrac{2}{3}\pi$이고,

$\overline{\mathrm{AP}}=\overline{\mathrm{AB}}=4$,

$\overline{\mathrm{PM}}=\overline{\mathrm{BM}}=\dfrac{1}{2}\times\overline{\mathrm{BC}}=\dfrac{1}{2}\times4=2$

이므로

$$\triangle \mathrm{PAM}=\dfrac{1}{2}\times\overline{\mathrm{AP}}\times\overline{\mathrm{PM}}\times\sin\left(\pi-\dfrac{2}{3}\pi\right)$$
$$=\dfrac{1}{2}\times4\times2\times\dfrac{\sqrt{3}}{2}=2\sqrt{3}$$

또,

$$\triangle \mathrm{PAM}=\dfrac{1}{2}\times\overline{\mathrm{AM}}\times\overline{\mathrm{PQ}}=\dfrac{1}{2}\times2\sqrt{7}\times\overline{\mathrm{PQ}}=\sqrt{7}\,\overline{\mathrm{PQ}}$$

이므로

$\sqrt{7}\,\overline{\mathrm{PQ}}=2\sqrt{3} \qquad \therefore \overline{\mathrm{PQ}}=\dfrac{2\sqrt{21}}{7}$

두 직각삼각형 APH, PHE에서

$$\overline{\mathrm{PH}}^2=\overline{\mathrm{AP}}^2-\overline{\mathrm{AH}}^2=\overline{\mathrm{PE}}^2-\overline{\mathrm{HE}}^2 \qquad \cdots\cdots \text{㉡}$$

$\overline{\mathrm{HE}}=t$라 하면

$\overline{\mathrm{AH}}=\overline{\mathrm{AE}}-\overline{\mathrm{HE}}=3\sqrt{3}-t$,

$\overline{\mathrm{PE}}=\overline{\mathrm{EC}}=\dfrac{1}{2}\overline{\mathrm{FC}}=\dfrac{1}{2}\times2\sqrt{3}=\sqrt{3}$
　　　　　└ 정삼각형 BCD의 높이

이므로 ㉡에서

$4^2-(3\sqrt{3}-t)^2=(\sqrt{3})^2-t^2$

$6\sqrt{3}t=14 \qquad \therefore t=\dfrac{7\sqrt{3}}{9}$

직각삼각형 PHE에서

$$\overline{\mathrm{PH}}=\sqrt{\overline{\mathrm{PE}}^2-\overline{\mathrm{HE}}^2}=\sqrt{(\sqrt{3})^2-\left(\dfrac{7\sqrt{3}}{9}\right)^2}=\dfrac{4\sqrt{6}}{9}$$

직각삼각형 PQH에서

$$\overline{\mathrm{QH}}=\sqrt{\overline{\mathrm{PQ}}^2-\overline{\mathrm{PH}}^2}=\sqrt{\left(\dfrac{2\sqrt{21}}{7}\right)^2-\left(\dfrac{4\sqrt{6}}{9}\right)^2}=\dfrac{10\sqrt{21}}{63}$$

따라서 ㉠에서

$$\cos\theta=\dfrac{\overline{\mathrm{QH}}}{\overline{\mathrm{PQ}}}=\dfrac{\dfrac{10\sqrt{21}}{63}}{\dfrac{2\sqrt{21}}{7}}=\dfrac{5}{9}$$

이므로 삼각형 AMN의 평면 PAM 위로의 정사영의 넓이는

$$\triangle \mathrm{AMN}\cos\theta=3\sqrt{3}\times\dfrac{5}{9}=\dfrac{5\sqrt{3}}{3}$$

즉, $p=3$, $q=5$이므로

$p+q=3+5=8$

핵심 개념 **삼각형의 넓이 (중등 수학)**

삼각형 ABC에서 두 변의 길이 a, c와 그 끼인각 $\angle \mathrm{B}$의 크기를 알 때, 삼각형 ABC의 넓이 S는

(1) $\angle \mathrm{B}$가 예각인 경우: $S=\dfrac{1}{2}ac\sin B$

(2) $\angle \mathrm{B}$가 둔각인 경우: $S=\dfrac{1}{2}ac\sin(180°-B)$

---

8 정답 ④

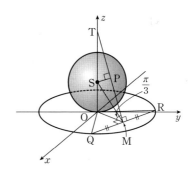

위의 그림과 같이 구 S의 중심을 S라 하고, 구 S와 점 P에서 접하고 두 점 Q, R를 포함하는 평면이 z축과 만나는 점을 T라 하자.

이등변삼각형 OQR에서 선분 QR의 중점을 M이라 하면

$\overline{\mathrm{OM}}\perp\overline{\mathrm{QR}}$, $\overline{\mathrm{OT}}\perp(xy$평면$)$ └$\overline{\mathrm{OQ}}=\overline{\mathrm{OR}}=2$

이므로 삼수선의 정리에 의하여

$\overline{\mathrm{TM}}\perp\overline{\mathrm{QR}}$

즉, 구 S와 점 P에서 접하고 두 점 Q, R를 포함하는 평면과 xy평면이 이루는 각은 $\angle \mathrm{TMO}$이므로

$\angle \mathrm{TMO}=\dfrac{\pi}{3}$

점 P는 구 S 위의 점이므로

$\overline{\mathrm{TP}}\perp\overline{\mathrm{SP}}$

직각삼각형 TSP에서 $\angle \mathrm{PTS}=\dfrac{\pi}{6}$이므로
　　　　└$\angle \mathrm{PTS}=\angle \mathrm{MTO}=\dfrac{\pi}{2}-\dfrac{\pi}{3}=\dfrac{\pi}{6}$

$\overline{\mathrm{TS}}=\dfrac{\overline{\mathrm{SP}}}{\sin\dfrac{\pi}{6}}=\dfrac{1}{\dfrac{1}{2}}=2$

$\therefore \overline{\mathrm{TO}}=\overline{\mathrm{TS}}+\overline{\mathrm{SO}}=2+1=3$

직각삼각형 TOM에서

$\overline{\mathrm{OM}}=\dfrac{\overline{\mathrm{TO}}}{\tan\dfrac{\pi}{3}}=\dfrac{3}{\sqrt{3}}=\sqrt{3}$

직각삼각형 OQM에서

$\overline{\mathrm{QM}}=\sqrt{\overline{\mathrm{OQ}}^2-\overline{\mathrm{OM}}^2}=\sqrt{2^2-(\sqrt{3})^2}=1$

따라서 이등변삼각형 OQR에서

$\overline{\mathrm{QR}}=2\overline{\mathrm{QM}}=2\times1=2$

다른 풀이

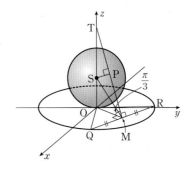

위의 그림과 같이 구 S의 중심을 S라 하고, 구 S와 점 P에서 접하고 두 점 Q, R를 포함하는 평면이 z축과 만나는 점을 T라 하자.

이등변삼각형 OQR에서 선분 QR의 중점을 M이라 하면

$\overline{\mathrm{OM}}\perp\overline{\mathrm{QR}}$, $\overline{\mathrm{OT}}\perp(xy$평면$)$ └$\overline{\mathrm{OQ}}=\overline{\mathrm{OR}}=2$

이므로 삼수선의 정리에 의하여

$\overline{\mathrm{TM}}\perp\overline{\mathrm{QR}}$

즉, 구 S와 점 P에서 접하고 두 점 Q, R를 포함하는 평면과 xy평면이 이루는 각은 $\angle$TMO이므로

$$\angle \text{TMO} = \frac{\pi}{3}$$

점 P는 구 S 위의 점이므로

$$\overline{\text{TP}} \perp \overline{\text{SP}}$$

두 직각삼각형 SOM, SPM이 서로 합동이므로

$$\angle \text{SMO} = \angle \text{SMP} = \frac{1}{2} \times \frac{\pi}{3} = \frac{\pi}{6}$$

직각삼각형 SOM에서

$$\overline{\text{OM}} = \frac{\overline{\text{SO}}}{\tan \frac{\pi}{6}} = \frac{1}{\frac{\sqrt{3}}{3}} = \sqrt{3}$$

직각삼각형 OQM에서

$$\overline{\text{QM}} = \sqrt{\overline{\text{OQ}}^2 - \overline{\text{OM}}^2} = \sqrt{2^2 - (\sqrt{3})^2} = 1$$

따라서 이등변삼각형 OQR에서

$$\overline{\text{QR}} = 2\overline{\text{QM}} = 2 \times 1 = 2$$

참고 두 삼각형 SOM, SPM에서

$\angle$SOM $= \angle$SPM $= \dfrac{\pi}{2}$, $\overline{\text{SM}}$은 공통, $\overline{\text{SO}} = \overline{\text{SP}} = 1$

$\therefore \triangle$SOM $\equiv \triangle$SPM (RHS 합동)

2회 · 고난도 미니 모의고사
본문 52~55쪽

1 8	2 14	3 ③	4 ②	5 ④	6 ④
7 45	8 ②				

1 정답 8

정삼각형 OAB의 무게중심 G의 y좌표가 0이므로 두 점 A, B의 y좌표의 합은 0이다. 즉, 선분 AB의 중점의 y좌표도 0이므로 선분 AB의 중점을 C라 하면 점 C는 x축 위에 있고

$$\overline{\text{OC}} = \frac{\sqrt{3}}{2} \times 2\sqrt{3} = 3$$

점 G는 정삼각형 OAB의 무게중심이므로

$$\overline{\text{OG}} = \frac{2}{3}\overline{\text{OC}} = \frac{2}{3} \times 3 = 2$$

$\therefore$ G(2, 0)

주어진 포물선의 꼭짓점이 원점 O이고 초점이 G(2, 0)이므로 포물선의 준선의 방정식은

$$x = -2$$

오른쪽 그림과 같이 점 P에서 포물선의 준선과 x축에 내린 수선의 발을 각각 Q, R라 하고, 준선과 x축의 교점을 S라 하면 포물선의 정의에 의하여

$$\overline{\text{GP}} = \overline{\text{PQ}} = \overline{\text{RS}} \qquad \cdots\cdots \text{㉠}$$

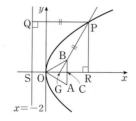

또, 점 G는 정삼각형 OAB의 무게중심이므로

$\angle$GBC $= 30°$, $\angle$GCB $= 90°$ └─ 정삼각형의 무게중심은 내심과 일치하므로 $\angle$GBC $= \angle$GBO $= 30°$

$\therefore \angle$BGC $= 90° - 30° = 60°$

즉, 직각삼각형 PGR에서

$$\overline{\text{RG}} = \overline{\text{GP}} \cos 60° = \frac{1}{2}\overline{\text{GP}}$$

따라서 ㉠에서

$$\overline{\text{GP}} = \overline{\text{RS}} = \overline{\text{RG}} + \underset{=2+2}{\overline{\text{GS}}} = \frac{1}{2}\overline{\text{GP}} + 4$$

$$\frac{1}{2}\overline{\text{GP}} = 4 \qquad \therefore \overline{\text{GP}} = 8$$

다른풀이 1 정삼각형 OAB의 무게중심 G의 y좌표가 0이므로 두 점 A, B의 y좌표의 합은 0이다. 즉, 선분 AB의 중점의 y좌표도 0이므로 선분 AB의 중점을 C라 하면 점 C는 x축 위에 있고

$$\overline{\text{OC}} = \frac{\sqrt{3}}{2} \times 2\sqrt{3} = 3$$

점 G는 정삼각형 OAB의 무게중심이므로

$$\overline{\text{OG}} = \frac{2}{3}\overline{\text{OC}} = \frac{2}{3} \times 3 = 2$$

$\therefore$ G(2, 0)

주어진 포물선의 꼭짓점이 원점 O이고 초점이 G(2, 0)이므로 포물선의 방정식은

$$y^2 = 8x \qquad \cdots\cdots \text{㉠}$$

또, 점 G는 정삼각형 OAB의 무게중심이므로

$\angle$GBC $= 30°$, $\angle$GCB $= 90°$

$\therefore \angle$BGC $= 90° - 30° = 60°$

즉, 직선 GP의 기울기는

$$\tan 60° = \sqrt{3}$$

이고 직선 GP는 점 G(2, 0)을 지나므로 직선 GP의 방정식은

$$y = \sqrt{3}(x - 2) \qquad \cdots\cdots \text{㉡}$$

점 P는 포물선 $y^2 = 8x$와 직선 GP의 교점이므로 ㉡을 ㉠에 대입하면

$$3(x-2)^2 = 8x$$

$$3x^2 - 20x + 12 = 0$$

$$(3x - 2)(x - 6) = 0$$

$\therefore x = 6$ ($\because x > 2$) ← 점 P의 x좌표는 점 G의 x좌표 2보다 크다.

$x = 6$을 ㉡에 대입하면

$$y = 4\sqrt{3}$$

$\therefore$ P(6, $4\sqrt{3}$)

$$\therefore \overline{\text{GP}} = \sqrt{(6-2)^2 + (4\sqrt{3} - 0)^2} = 8$$

다른풀이 2 정삼각형 OAB의 무게중심 G의 y좌표가 0이므로 두 점 A, B의 y좌표의 합은 0이다. 즉, 선분 AB의 중점의 y좌표도 0이므로 선분 AB의 중점을 C라 하면 점 C는 x축 위에 있고

$$\overline{\text{OC}} = \frac{\sqrt{3}}{2} \times 2\sqrt{3} = 3$$

점 G는 정삼각형 OAB의 무게중심이므로

$$\overline{\text{OG}} = \frac{2}{3}\overline{\text{OC}} = \frac{2}{3} \times 3 = 2$$

$\therefore$ G(2, 0)

주어진 포물선의 꼭짓점이 원점 O이고
초점이 G(2, 0)이므로 포물선의 준선의
방정식은

$x=-2$

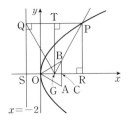

오른쪽 그림과 같이 점 P에서 포물선의
준선과 x축에 내린 수선의 발을 각각 Q,
R라 하고, 준선과 x축의 교점을 S라 하면 포물선의 정의에 의하여

$\overline{GP}=\overline{PQ}$ ······ ㉠

또, 점 G는 정삼각형 OAB의 무게중심이므로

$\angle GBC=30°$, $\angle GCB=90°$

$\therefore \angle BGC=90°-30°=60°$

$\overline{PQ} /\!/ \overline{SR}$이므로

$\angle QPG=\angle PGR=60°$ (엇각) ······ ㉡

㉠에 의하여 삼각형 PQG는 이등변삼각형이므로

$\angle PQG=\angle PGQ=\dfrac{1}{2}\times(180°-\angle QPG)=60°$ ($\because$ ㉡)

따라서 삼각형 PQG는 정삼각형이므로 점 G에서 선분 PQ에 내린 수
선의 발을 T라 하면

$\overline{PQ}=2\overline{QT}=2\overline{SG}=2\times4=8$

$\therefore \overline{GP}=\overline{PQ}=8$ ($\because$ ㉠)

2 정답 14

타원 $\dfrac{x^2}{16}+\dfrac{y^2}{7}=1$에서 $\sqrt{16-7}=3$이므로 두 초점 F, F′은

F(3, 0), F′(−3, 0)

$\therefore \overline{AF'}=\sqrt{(-3-0)^2+(0-3)^2}=3\sqrt{2}$,

$\overline{BF'}=\sqrt{(-3-0)^2+\{0-(-3)\}^2}=3\sqrt{2}$

이때 두 삼각형 AOP, FOP는 서로
합동이므로

$\angle AOP=\angle FOP$

따라서 두 삼각형 POF′, POB는 서로
합동이므로

$\overline{PF'}=\overline{PB}$

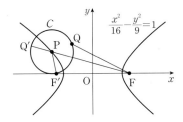

타원의 정의에 의하여

$\overline{PF}+\overline{PF'}=2\times4=8$

이고, $\overline{AP}=\overline{PF}$, $\overline{PF'}=\overline{PB}$이므로

$\overline{AP}+\overline{PB}=\overline{PF}+\overline{PF'}=8$

따라서 사각형 AF′BP의 둘레의 길이는

$\overline{AP}+\overline{PB}+\overline{AF'}+\overline{BF'}=8+3\sqrt{2}+3\sqrt{2}$
$\qquad\qquad\qquad\qquad\qquad=8+6\sqrt{2}$

이므로 $a=8$, $b=6$

$\therefore a+b=8+6=14$

참고 두 삼각형 AOP, FOP에서
$\overline{OP}$는 공통, $\overline{PA}=\overline{PF}$, $\overline{OA}=\overline{OF}=3$
$\therefore \triangle AOP\equiv\triangle FOP$ (SSS 합동)

또, 두 삼각형 POF′, POB에서
$\overline{OP}$는 공통, $\overline{OF'}=\overline{OB}=3$,
$\angle POF'=90°+\angle AOP=90°+\angle FOP=\angle POB$
$\therefore \triangle POF'\equiv\triangle POB$ (SAS 합동)

3 정답 ③

쌍곡선의 정의에 의하여

$\overline{PF}-\overline{PF'}=2\times4=8$ ($\because \overline{PF'}<\overline{PF}$) ······ ㉠

다음 그림과 같이 직선 FP와 원 C의 교점 중 선분 FP 위의 점이 아
닌 점을 Q′이라 하자.

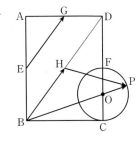

원 C 위를 움직이는 점 Q에 대하여 선분 FQ의 길이가 최대이려면 점
Q가 점 Q′의 위치에 있어야 한다.

이때 원 C의 반지름의 길이를 r라 하면 $\overline{PQ'}=\overline{PF'}=r$이고 선분 FQ
의 길이의 최댓값이 14이므로

$\overline{FQ'}=\overline{PF}+\overline{PQ'}=\overline{PF}+\overline{PF'}=14$ ······ ㉡

㉠, ㉡을 연립하여 풀면

$\overline{PF}=11$, $\overline{PF'}=3$

따라서 원 C의 반지름의 길이는 3이므로 원 C의 넓이는

$\pi\times3^2=9\pi$

4 정답 ②

삼각형 ABD에서 두 점 E, G는 각각 두
변 AB, AD의 중점이므로

$\overline{EG} /\!/ \overline{BD}$, $\overline{EG}=\dfrac{1}{2}\overline{BD}=\overline{BH}$

즉, $\overrightarrow{EG}=\overrightarrow{BH}$이므로

$|\overrightarrow{EG}+\overrightarrow{HP}|=|\overrightarrow{BH}+\overrightarrow{HP}|$
$\qquad\qquad\quad=|\overrightarrow{BP}|$
$\qquad\qquad\quad=\overline{BP}$

선분 CF를 지름으로 하는 원의 중심을 O라 할 때, 선분 BP의 길이
가 최대이려면 선분 BP가 점 O를 지나야 하므로 선분 BP의 길이의
최댓값은

$\overline{BO}+\overline{OP}$

이때

$\overline{BC}=6$,

$\overline{OC}=\dfrac{1}{4}\overline{CD}=\dfrac{1}{4}\times8=2$

이므로 직각삼각형 BCO에서

$$\overline{BO}=\sqrt{\overline{BC}^2+\overline{OC}^2}$$
$$=\sqrt{6^2+2^2}=2\sqrt{10}$$

따라서 선분 BP의 길이의 최댓값은

$$\overline{BO}+\underbrace{\overline{OP}}_{\overline{OP}=\overline{OC}=2}=2+2\sqrt{10}$$

핵심 개념 삼각형의 두 변의 중점을 연결한 선분의 성질 (중등 수학)

삼각형 ABC에서 $\overline{AB}$, $\overline{AC}$의 중점을 각각
M, N이라 하면
$$\overline{BC}\,/\!/\,\overline{MN},\ \overline{MN}=\frac{1}{2}\overline{BC}$$

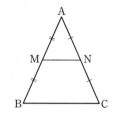

---

5 정답 ④

두 벡터 $\overrightarrow{AC}$, $\overrightarrow{AP}$가 이루는 각의 크기를 θ라 하면
$0°\le\theta<90°$이므로
$$\overrightarrow{AC}\cdot\overrightarrow{AP}=|\overrightarrow{AC}||\overrightarrow{AP}|\cos\theta$$

점 P에서 직선 AC에 내린 수선의 발을 H라 하면
$$\overline{AH}=|\overrightarrow{AP}|\cos\theta$$

이고, $\overline{AC}=\sqrt{(2\sqrt3)^2+2^2}=4$이므로
$$\overrightarrow{AC}\cdot\overrightarrow{AP}=4\overline{AH}$$

즉, $\overrightarrow{AC}\cdot\overrightarrow{AP}$의 값은 선분 AH의 길이가 최대일 때 최대가 된다.

선분 AH의 길이가 최대가 되려면 다음 그림과 같이 점 P는 직선 AC에 수직이고 사각형 밖에서 원에 접하는 접선과 원의 접점이어야 한다.

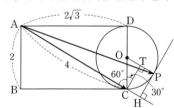

직각삼각형 ACD에서
$$\overline{CD}:\overline{AC}:\overline{AD}=2:4:2\sqrt3=1:2:\sqrt3$$

이므로 $\angle ACD=60°$

이때 원의 중심을 O, 점 C에서 선분 OP에 내린 수선의 발을 T라 하면 $\angle ACT=90°$이므로
$$\angle OCT=90°-60°=30°$$

직각삼각형 OCT에서 $\overline{OT}=\overline{OC}\sin30°=1\times\frac{1}{2}=\frac{1}{2}$이므로

$$\overline{TP}=\overline{OP}-\overline{OT}=1-\frac{1}{2}=\frac{1}{2},\ \overline{CH}=\overline{TP}=\frac{1}{2}$$

$$\therefore\ \overline{AH}=\overline{AC}+\overline{CH}=4+\frac{1}{2}=\frac{9}{2}$$

따라서 $\overrightarrow{AC}\cdot\overrightarrow{AP}$의 최댓값은
$$4\overline{AH}=4\times\frac{9}{2}=18$$

---

6 정답 ④

오른쪽 그림과 같이 점 M에서 평면 ABCD에 내린 수선의 발을 I라 하면
$\overline{MI}\perp$(평면 ABCD), $\overline{MN}\perp\overline{LD}$
이므로 삼수선의 정리에 의하여
$$\overline{NI}\perp\overline{LD}$$

한편, $\overline{AL}=\frac{3}{4}\times20=15$이므로 직각삼각형 ALD에서

$$\overline{LD}=\sqrt{\overline{AD}^2+\overline{AL}^2}$$
$$=\sqrt{20^2+15^2}=25$$

이때 두 삼각형 NDI, ALD가 서로 닮음이므로
$$\overline{NI}:\overline{AD}=\underbrace{\overline{DI}}_{\overline{DI}=\overline{HM}=\frac{1}{2}\times20=10}:\overline{LD}$$

$\angle DNI=\angle LAD=90°$,
$\angle NDI=90°-\angle ADL$
$=\angle ALD$
이므로 $\triangle NDI\backsim\triangle ALD$ (AA 닮음)

$$\overline{NI}:20=10:25$$
$$\overline{NI}:20=2:5,\ 5\overline{NI}=40$$
$$\therefore\ \overline{NI}=8$$

따라서 직각삼각형 MIN에서
$$\overline{MN}=\sqrt{\overline{MI}^2+\overline{NI}^2}=\sqrt{20^2+8^2}=4\sqrt{29}$$

---

7 정답 45

점 C에서 평면 α에 내린 수선의 발을 C′, 점 B에서 선분 CC′에 내린 수선의 발을 C″이라 하면
$$\overline{C'C''}=1,\ \overline{CC''}=3-1=2$$

$\overline{AP}:\overline{CP}=1:2$이므로 다음 그림과 같이 세 점 B, P, C″을 포함하는 평면을 β라 하면
$$\alpha\,/\!/\,\beta$$

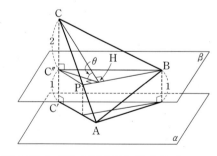

점 C에서 선분 BP에 내린 수선의 발을 H라 하면
$$\overline{CH}\perp\overline{BP},\ \overline{CC''}\perp\beta$$

이므로 삼수선의 정리에 의하여
$$\overline{C''H}\perp\overline{BP}$$

$\alpha\,/\!/\,\beta$이므로 삼각형 ABC와 평면 α가 이루는 각의 크기를 θ라 하면
$$\underbrace{\angle CHC''=\theta}_{\text{삼각형 ABC와 평면 }\beta\text{가 이루는 각}}$$

$\overline{AP}:\overline{CP}=1:2$이므로
$$\triangle BCP=\frac{2}{3}\triangle ABC=\frac{2}{3}\times9=6$$

또, $\triangle BCP = \dfrac{1}{2} \times \overline{BP} \times \overline{CH}$이고 $\overline{BP} = 4$이므로

$6 = \dfrac{1}{2} \times 4 \times \overline{CH}$

$\therefore \overline{CH} = 3$

직각삼각형 $CC''H$에서

$\overline{C''H} = \sqrt{\overline{CH}^2 - \overline{CC''}^2} = \sqrt{3^2 - 2^2} = \sqrt{5}$

이므로 $\cos \theta = \dfrac{\overline{C''H}}{\overline{CH}} = \dfrac{\sqrt{5}}{3}$

따라서 삼각형 ABC의 평면 α 위로의 정사영의 넓이 S는

$S = \triangle ABC \cos \theta = 9 \times \dfrac{\sqrt{5}}{3} = 3\sqrt{5}$

$\therefore S^2 = (3\sqrt{5})^2 = 45$

8 정답 ②

x축, y축에 접하는 구 S가 xy평면과 만나서 생기는 원의 넓이가 64π 이므로 이 원의 반지름의 길이는 8이고, 이 원도 x축, y축에 접한다. 즉, 구 S의 중심의 x좌표, y좌표는 모두 8이므로 중심을 $C(8, 8, a)$ 라 하자.

다음 그림과 같이 구 S가 z축과 만나는 두 점을 A, B라 하면

$\overline{AB} = 8$

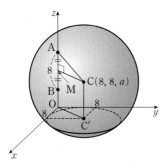

$\overline{AB}$의 중점을 M이라 하고, 점 C의 xy평면 위로의 정사영을 C'이라 하면 $C'(8, 8, 0)$이므로

$\overline{AM} = \dfrac{1}{2} \times \overline{AB} = \dfrac{1}{2} \times 8 = 4$

$\overline{MC} = \overline{OC'} = \sqrt{8^2 + 8^2} = 8\sqrt{2}$

직각삼각형 AMC에서

$\overline{AC} = \sqrt{\overline{AM}^2 + \overline{MC}^2}$

$\qquad = \sqrt{4^2 + (8\sqrt{2})^2}$

$\qquad = 12$

따라서 구 S의 반지름의 길이는 12이다.

3회 • 고난도 미니 모의고사 본문 56~59쪽

1 29	2 12	3 15	4 ②	5 31	6 22
7 7	8 ⑤				

1 정답 29

오른쪽 그림과 같이 이등변삼각형 PAF의 꼭짓점 P에서 선분 AF에 내린 수선의 발을 B라 하면

$\overline{AB} = \overline{BF} = \dfrac{1}{2}\overline{AF} = \dfrac{1}{2} \times 2 = 1$

이므로

$B(a+1, 0)$, $F(a+2, 0)$

포물선의 준선의 방정식은 $x = -a$

이므로 점 P에서 직선 $x = -a$에 내린 수선의 발을 H라 하면 포물선 의 정의에 의하여

$\overline{PA} = \overline{PH} = (a+1) - (-a) = 2a+1$

$\therefore \overline{PF} = \overline{PA} = 2a+1$

$\angle PFB = \theta$로 놓으면 직각삼각형 PBF에서

$\cos \theta = \dfrac{\overline{BF}}{\overline{PF}} = \dfrac{1}{2a+1}$ ...... ㉠

오른쪽 그림과 같이 이등변삼각형 $F'FP$의 꼭짓점 F'에서 선분 PF에 내린 수선의 발을 C라 하면 직각삼 각형 $F'FC$에서

$\overline{FF'} = 2\overline{OF} = 2(a+2) = 2a+4$,

$\overline{FC} = \dfrac{1}{2}\overline{PF} = \dfrac{1}{2}(2a+1) = a + \dfrac{1}{2}$

이므로

$\cos \theta = \dfrac{\overline{FC}}{\overline{FF'}} = \dfrac{a + \dfrac{1}{2}}{2a+4} = \dfrac{2a+1}{4a+8}$ ...... ㉡

㉠, ㉡에서

$\dfrac{1}{2a+1} = \dfrac{2a+1}{4a+8}$

$(2a+1)^2 = 4a+8$, $4a^2 = 7$

$\therefore a = \dfrac{\sqrt{7}}{2}$ $(\because a > 0)$

따라서 타원의 정의에 의하여 장축의 길이는

$\overline{PF'} + \overline{PF} = \overline{FF'} + \overline{PF} = (2a+4) + (2a+1)$

$\qquad = 4a + 5 = 4 \times \dfrac{\sqrt{7}}{2} + 5$

$\qquad = 5 + 2\sqrt{7}$

이므로 $p = 5$, $q = 2$

$\therefore p^2 + q^2 = 5^2 + 2^2 = 29$

2 정답 12

쌍곡선의 두 초점 $F(c, 0)$, $F'(-c, 0)$ $(c > 0)$이 x축 위에 있으므로 주어진 쌍곡선의 방정식을 $\dfrac{x^2}{a^2} - \dfrac{y^2}{b^2} = 1$ $(a > 0, b > 0)$로 놓으면

$A(a, 0)$

쌍곡선의 점근선의 방정식이 $y=\pm\dfrac{4}{3}x$이므로

$\dfrac{b}{a}=\dfrac{4}{3}$ $\quad\therefore b=\dfrac{4}{3}a \qquad \cdots\cdots \text{㉠}$

두 초점이 $F(c,0)$, $F'(-c,0)$ $(c>0)$이므로

$a^2+b^2=c^2 \qquad \cdots\cdots \text{㉡}$

㉠을 ㉡에 대입하면

$a^2+\dfrac{16}{9}a^2=c^2$, $\dfrac{25}{9}a^2=c^2$

$\therefore c=\dfrac{5}{3}a \ (\because a>0,\ c>0) \qquad \cdots\cdots (*)$

원점 O에 대하여

$\overrightarrow{AF}=\overrightarrow{OF}-\overrightarrow{OA}$

$\quad=c-a$

$\quad=\dfrac{5}{3}a-a$

$\quad=\dfrac{2}{3}a \qquad \cdots\cdots \text{㉢}$

조건 ㈎에서 $\overline{PF}<\overline{PF'}$이므로 쌍곡선의 정의에 의하여

$\overline{PF'}-\overline{PF}=2a$

$\therefore \overline{PF}=\overline{PF'}-2a=30-2a$

이때 $16\le\overline{PF}\le20$이므로

$16\le30-2a\le20$, $-14\le-2a\le-10$

$\therefore 5\le a\le7$

조건 ㈏에서 ㉢이 자연수이어야 하므로 $a=6$

따라서 쌍곡선의 주축의 길이는 $\underbrace{\dfrac{2}{3}a\text{가 자연수이려면 }a\text{가 3의 배수이어야 한다.}}$

$2a=2\times6=12$

참고 ㉠에서 $b=\dfrac{4}{3}\times6=8$, $(*)$에서 $c=\dfrac{5}{3}\times6=100$므로 쌍곡선의 방정식은

$\dfrac{x^2}{36}-\dfrac{y^2}{64}=1$

3 정답 15

쌍곡선 $\dfrac{x^2}{a^2}-\dfrac{y^2}{b^2}=1$의 두 초점이 $F(3,0)$, $F'(-3,0)$이므로

$a^2+b^2=9 \qquad \cdots\cdots \text{㉠}$

쌍곡선 위의 점 $P(4,k)$에서의 접선의 방정식은

$\dfrac{4x}{a^2}-\dfrac{ky}{b^2}=1 \qquad \cdots\cdots \text{㉡}$

선분 $F'F$를 $2:1$로 내분하는 점의 좌표는

$\left(\dfrac{2\times3+1\times(-3)}{2+1},0\right)$, 즉 $(1,0)$

직선 ㉡이 점 $(1,0)$을 지나므로

$\dfrac{4}{a^2}=1$

$\therefore a^2=4,\ b^2=5\ (\because \text{㉠})$

따라서 쌍곡선의 방정식은

$\dfrac{x^2}{4}-\dfrac{y^2}{5}=1$

점 $P(4,k)$가 쌍곡선 $\dfrac{x^2}{4}-\dfrac{y^2}{5}=1$ 위의 점이므로

$\dfrac{16}{4}-\dfrac{k^2}{5}=1$, $\dfrac{k^2}{5}=3$

$\therefore k^2=15$

핵심 개념 선분의 내분점, 외분점의 좌표 (고등 수학)

두 점 $A(x_1,y_1)$, $B(x_2,y_2)$에 대하여 선분 AB를 $m:n$으로 내분하는 점을 P, 외분하는 점을 Q라 하면

$P\left(\dfrac{mx_2+nx_1}{m+n},\dfrac{my_2+ny_1}{m+n}\right)$, $Q\left(\dfrac{mx_2-nx_1}{m-n},\dfrac{my_2-ny_1}{m-n}\right)$ (단, $m\ne n$)

4 정답 ②

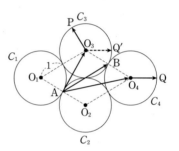

위의 그림과 같이 네 원 C_1, C_2, C_3, C_4의 중심을 각각 O_1, O_2, O_3, O_4라 하면

$\overrightarrow{AP}=\overrightarrow{AO_3}+\overrightarrow{O_3P}$, $\overrightarrow{AQ}=\overrightarrow{AO_4}+\overrightarrow{O_4Q}$

$\therefore \overrightarrow{AP}+\overrightarrow{AQ}=(\overrightarrow{AO_3}+\overrightarrow{O_3P})+(\overrightarrow{AO_4}+\overrightarrow{O_4Q})$

$\qquad\qquad =(\overrightarrow{AO_3}+\overrightarrow{AO_4})+\overrightarrow{O_3P}+\overrightarrow{O_4Q} \qquad \cdots\cdots \text{㉠}$

두 원 C_3, C_4의 접점을 B라 하면 사각형 $O_1O_2O_4O_3$은 한 변의 길이가 2인 마름모이고, 두 점 A, B는 각각 변 O_1O_2, 변 O_3O_4의 중점이므로

$\overrightarrow{AO_3}+\overrightarrow{AO_4}=2\overrightarrow{AB}=2\overrightarrow{O_1O_3}$

이때 $\overrightarrow{O_1O_3}$은 방향과 크기가 일정한 벡터이다.

또, 벡터 $\overrightarrow{O_4Q}$를 시점이 O_3이 되도록 평행이동하였을 때, 그 종점을 Q'이라 하면

$\overrightarrow{O_3P}+\overrightarrow{O_4Q}=\overrightarrow{O_3P}+\overrightarrow{O_3Q'}$

즉, ㉠에서 $\overrightarrow{AP}+\overrightarrow{AQ}=2\overrightarrow{O_1O_3}+\overrightarrow{O_3P}+\overrightarrow{O_3Q'}$이므로 $|\overrightarrow{AP}+\overrightarrow{AQ}|$의 값이 최대이려면 두 벡터 $\overrightarrow{O_3P}$, $\overrightarrow{O_3Q'}$의 방향이 $\overrightarrow{O_1O_3}$과 같아야 한다.

$\therefore |\overrightarrow{AP}+\overrightarrow{AQ}|=|2\overrightarrow{O_1O_3}+\overrightarrow{O_3P}+\overrightarrow{O_3Q'}|$

$\qquad\qquad\qquad \le\left|2\overrightarrow{O_1O_3}+\dfrac{1}{2}\overrightarrow{O_1O_3}+\dfrac{1}{2}\overrightarrow{O_1O_3}\right|$

$\qquad\qquad\qquad =3|\overrightarrow{O_1O_3}|$

$\qquad\qquad\qquad =3\times2=6$

다른 풀이 네 원 C_1, C_2, C_3, C_4의 중심을 각각 O_1, O_2, O_3, O_4라 하면

$\overrightarrow{AP}=\overrightarrow{AO_1}+\overrightarrow{O_1P}$, $\overrightarrow{AQ}=\overrightarrow{AO_2}+\overrightarrow{O_2Q}$

$\therefore \overrightarrow{AP}+\overrightarrow{AQ}=(\overrightarrow{AO_1}+\overrightarrow{O_1P})+(\overrightarrow{AO_2}+\overrightarrow{O_2Q})$

$\qquad\qquad =(\overrightarrow{AO_1}+\overrightarrow{AO_2})+\overrightarrow{O_1P}+\overrightarrow{O_2Q}$

$\qquad\qquad =\overrightarrow{O_1P}+\overrightarrow{O_2Q}\ (\because \overrightarrow{AO_1}+\overrightarrow{AO_2}=\vec{0})$

즉, $|\overrightarrow{AP}+\overrightarrow{AQ}|$의 값이 최대가 되려면 두 벡터 $\overrightarrow{O_1P}$, $\overrightarrow{O_2Q}$의 방향이 같고 그 크기가 최대이어야 한다.

두 벡터 $\overrightarrow{O_1P}$, $\overrightarrow{O_2Q}$의 방향이 같고 그 크기가 최대이려면 다음 그림과 같이 벡터 $\overrightarrow{O_1P}$가 원 C_3의 중심 O_3을, 벡터 $\overrightarrow{O_2Q}$가 원 C_4의 중심 O_4를 지나야 한다.

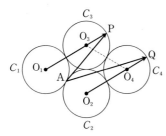

따라서 $|\overrightarrow{AP}+\overrightarrow{AQ}|$의 최댓값은
$$|\overrightarrow{O_1P}|+|\overrightarrow{O_2Q}|=3+3=6$$

5 정답 31

$A(-5, 0)$, $B(0, 0)$이라 하면
$$O_1: (x+5)^2+y^2=25, \quad O_2: x^2+y^2=25$$
$\overline{AC}=5$이고 조건 (가)에서
$\cos(\angle CAB)=\dfrac{3}{5}$이므로

오른쪽 그림과 같이 $C(-2, 4)$
로 놓을 수 있다.

└ $C(-2, -4)$로 놓고
문제를 해결할 수도 있다.

이때 $D(m, n)$이라 하면 점 D는 원
O_2 위의 점이므로
$$m^2+n^2=25 \quad \cdots\cdots \text{㉠}$$
조건 (나)에서 $\overrightarrow{AB}\cdot\overrightarrow{CD}=30$이므로
$$(5, 0)\cdot(m+2, n-4)=30$$
$$5(m+2)=30 \quad \therefore m=4$$
$m=4$를 ㉠에 대입하면
$$16+n^2=25, \quad n^2=9$$
$$\therefore n=\pm3$$
$D(4, 3)$이면
$$\overline{CD}=\sqrt{\{4-(-2)\}^2+(3-4)^2}=\sqrt{37}<9$$
$D(4, -3)$이면
$$\overline{CD}=\sqrt{\{4-(-2)\}^2+(-3-4)^2}=\sqrt{85}>9$$
이므로 조건 (나)에 의하여 $D(4, 3)$
선분 CD를 지름으로 하는 원의 중심을 E라 하면 점 E는 선분 CD의 중점이므로
$$E\left(\dfrac{-2+4}{2}, \dfrac{4+3}{2}\right), \text{ 즉 } E\left(1, \dfrac{7}{2}\right)$$
선분 CD를 지름으로 하는 원의 반지름의 길이는
$$\dfrac{1}{2}\overline{CD}=\dfrac{\sqrt{37}}{2}$$

따라서 점 P는 원 $(x-1)^2+\left(y-\dfrac{7}{2}\right)^2=\dfrac{37}{4}$ 위에 있다.

한편, 선분 AB의 중점을 M이라 하면 $M\left(-\dfrac{5}{2}, 0\right)$이므로
$$\begin{aligned}
\overrightarrow{PA}\cdot\overrightarrow{PB} &= (\overrightarrow{PM}+\overrightarrow{MA})\cdot(\overrightarrow{PM}+\overrightarrow{MB}) \\
&= |\overrightarrow{PM}|^2+\overrightarrow{PM}\cdot(\overrightarrow{MA}+\overrightarrow{MB})+\overrightarrow{MA}\cdot\overrightarrow{MB} \\
&= |\overrightarrow{PM}|^2+\overrightarrow{PM}\cdot\vec{0}-|\overrightarrow{MA}|^2 \; (\because \overrightarrow{MB}=-\overrightarrow{MA}) \\
&= \overline{PM}^2-\dfrac{25}{4} \; \left(\because |\overrightarrow{MA}|=\dfrac{1}{2}\overline{AB}=\dfrac{5}{2}\right)
\end{aligned}$$
따라서 $\overrightarrow{PA}\cdot\overrightarrow{PB}$의 값이 최대이려면 선분 PM의 길이가 최대이어야 하므로 다음 그림과 같이 선분 PM이 점 E를 지나야 한다.

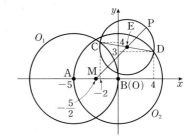

즉, 선분 PM의 길이의 최댓값은
$$\begin{aligned}
\overline{EM}+\dfrac{\sqrt{37}}{2} &= \sqrt{\left(-\dfrac{5}{2}-1\right)^2+\left(0-\dfrac{7}{2}\right)^2}+\dfrac{\sqrt{37}}{2} \\
&= \dfrac{7\sqrt{2}+\sqrt{37}}{2}
\end{aligned}$$
이므로 $\overrightarrow{PA}\cdot\overrightarrow{PB}$의 최댓값은
$$\left(\dfrac{7\sqrt{2}+\sqrt{37}}{2}\right)^2-\dfrac{25}{4}=\dfrac{55}{2}+\dfrac{7\sqrt{74}}{2}$$
따라서 $a=\dfrac{55}{2}$, $b=\dfrac{7}{2}$이므로
$$a+b=\dfrac{55}{2}+\dfrac{7}{2}=31$$

6 정답 22

오른쪽 그림과 같이 점 P에서 평면 $EFGH$에 내린 수선의 발을 S라 하면
$\overline{PS}\perp(\text{평면 } EFGH)$, $\overline{PQ}\perp\overline{FH}$
이므로 삼수선의 정리에 의하여
$\overline{SQ}\perp\overline{FH}$

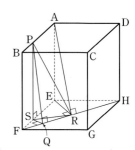

이때 두 평면 PQR와 $EFGH$의 교선은 직선 FH이고, $\overline{PQ}\perp\overline{FH}$, $\overline{SQ}\perp\overline{FH}$이므로
$\angle PQS=\alpha$
$\cos\alpha=\dfrac{1}{5}$이므로 $\dfrac{\overline{SQ}}{\overline{PQ}}=\dfrac{1}{5} \quad \cdots\cdots \text{㉠}$
$\overline{SF}=\overline{PB}=\dfrac{1}{3}\overline{AB}=\dfrac{1}{3}\times6=2$이고, $\angle SFQ=45°$이므로
직각삼각형 SFQ에서
$$\overline{SQ}=\overline{SF}\sin 45°=2\times\dfrac{\sqrt{2}}{2}=\sqrt{2}$$

㉠에서 $\dfrac{\sqrt{2}}{\overline{PQ}}=\dfrac{1}{5}$이므로

$\overline{PQ}=5\sqrt{2}$

직각삼각형 PQS에서

$\overline{PS}=\sqrt{\overline{PQ}^2-\overline{SQ}^2}=\sqrt{(5\sqrt{2})^2-(\sqrt{2})^2}=4\sqrt{3}$

한편, $\overline{AE}\perp$(평면 EFGH), $\overline{AR}\perp\overline{FH}$이므로 삼수선의 정리에 의하여

$\overline{ER}\perp\overline{FH}$

이때 정사각형 EFGH의 두 대각선은 서로 수직이므로 점 R는 선분 FH와 선분 EG의 교점이다.

$\therefore \triangle ESR=\dfrac{1}{2}\times\overline{ES}\times\dfrac{1}{2}\overline{EH}=\dfrac{1}{2}\times4\times3=6$

$\overline{ES}=\overline{AP}=6-2=4$

또, $\overline{BR}=\overline{AR}$이므로 이등변삼각형 RAB의 꼭짓점 R에서 변 AB에 내린 수선의 발을 T라 하면 점 T는 선분 AB의 중점이므로

$\overline{AT}=\dfrac{1}{2}\times6=3$

점 T에서 선분 EF에 내린 수선의 발을 T′이라 하면 직각삼각형 TT′R에서

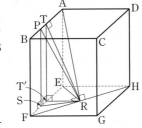

$\overline{TR}=\sqrt{\overline{TT'}^2+\overline{T'R}^2}=\sqrt{(4\sqrt{3})^2+3^2}=\sqrt{57}$

$\overline{TT'}=\overline{PS}=4\sqrt{3}$

$\therefore \triangle APR=\dfrac{1}{2}\times\overline{AP}\times\overline{TR}$

$\overline{AP}=6-2=4$

$=\dfrac{1}{2}\times4\times\sqrt{57}=2\sqrt{57}$

삼각형 APR의 평면 EFGH 위로의 정사영은 삼각형 ESR이므로

$\cos\beta=\dfrac{\triangle ESR}{\triangle APR}=\dfrac{6}{2\sqrt{57}}=\dfrac{3}{\sqrt{57}}$

$\therefore \cos^2\beta=\dfrac{9}{57}=\dfrac{3}{19}$

따라서 $p=19$, $q=3$이므로

$p+q=19+3=22$

7 정답 7

조건 ㈏에 의하여 $\angle CED=90°$이므로

$\overline{BC}\perp\overline{DE}$

$\overline{AH}\perp$(평면 BCD), $\overline{HE}\perp\overline{BC}$이므로 삼수선의 정리에 의하여

$\overline{AE}\perp\overline{BC}$

$\overline{BC}\perp\overline{AE}$, $\overline{BC}\perp\overline{DE}$에서 $\overline{BC}\perp$(평면 ADE)이므로

$\overline{BC}\perp\overline{AD}$ ······ ㉠

조건 ㈎에 의하여

$\angle DAE=\angle EAH+\angle DAH$

$=\angle EAH+\angle AEH$

$=90°$

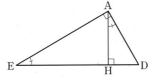

$\therefore \overline{AD}\perp\overline{AE}$ ······ ㉡

㉠, ㉡에서

$\overline{AD}\perp$(평면 ABC)

정삼각형 ABC에서 $\overline{AE}\perp\overline{BC}$이므로 점 E는 선분 BC의 중점이고,

$\overline{AE}=\dfrac{\sqrt{3}}{2}\times4=2\sqrt{3}$

직각삼각형 AED에서

$\overline{AD}=\sqrt{\overline{DE}^2-\overline{AE}^2}=\sqrt{4^2-(2\sqrt{3})^2}=2$

직각삼각형 AED의 넓이에서

$\overline{AE}\times\overline{AD}=\overline{AH}\times\overline{DE}$

$2\sqrt{3}\times2=\overline{AH}\times4$

$\therefore \overline{AH}=\sqrt{3}$

직각삼각형 AHD에서

$\overline{DH}=\sqrt{\overline{AD}^2-\overline{AH}^2}=\sqrt{2^2-(\sqrt{3})^2}=1$

따라서 삼각형 AHD의 넓이는

$\dfrac{1}{2}\times1\times\sqrt{3}=\dfrac{\sqrt{3}}{2}$

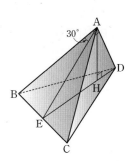

두 평면 ABD, AHD가 이루는 예각의 크기를 θ라 하면

$\theta=\angle BAE=30°$

이므로 삼각형 AHD의 평면 ABD 위로의 정사영의 넓이는

$\triangle AHD\cos(\angle BAE)$

$=\dfrac{\sqrt{3}}{2}\times\cos30°=\dfrac{3}{4}$

따라서 $p=4$, $q=3$이므로

$p+q=4+3=7$

8 정답 ⑤

구 S: $(x-1)^2+(y-2)^2+(z+2)^2=9$의 중심을 A라 하면

$A(1, 2, -2)$이고 구 S의 반지름의 길이는 3이다.

또, S': $x^2+y^2+z^2-4x-2ay-2bz=0$에서

$(x-2)^2+(y-a)^2+(z-b)^2=4+a^2+b^2$

이므로 구 S'의 중심을 B라 하면 $B(2, a, b)$이고 구 S'의 반지름의 길이는 $\sqrt{4+a^2+b^2}$이다.

두 구 S, S'이 원점 O에서 접하므로 세 점 O, A, B는 한 직선 위에 있고, 점 A의 x좌표가 1, 점 B의 x좌표가 2이므로 원점 O는

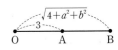

선분 AB를 $3:\sqrt{4+a^2+b^2}$으로 외분하는 점이다.

선분 AB를 $3:\sqrt{4+a^2+b^2}$으로 외분하는 점의 좌표는

$\left(\dfrac{3\times2-\sqrt{4+a^2+b^2}\times1}{3-\sqrt{4+a^2+b^2}}, \dfrac{3\times a-\sqrt{4+a^2+b^2}\times2}{3-\sqrt{4+a^2+b^2}},\right.$

$\left.\dfrac{3\times b-\sqrt{4+a^2+b^2}\times(-2)}{3-\sqrt{4+a^2+b^2}}\right)$

이므로

$$\frac{3\times2-\sqrt{4+a^2+b^2}\times1}{3-\sqrt{4+a^2+b^2}}=0, \quad \frac{3\times a-\sqrt{4+a^2+b^2}\times2}{3-\sqrt{4+a^2+b^2}}=0$$

$$\frac{3\times b-\sqrt{4+a^2+b^2}\times(-2)}{3-\sqrt{4+a^2+b^2}}=0$$

$$\therefore \sqrt{4+a^2+b^2}=6 \quad \cdots\cdots \ \ominus$$

$$2\sqrt{4+a^2+b^2}=3a \quad \cdots\cdots \ \ominus\ominus$$

$$-2\sqrt{4+a^2+b^2}=3b \quad \cdots\cdots \ \ominus\ominus\ominus$$

㉠을 ㉡에 대입하면

$$2\times6=3a \quad \therefore a=4$$

㉠을 ㉢에 대입하면

$$(-2)\times6=3b \quad \therefore b=-4$$

따라서 구 S'은 중심이 B$(2,\ 4,\ -4)$이고 반지름의 길이는

$$\sqrt{4+4^2+(-4)^2}=6$$이다.

이때 점 B는 구 S'의 중심인 동시에 구 S 위의 점이므로 구 S에 접하는 평면과 구 S'이 만나서 생기는 원 중 가장 큰 원은 구 S 위의 점 B에서 접하는 평면과 구 S'의 교선이다.

이 원의 반지름의 길이는 구 S'의 반지름의 길이와 같으므로 6이고 넓이는 36π이다.

따라서 $a=4$, $b=-4$, $c=36$이므로

$$|a|+|b|+|c|=4+4+36=44$$

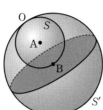

---

1 ④	**2** ⑤	**3** ①	**4** ③	**5** 24	**6** ②
7 ④	**8** 6				

1 정답 ④

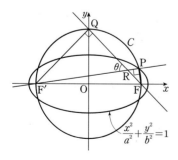

위의 그림과 같이 두 직선 F'P, QF의 교점을 R라 하면 두 직각삼각형 QF'R, PFR가 서로 닮음이므로

$$\cos(\angle F'RQ)=\cos(\angle FRP)=\cos\theta=\frac{3}{5}$$

$$\therefore \sin\theta=\sqrt{1-\left(\frac{3}{5}\right)^2}=\frac{4}{5}$$

$\overline{QR}=3t\ (t>0)$라 하면

$$\overline{RF'}=\frac{\overline{QR}}{\cos\theta}=3t\times\frac{5}{3}=5t$$

또, $\overline{QF}=\overline{QF'}=\overline{RF'}\sin\theta=5t\times\dfrac{4}{5}=4t$이므로

$$\overline{RF}=\overline{QF}-\overline{QR}=4t-3t=t$$

$$\therefore \overline{RP}=\overline{RF}\cos\theta=\frac{3}{5}t, \quad \overline{PF}=\overline{RF}\sin\theta=\frac{4}{5}t$$

$$\therefore \overline{PF'}+\overline{PF}=(\overline{RF'}+\overline{RP})+\overline{PF}$$
$$=5t+\frac{3}{5}t+\frac{4}{5}t$$
$$=\frac{32}{5}t$$

이때 점 P는 타원 $\dfrac{x^2}{a^2}+\dfrac{y^2}{b^2}=1$ 위의 점이므로 타원의 정의에 의하여

$$\overline{PF'}+\overline{PF}=2a$$

$$\frac{32}{5}t=2a \quad \therefore a=\frac{16}{5}t$$

점 F의 좌표를 $(c,\ 0)\ (c>0)$이라 하면 $\overline{FF'}=\sqrt{2}\times\overline{QF}$에서

$$2c=4\sqrt{2}t \quad \therefore c=2\sqrt{2}t$$

$$\therefore b^2=a^2-c^2=\left(\frac{16}{5}t\right)^2-(2\sqrt{2}t)^2=\frac{56}{25}t^2$$

$$\therefore \frac{b^2}{a^2}=\frac{\dfrac{56}{25}t^2}{\dfrac{256}{25}t^2}=\frac{7}{32}$$

참고 두 삼각형 QF'R, PFR에서

$\angle RQF'=\angle RPF=90°$, $\angle QRF'=\angle PRF$ (맞꼭지각)

이므로 △QF'R∽△PER (AA 닮음)

2 정답 ⑤

쌍곡선 $x^2-\dfrac{y^2}{3}=1$에서 $\sqrt{1+3}=2$이므로

F$(2,\ 0)$, F'$(-2,\ 0)$

$$\therefore \overline{FF'}=4$$

조건 (가)에서 $\overline{PF}<\overline{PF'}$이므로 쌍곡선의 정의에 의하여

$$\overline{PF'}-\overline{PF}=2 \quad \cdots\cdots \ \ominus$$

$\overline{PF'}\neq\overline{PF}$이므로 삼각형 PF'F가 이등변삼각형이려면

$\overline{PF'}=\overline{F'F}$ 또는 $\overline{PF}=\overline{F'F}$이어야 한다.

(i) $\overline{PF'}=\overline{F'F}=4$일 때, $\overline{PF}=2\ (\because \ominus)$

즉, 삼각형 PF'F는 오른쪽 그림과 같으므로 점 F'에서 $\overline{PF}$에 내린 수선의 발을 H라 하면

$$\overline{PH}=\overline{FH}=1$$

직각삼각형 HF'F에서

$$\overline{F'H}=\sqrt{\overline{F'F}^2-\overline{FH}^2}=\sqrt{4^2-1^2}=\sqrt{15}$$

$$\therefore \triangle PF'F=\frac{1}{2}\times\overline{PF}\times\overline{F'H}$$
$$=\frac{1}{2}\times2\times\sqrt{15}$$
$$=\sqrt{15}$$

(ii) $\overline{PF}=\overline{F'F}=4$일 때, $\overline{PF'}=6$ ($\because$ ㉠)

즉, 삼각형 PF'F는 오른쪽 그림과 같으

므로 점 F에서 $\overline{PF'}$에 내린 수선의 발을

H'이라 하면

$\overline{PH'}=\overline{F'H'}=3$

직각삼각형 H'F'F에서

$\overline{FH'}=\sqrt{\overline{F'F}^2-\overline{F'H'}^2}=\sqrt{4^2-3^2}=\sqrt{7}$

$\therefore \triangle PF'F=\dfrac{1}{2}\times\overline{PF'}\times\overline{FH'}$

$\qquad\qquad =\dfrac{1}{2}\times 6\times\sqrt{7}$

$\qquad\qquad =3\sqrt{7}$

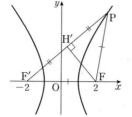

(i), (ii)에서 $a=\sqrt{15}$ 또는 $a=3\sqrt{7}$이므로 모든 a의 값의 곱은

$\sqrt{15}\times 3\sqrt{7}=3\sqrt{105}$

점 P는 두 점 F, F'을 초점으로 하는 타원 위의 점이고, 이 타원의 장

축의 길이가 $4\sqrt{3}+12$이므로 타원의 정의에 의하여

$\overline{PF}+\overline{PF'}=4\sqrt{3}+12$

$\dfrac{2\sqrt{3}}{3}k+2k=4\sqrt{3}+12$

$\dfrac{2\sqrt{3}+6}{3}k=4\sqrt{3}+12$

$\therefore k=\dfrac{3(4\sqrt{3}+12)}{2\sqrt{3}+6}=\dfrac{12(\sqrt{3}+3)}{2(\sqrt{3}+3)}=6$

따라서 $\overline{PH}=\dfrac{2\sqrt{3}}{3}\times 6=4\sqrt{3}$이므로 $P(6, \underbrace{4\sqrt{3}}_{\overline{PH}})$이고, 이 점이 포물선

$y^2=4px$ 위의 점이므로

$(4\sqrt{3})^2=4p\times 6$ $\qquad \therefore p=2$

$\therefore k+p=6+2=8$

---

3 정답 ①

점 $A(-k, 0)$에서 포물선 $y^2=4px$에 그은 접선의 접점의 좌표를

(x_1, y_1)이라 하면 포물선 $y^2=4px$ 위의 점 (x_1, y_1)에서의 접선의 방

정식은

$y_1 y=2p(x+x_1)$

이 직선이 점 $A(-k, 0)$을 지나므로

$0=2p(-k+x_1)$ $\qquad \therefore x_1=k$

즉, 점 $A(-k, 0)$에서 포물선에 그은 두 접선의 두 접점 P, Q의 x좌

표는 모두 k이고, 두 점 P, Q는 x축에 대하여 대칭이다.

오른쪽 그림과 같이 점 P에서 x축에 내린

수선의 발을 H, 점 F'에서 $\overline{PQ}$에 내린 수

선의 발을 I라 하면

$\angle PAH=\dfrac{1}{2}\angle PAQ=\dfrac{\pi}{6}$

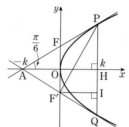

$\overline{AH}=2k$이므로 직각삼각형 PAH에서

$\overline{PH}=\overline{AH}\tan\dfrac{\pi}{6}=2k\times\dfrac{\sqrt{3}}{3}=\dfrac{2\sqrt{3}}{3}k$,

$\overline{AP}=\dfrac{\overline{AH}}{\cos\dfrac{\pi}{6}}=\dfrac{2k}{\dfrac{\sqrt{3}}{2}}=\dfrac{4\sqrt{3}}{3}k$

삼각형 PAH에서 점 O가 $\overline{AH}$의 중점이고 $\overline{FO}\,\|\,\overline{PH}$이므로

$\overline{PF}=\dfrac{1}{2}\overline{AP}=\dfrac{2\sqrt{3}}{3}k$, $\overline{OF}=\dfrac{1}{2}\overline{PH}=\dfrac{\sqrt{3}}{3}k$

또, 직각삼각형 PF'I에서

$\overline{F'I}=k$,

$\overline{PI}=\overline{PH}+\overline{HI}$

$\quad =\overline{PH}+\underbrace{\overline{OF'}}_{=\overline{OF}}$

$\quad =\dfrac{2\sqrt{3}}{3}k+\dfrac{\sqrt{3}}{3}k$

$\quad =\sqrt{3}k$

이므로

$\overline{PF'}=\sqrt{\overline{F'I}^2+\overline{PI}^2}=\sqrt{k^2+(\sqrt{3}k)^2}=2k$ ($\because k>0$)

4 정답 ③

다음 그림과 같이 점 P에서 네 변 AB, BC, CD, AD에 내린 수선의

발을 각각 E, F, G, H라 하자.

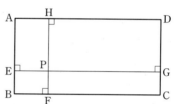

조건 (가)에서 $\triangle ABP : \triangle APD=1:3$이고

$\triangle ABP=\dfrac{1}{2}\times\overline{AB}\times\overline{EP}=\dfrac{1}{2}\times 3\times\overline{EP}=\dfrac{3}{2}\overline{EP}$,

$\triangle APD=\dfrac{1}{2}\times\overline{AD}\times\overline{HP}=\dfrac{1}{2}\times 6\times\overline{HP}=3\overline{HP}$

이므로

$\dfrac{3}{2}\overline{EP} : 3\overline{HP}=1:3$, $3\overline{HP}=\dfrac{9}{2}\overline{EP}$

$\therefore \overline{EP}=\dfrac{2}{3}\overline{HP}$ ...... ㉠

또, 조건 (나)에서 $\triangle PBC : \triangle PCD=2:5$이고

$\triangle PBC=\dfrac{1}{2}\times\overline{BC}\times\overline{PF}=\dfrac{1}{2}\times 6\times\overline{PF}=3\overline{PF}$,

$\triangle PCD=\dfrac{1}{2}\times\overline{CD}\times\overline{PG}=\dfrac{1}{2}\times 3\times\overline{PG}=\dfrac{3}{2}\overline{PG}$

이므로

$3\overline{PF} : \dfrac{3}{2}\overline{PG}=2:5$, $3\overline{PG}=15\overline{PF}$

$\therefore \overline{PG}=5\overline{PF}$ ...... ㉡

㉠에서 $\overline{EP}=2k$, $\overline{HP}=3k\,(k>0)$

㉡에서 $\overline{PF}=l$, $\overline{PG}=5l\,(l>0)$

로 놓으면

$\overline{AB}=\overline{HF}=\overline{HP}+\overline{PF}=3k+l=3$,

$\overline{AD}=\overline{EG}=\overline{EP}+\overline{PG}=2k+5l=6$

위의 두 식을 연립하여 풀면 $k=\dfrac{9}{13}$, $l=\dfrac{12}{13}$이므로

$$\overrightarrow{AE}=\overrightarrow{HP}=3k=\dfrac{27}{13}=\dfrac{9}{13}\times 3=\dfrac{9}{13}\overrightarrow{AB},$$

$$\overrightarrow{AH}=\overrightarrow{EP}=2k=\dfrac{18}{13}=\dfrac{3}{13}\times 6=\dfrac{3}{13}\overrightarrow{AD}$$

$$\therefore \overrightarrow{AP}=\overrightarrow{AE}+\overrightarrow{AH}=\dfrac{9}{13}\overrightarrow{AB}+\dfrac{3}{13}\overrightarrow{AD}$$

따라서 $a=\dfrac{9}{13}$, $b=\dfrac{3}{13}$이므로

$$a+b=\dfrac{9}{13}+\dfrac{3}{13}=\dfrac{12}{13}$$

5 정답 24

$y=\sqrt{8-x^2}$에서

$y^2=8-x^2$ $\therefore x^2+y^2=8$

즉, 곡선 $y=\sqrt{8-x^2}$은 원 $x^2+y^2=8$의 일부이다.

이때 $y=\sqrt{8-x^2}\geq 0$이므로 곡선 $y=\sqrt{8-x^2}$은 y축의 윗부분에 존재한다.

따라서 곡선 $C: y=\sqrt{8-x^2}$ $(2\leq x\leq 2\sqrt{2})$은 오른쪽 그림과 같다.

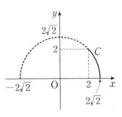

$\overrightarrow{OQ}=2$에서 점 Q는 원 $x^2+y^2=4$ 위의 점이고, $\angle POQ=\dfrac{\pi}{4}$에서 점 Q는 직선 OP의 아랫부분에 있으므로 점 Q는 제4사분면에 있고, x축보다는 아래, 직선 $y=-x$보다는 위에 있어야 한다.

$x^2+y^2=4$에서 $y^2=4-x^2$

$y\leq 0$이므로 $y=-\sqrt{4-x^2}$

곡선 $y=-\sqrt{4-x^2}$과 직선 $y=-x$의 교점의 좌표는 $(\sqrt{2},\ -\sqrt{2})$이므로 점 Q는 곡선 $y=-\sqrt{4-x^2}$ $(\sqrt{2}\leq x\leq 2)$ 위에 있다.

점 X는 선분 OP 위의 점이므로

$\overrightarrow{OP}+\overrightarrow{OX}=\overrightarrow{OA}$라 하면

$\overrightarrow{OX}=t\overrightarrow{OP}$ $(0\leq t\leq 1)$

$\overrightarrow{OA}=\overrightarrow{OP}+\overrightarrow{OX}$

$\quad =\overrightarrow{OP}+t\overrightarrow{OP}$

$\quad =(1+t)\overrightarrow{OP}$

이때 $1+t=k$라 하면

$\overrightarrow{OA}=k\overrightarrow{OP}$ $(1\leq k\leq 2)$

따라서 점 A가 존재하는 영역은 오른쪽 그림의 영역 E(경계선 포함)이다.

또, 점 Y는 선분 OQ 위의 점이므로 점 Y가 존재하는 영역은 오른쪽 그림의 영역 F(경계선 포함)이다.

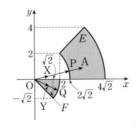

$\overrightarrow{OZ}=\overrightarrow{OP}+\overrightarrow{OX}+\overrightarrow{OY}$

$\quad =\overrightarrow{OA}+\overrightarrow{OY}$

이므로 점 Z가 존재하는 영역 D는 오른쪽 그림의 색칠한 부분(경계선 포함)과 같다.

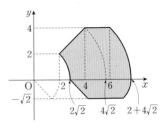

영역 D에 속하는 점 중에서 y축과의 거리가 최소인 점은

R$(2, 2)\leftarrow \overline{OR}=\sqrt{2^2+2^2}=2\sqrt{2}$

두 벡터 $\overrightarrow{OR}$, $\overrightarrow{OZ}$가 이루는 각의 크기를 θ라 하면 $0\leq\theta<\dfrac{\pi}{2}$이므로

$\overrightarrow{OR}\cdot\overrightarrow{OZ}=|\overrightarrow{OR}||\overrightarrow{OZ}|\cos\theta$

$\qquad\qquad =2\sqrt{2}|\overrightarrow{OZ}|\cos\theta$

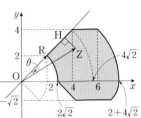

이때 점 Z에서 직선 OR에 내린 수선의 발을 H라 하면

$|\overrightarrow{OH}|=|\overrightarrow{OZ}|\cos\theta$이므로

$\overrightarrow{OR}\cdot\overrightarrow{OZ}=2\sqrt{2}|\overrightarrow{OH}|=2\sqrt{2}\,\overline{OH}$

즉, $\overrightarrow{OR}\cdot\overrightarrow{OZ}$의 값은 $\overline{OH}$의 길이가 최대일 때 최대, 최소일 때 최소이다.

$\overline{OH}$의 길이가 최대가 되는 것은 Z$(6, 4)$일 때이므로 $\overrightarrow{OR}\cdot\overrightarrow{OZ}$의 최댓값은

$\overrightarrow{OR}\cdot\overrightarrow{OZ}=(2, 2)\cdot(6, 4)$

$\qquad\qquad =2\times 6+2\times 4$

$\qquad\qquad =20$

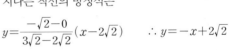

$\overline{OH}$의 길이가 최소가 되려면 영역 D의 점 Z는 점 $(2\sqrt{2}, 0)$과 점 $(3\sqrt{2}, -\sqrt{2})$를 이은 선분 위에 있어야 한다.

두 점 $(2\sqrt{2}, 0)$, $(3\sqrt{2}, -\sqrt{2})$를 지나는 직선의 방정식은

$y=\dfrac{-\sqrt{2}-0}{3\sqrt{2}-2\sqrt{2}}(x-2\sqrt{2})$ $\therefore y=-x+2\sqrt{2}$

이때 $2\sqrt{2}\leq x\leq 3\sqrt{2}$이므로 점 Z는 직선의 일부 $y=-x+2\sqrt{2}$ $(2\sqrt{2}\leq x\leq 3\sqrt{2})$ 위에 있다.

Z$(2\sqrt{2}, 0)$이라 하면 $\overrightarrow{OR}\cdot\overrightarrow{OZ}$의 최솟값은

$\overrightarrow{OR}\cdot\overrightarrow{OZ}=(2, 2)\cdot(2\sqrt{2}, 0)$

$\qquad\qquad =2\times 2\sqrt{2}+2\times 0=4\sqrt{2}$

따라서 $\overrightarrow{OR}\cdot\overrightarrow{OZ}$의 최댓값과 최솟값의 합은 $20+4\sqrt{2}$이므로

$a=20$, $b=4$

$\therefore a+b=20+4=24$

참고 $\overrightarrow{OZ}=\overrightarrow{OA}+\overrightarrow{OY}$에서 벡터 $\overrightarrow{OY}$의 시점 O를 영역 E의 모든 점으로 평행이동하면 벡터 $\overrightarrow{OZ}$의 종점 Z가 존재하는 영역은 다음 그림과 같다.

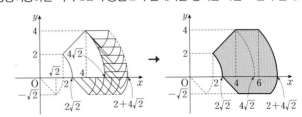

6 정답 ②

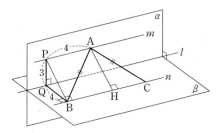

$\overline{PQ}\perp\beta$, $\overline{QB}\perp n$이므로 삼수선의 정리에 의하여

$\overline{PB}\perp n$

따라서 직각삼각형 PQB에서

$\overline{PB}=\sqrt{\overline{PQ}^2+\overline{QB}^2}$

$\qquad=\sqrt{3^2+4^2}=5$

$\underline{m /\!/ n}$이므로 점 A에서 직선 n에 내린 수선의 발을 H라 하면 사각형
APBH는 직사각형이므로 $\overset{m /\!/ l,\ n /\!/ l 이므로\ m /\!/ n}{}$

$\overline{AH}=\overline{PB}=5$, $\overline{BH}=\overline{AP}=4$

한편, $\overline{AB}=\overline{AC}$에서 삼각형 ABC는 이등변삼각형이므로 점 H는 선
분 BC를 이등분한다.

즉, $\overline{BC}=2\overline{BH}=2\times4=8$이므로

$\triangle ABC=\dfrac{1}{2}\times\overline{BC}\times\overline{AH}$

$\qquad=\dfrac{1}{2}\times8\times5=20$

7 정답 ④

오른쪽 그림과 같이 점 P에서 평면 EFGH
에 내린 수선의 발을 T, 점 T에서 선분 HQ
에 내린 수선의 발을 M이라 하면

$\overline{PT}\perp(평면\ EFGH)$, $\overline{TM}\perp\overline{HQ}$

이므로 삼수선의 정리에 의하여

$\overline{PM}\perp\overline{HQ}$

따라서 두 평면 PHQ, EFGH가 이루는 각
의 크기를 θ라 하면

$\angle PMT=\theta$

삼각형 PHQ의 평면 EFGH 위로의 정사영은 삼각형 THQ이고,
삼각형 THQ는 한 변의 길이가 4인 정삼각형이므로

$\overline{MT}=\dfrac{\sqrt{3}}{2}\times4=2\sqrt{3}$

직각삼각형 PMT에서

$\overline{PM}=\sqrt{\overline{MT}^2+\overline{PT}^2}$

$\qquad=\sqrt{(2\sqrt{3})^2+(\sqrt{15})^2}=3\sqrt{3}$ $\overset{\overline{PT}=\overline{AE}=\sqrt{15}}{}$

$\therefore \cos\theta=\dfrac{\overline{MT}}{\overline{PM}}=\dfrac{2\sqrt{3}}{3\sqrt{3}}=\dfrac{2}{3}$

정사각형 EFGH의 한 변의 길이를 a라 하고 $\overline{EQ}=b$라 하면

$\overline{QF}=\overline{EF}-\overline{EQ}=a-b$

이때 두 직각삼각형 EQH, GTH는 서로
합동이므로 $\underset{\overline{HQ}=\overline{HT}=4,\ \overline{HE}=\overline{HG}=a}{\angle HEQ=\angle HGT=90°,}$

$\overline{GT}=\overline{EQ}=b$ (RHS 합동)

$\therefore \overline{FT}=\overline{FG}-\overline{GT}=a-b$

직각삼각형 EQH에서

$a^2+b^2=16$ ······ ㉠

직각삼각형 QFT에서

$(a-b)^2+(a-b)^2=16$, $(a-b)^2=8$

$\therefore a^2-2ab+b^2=8$ ······ ㉡

㉠을 ㉡에 대입하면

$16-2ab=8$, $-2ab=-8$

$\therefore ab=4$

$\therefore \triangle EQH=\dfrac{1}{2}\times\overline{EH}\times\overline{EQ}$

$\qquad=\dfrac{1}{2}ab=\dfrac{1}{2}\times4=2$

따라서 삼각형 EQH의 평면 PHQ 위로의 정사영의 넓이는

$\triangle EQH\cos\theta=2\times\dfrac{2}{3}=\dfrac{4}{3}$

8 정답 6

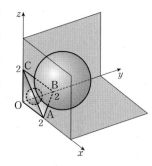

평면 ABC, xy평면, yz평면, zx평면
에 모두 접하는 구를 C라 하면 구 C
의 중심은 오른쪽 그림과 같이 사면
체 OABC의 내부에 있거나 외부에
있다.

이때 세 삼각형 OAB, OBC, OCA
는 모두 이등변삼각형이고, 삼각형
ABC는 정삼각형이므로 정삼각형
ABC의 무게중심을 G라 하면 구 C의 중심은 직선 OG 위에 있고 평
면 ABC와 점 G에서 접한다.

(i) 구 C의 중심이 사면체 OABC의 내부에 있는 경우

구 C의 중심을 D, 반지름의 길이를 r라
하면 구 C는 xy평면, yz평면, zx평면에
모두 접하므로

$D(r,\ r,\ r)$

또, 정삼각형 ABC의 무게중심 G는

$G\left(\dfrac{2+0+0}{3},\ \dfrac{0+2+0}{3},\ \dfrac{0+0+2}{3}\right)$

즉, $G\left(\dfrac{2}{3},\ \dfrac{2}{3},\ \dfrac{2}{3}\right)$이므로

$\overline{OG}=\sqrt{\left(\dfrac{2}{3}\right)^2+\left(\dfrac{2}{3}\right)^2+\left(\dfrac{2}{3}\right)^2}=\dfrac{2\sqrt{3}}{3}$ ······ ㉠

한편,

$\overline{OD}=\sqrt{r^2+r^2+r^2}=\sqrt{3}r\ (\because r>0)$, $\overline{DG}=r$

이므로

$\overline{OG}=\overline{OD}+\overline{DG}=\sqrt{3}r+r=(\sqrt{3}+1)r$ ······ ㉡

$\bigcirc$, $\bigcirc$에서 $\dfrac{2\sqrt{3}}{3}=(\sqrt{3}+1)r$

$\therefore r=\dfrac{2\sqrt{3}}{3(\sqrt{3}+1)}=\dfrac{3-\sqrt{3}}{3}$

따라서 $D\left(\dfrac{3-\sqrt{3}}{3},\ \dfrac{3-\sqrt{3}}{3},\ \dfrac{3-\sqrt{3}}{3}\right)$이므로

$a+b+c=\dfrac{3-\sqrt{3}}{3}+\dfrac{3-\sqrt{3}}{3}+\dfrac{3-\sqrt{3}}{3}$

$\qquad=3-\sqrt{3}$

(ii) 구 C의 중심이 사면체 $OABC$의 외부에 있는 경우

구 C의 중심을 E, 반지름의 길이를 R라 하면 구 C는 xy평면, yz평면, zx평면에 모두 접하므로

$E(R,\ R,\ R)$

$\therefore \overline{OE}=\sqrt{R^2+R^2+R^2}$

$\qquad=\sqrt{3}R\ (\because R>0)$

$\qquad\qquad\cdots\cdots$ ㉢

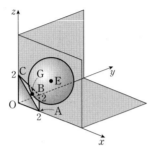

$\overline{OG}=\dfrac{2\sqrt{3}}{3}$, $\overline{GE}=R$이므로

$\overline{OE}=\overline{OG}+\overline{GE}=\dfrac{2\sqrt{3}}{3}+R$ $\qquad\cdots\cdots$ ㉣

㉢, ㉣에서 $\sqrt{3}R=\dfrac{2\sqrt{3}}{3}+R$

$(\sqrt{3}-1)R=\dfrac{2\sqrt{3}}{3}$

$\therefore R=\dfrac{2\sqrt{3}}{3(\sqrt{3}-1)}=\dfrac{3+\sqrt{3}}{3}$

따라서 $E\left(\dfrac{3+\sqrt{3}}{3},\ \dfrac{3+\sqrt{3}}{3},\ \dfrac{3+\sqrt{3}}{3}\right)$이므로

$a+b+c=\dfrac{3+\sqrt{3}}{3}+\dfrac{3+\sqrt{3}}{3}+\dfrac{3+\sqrt{3}}{3}$

$\qquad=3+\sqrt{3}$

(i), (ii)에서 $M=3+\sqrt{3}$, $m=3-\sqrt{3}$이므로

$Mm=(3+\sqrt{3})(3-\sqrt{3})=6$

Memo

Memo

Memo

HIGH-END
수능 하이엔드

수능 고난도 상위 5문항 정복

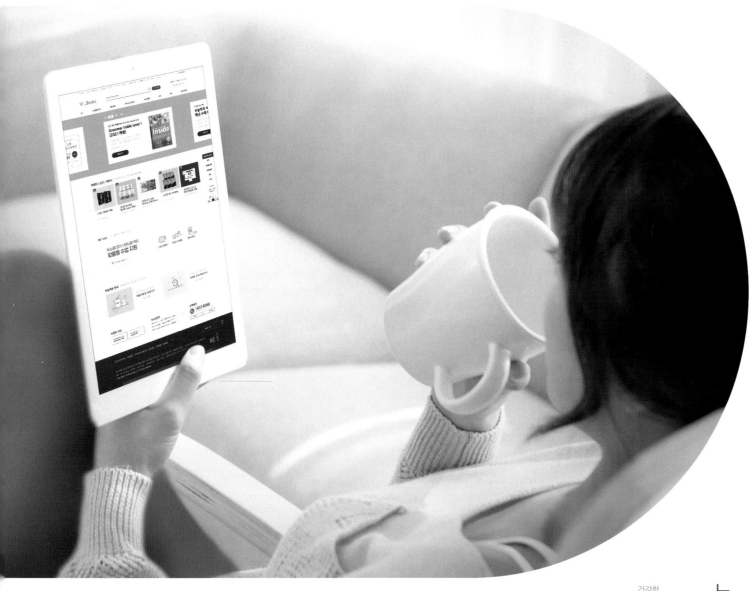